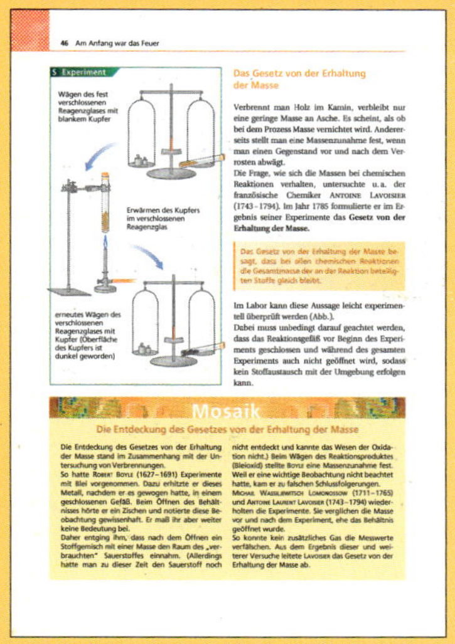

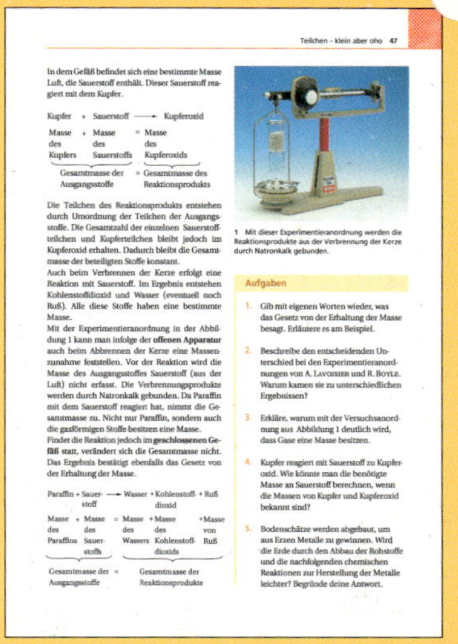

Inhaltsseiten

vermitteln dir – unterstützt durch **Merksätze,** Tabellen und Übersichten – chemisches Grundlagenwissen über wichtige Begriffe, Gesetze, Erscheinungen und Zusammenhänge.
Teste mithilfe der Aufgaben, ob du den Text verstanden hast.

Das Mosaik

enthält zusätzliche Informationen.

Steckbriefe

geben zusammengefasste Daten zu wichtigen Stoffen.

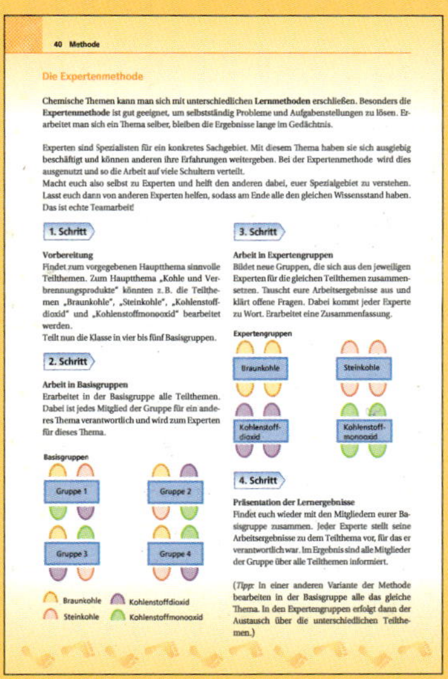

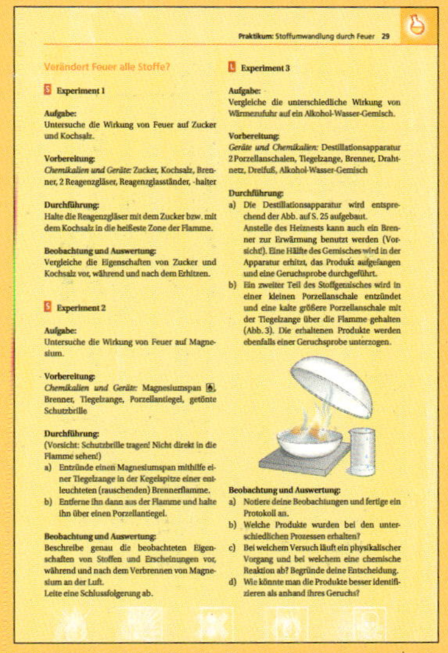

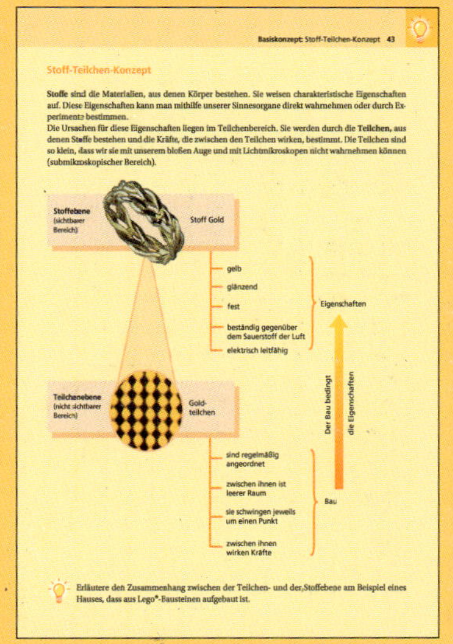

Methodenseiten

Für die Chemie charakteristische Denk- und Arbeitsweisen zeigen dir, wie du bei bestimmten Tätigkeiten vorgehen kannst.

Praktikum

- **S** Schülerexperimente, bei denen keine Gefahrstoffe genutzt werden.
- **S** Schülerexperimente, bei denen Gefahrstoffe verwendet werden oder entstehen. Du erkennst sie an den Piktogrammen.
- **L** Lehrerexperimente

Basiskonzeptseiten

Diese Seiten veranschaulichen grundlegende chemische Konzepte, Prinzipien oder Zusammenhänge. Auf die Basiskonzepte lassen sich fast alle chemischen Fachinhalte zurückführen.

Chemie

Lehrbuch für die Klassen 7/8
Berlin

Gymnasium

Herausgeber
Dr. Christine Ernst
Dr. Adria Wehser
Dr. Sven Scheurell

DUDEN PAETEC Schulbuchverlag

Berlin · Frankfurt a. M.

Herausgeber
Dr. Christine Ernst
Dr. Adria Wehser
Dr. Sven Scheurell

Autoren
Jens Bussen
Dr. Christine Ernst
Arno Fischedick
Günter Hauschild
Prof. Dr. Armin Klein
Prof. Dr. Wilfried Probst
Klaus Saffian
Bernd Sauer
Dr. Sven Scheurell
Dr. Adria Wehser

Berater:
Jens Schorn, Berlin und Dr. Angela Köhler-Krützfeld, Hohen Neuendorf

Mit Beiträgen von:
Mirjam Brockmann, Inge Bräuer, Bärbel Kadow und Ute Lilienthal

Dieses Buch enthält Vorschläge und Anleitungen für **Untersuchungen** und **Experimente.**
Vor jedem Experiment sind mögliche Gefahrenquellen zu besprechen. Die Gefahrstoffe sind durch die entsprechenden Symbole gekennzeichnet.
Experimente werden nur nach Anweisung des Lehrers durchgeführt. Solche mit Gefahrstoffen dürfen nur unter Aufsicht durchgeführt werden.
Beim Experimentieren sind die Richtlinien zur Sicherheit im naturwissenschaftlichen Unterricht einzuhalten.

1. Auflage*
1 6 5 4 3 2 | 2013 2012 2011 2010 2009
Alle Drucke dieser Auflage können im Unterricht nebeneinander benutzt werden.
Die letzte Zahl bezeichnet das Jahr des Druckes.

Internet www.duden.de

Redaktion Dr. Sven Scheurell
Gestaltungskonzept und Umschlag Britta Scharffenberg
Layout Jessica Kupke, Marion Schneider
Grafik Marco Eichler, Christiane Gottschlich, Christiane Mitzkus, Walther-Maria Scheid
Titelbild Brennender Ölfilm auf Wasser (Quelle: mauritius images)
Druck und Bindung Těšínská tiskárna, Český Těšín

ISBN 978-3-8355-4008-8

as
STREUSALZ
Streusalz
zu Ihrer Sicherheit

ara
Jodiertes
Speise
Salz

Salzstangen
250 g

Basiskonzepte und Methoden

Basiskonzeptseiten im Lehrbuch

Kompetenz durch Chemie-Klick

Lernen mit Methode

1 Am Anfang war das Feuer

1.1 Feuer – ist das Chemie?

Feuer unserer Ahnen

Das Feuer fasziniert die Menschen schon seit Urzeiten. Unsere Vorfahren erlernten die Kunst des Feuermachens aus der Natur. Sie schlugen Funken aus Feuersteinen, entzündeten so Zunder und setzten damit kleine, trockene Äste in Brand. Die Zähmung des Feuers veränderte ihr Leben.

Warum brennen kleine trockene Äste besser als große feuchte Holzscheite?

Gefährliches Feuer

Jährlich werden durch Brände große Waldgebiete vernichtet. Durch Wohnungsbrände kommen immer wieder Menschen in Gefahr. Unsachgemäßer Umgang mit Gasleitungen, Benzinkanistern oder leicht entzündlichen Stoffen kann sogar zu schweren Explosionen führen.

Warum sind manche Stoffe explosiv und andere nur schwer brennbar? Wie können Brände verhindert werden?

Feuer der Chemie

Der Chemiker Robert Bunsen entwickelte einen Gasbrenner, der noch heute in Laboren eingesetzt wird. Dieser Brenner ermöglicht uns, in der Schule Experimente schnell und einfach durchzuführen. Auch Schneidbrenner, Raketenantriebe u. v. a. technische Anlagen nutzen die Energie, die bei der Verbrennung frei wird.

Was haben alle Verbrennungsprozesse gemeinsam? Warum ist Feuer trotzdem vielseitig nutzbar?

S Experiment

Prüfe es selbst: Kerzen geben Auskunft

Aufgabe:
Finde heraus, was in der Flamme verbrennt.

Vorbereitung:
Geräte und Chemikalien: kleine Tortenkerzen, Unterlage (z. B. Fliese), Streichhölzer, Tiegelzange, kurzes Glasrohr ($d = 6 - 8$ mm)

Durchführung:

1. Entzünde zwei schmale, dicht nebeneinander stehende Kerzen und lass beide eine kurze Weile brennen. Blase eine der Kerzen mit einem Glasrohr aus. Wiederhole das Experiment mehrmals. Notiere deine Beobachtungen.

2. a) Entzünde eine Kerze. Warte etwa zwei Minuten und blase dann die Flamme aus. Führe sogleich ein brennendes Streichholz in die Nähe des Dochtes.
   b) Entzünde die Kerze erneut. Halte das Glasrohr so über die brennende Kerze, dass der untere Glasrand etwa 1 cm vom Docht entfernt ist. Blase die Kerzenflamme aus und halte eine Streichholzflamme an den oberen Glasrand des Rohres.

Beobachtung und Auswertung:
Beschreibe deine Beobachtungen. Finde eine Erklärung für die registrierten Erscheinungen.

Methode

Verhaltensregeln beim Experimentieren

Beim Experimentieren müssen **Sicherheitsbestimmungen** eingehalten werden, da die eingesetzten Stoffe gesundheitsschädigend oder an der Bildung gefährlicher Stoffe beteiligt sein können. Beachte folgende Regeln:

- Essen und Trinken sind im Chemieraum verboten!
- Beachte unbedingt den Arbeitsschutz!
- Folge den Anweisungen des Lehrers!
- Lies die Versuchsvorschrift sorgfältig vor jedem Experiment und befolge sie präzise!
- Koste Chemikalien niemals!
- Führe nur bei Aufforderung Geruchsproben durch (zufächeln)!
- Vermeide Hautkontakte mit Chemikalien!
- Verwende nur kleine Mengen an Chemikalien!
- Entnimm Chemikalien nur mit sauberem Spatel und verschließe das Gefäß wieder!
- Gib unverbrauchte Reste nicht ins Vorratsgefäß zurück!
- Fülle Reagenzgläser nur bis zu einem Drittel!
- Schüttle das Reagenzglas beim Erwärmen!
- Richte nie die Öffnung eines Reagenzglases auf Personen!
- Schaue nie in die Reagenzglasöffnung!
- Baue die Apparatur standfest auf!
- Entsorge Chemikalien umweltgerecht! (Beachte Hinweise und Vorschriften!)

Was ist Feuer?

Feuer hatte seit Beginn der Menschheitsgeschichte eine vielseitige Bedeutung. Auch heute spielt das Feuer in unserem Leben eine wesentliche Rolle.
Ganz besonders spannend wird es, wenn ein Lagerfeuer entfacht werden soll. Nicht immer gelingt das auf Anhieb, denn einige Bedingungen sind zu beachten. Mit einer **Kerze** kann man ermitteln, welche Voraussetzungen gegeben sein müssen, damit ein Feuer entsteht. Entzündet man eine bisher nicht benutzte Kerze, dauert es eine kleine Weile, bis der Docht brennt. Durch die Wärme des brennenden Dochtes wird das Kerzenwachs erhitzt und beginnt sich zu verflüssigen. Das flüssige Wachs beginnt zu sieden und verdampft. Das dabei aufsteigende brennbare Gas entzündet sich. Der Docht der Kerze hat die Aufgabe, dafür zu sorgen, dass das flüssige Wachs nach oben steigt. Der Docht allein würde sehr schnell verglühen. Um den Docht herum verbrennt also das gasförmige Kerzenwachs. Dabei sehen wir Licht und spüren Wärme, nehmen eine Flamme wahr. Die **Flamme** selbst ist also nichts anderes als **brennendes Gas**.

S Experiment

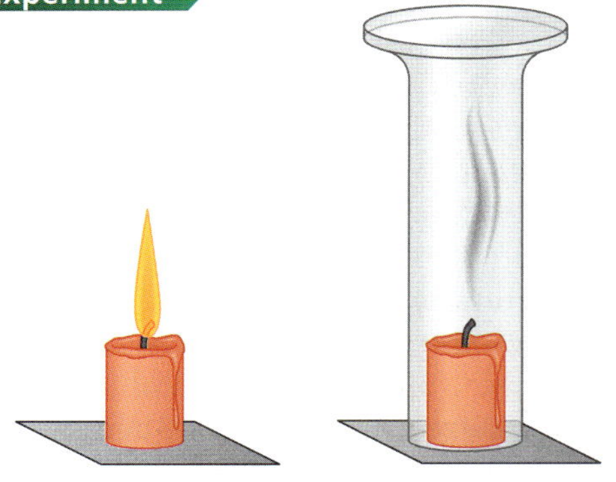

1 Die Zufuhr von Luft ist eine wichtige Voraussetzung für die Entstehung und Erhaltung der Kerzenflamme.

Flammen sind brennende Gase.

Damit die Gase zu brennen beginnen, müssen sie eine bestimmte Temperatur, die **Entzündungstemperatur,** erreicht haben.
Stülpt man ein Glas über diese Kerze, geht sie nach einiger Zeit aus (Abb. 1). Die Kerze muss also mit **Luft** in Berührung kommen, damit sie brennt.

Mosaik

Leben spendende Flammen – faszinierend und mystisch

Vor etwa 3000 Jahren glaubten die Griechen, dass das Feuer durch den Gott Prometheus auf die Erde gekommen sei.
Er hatte die Menschen geschaffen und wollte ihnen auch das Feuer geben. Der Göttervater Zeus war damit nicht einverstanden. Da entzündete Prometheus den Stängel eines Riesenfarns am Wagen des Sonnengottes und brachte das Feuer zur Erde. Zur Strafe ließ ihn Zeus an einen Felsen schmieden und jeden Tag durch einen Adler quälen. Erst nach langer Zeit wurde Prometheus von seinen Qualen erlöst.
In vielen Kulturen wurde der Feuergott als „Herr des Feuers" verehrt. Ähnlich wie den aztekischen Gott Huehueteotl (Abb. 2) findet man ihn häufig als sitzenden alten Mann mit faltigem Gesicht dargestellt, der eine Schale auf dem Kopf trägt, die zum Verbrennen von duftendem Räucherwerk diente.

2 Huehueteotl ist der „Alte Feuergott" der Azteken.

Brennende Kerzen werden kleiner, weil das Kerzenwachs verbrennt. Kerzenwachs ist also ein **brennbarer Stoff.** Das Vorhandensein eines brennbaren Stoffes ist ebenfalls eine wichtige Voraussetzung für die Entstehung und die Erhaltung eines Feuers.
Einige brennbare Stoffe nutzen wir zur Erzeugung von Wärme. Diese Stoffe werden als Brennstoffe bezeichnet, beispielsweise Holz, Kohle, Erdöl und Erdgas. Es kann sich also um feste, flüssige oder gasförmige Stoffe handeln. Auch diese Brennstoffe müssen erst erhitzt werden. Dabei gehen sie in den gasförmigen Aggregatzustand über oder es werden durch Zersetzung brennbare Gase gebildet.

Damit ein Feuer entstehen kann, müssen drei Bedingungen erfüllt sein:
- **Vorhandensein eines brennbaren Stoffes,**
- **Zufuhr von Luft,**
- **Erreichen der Entzündungstemperatur des brennbaren Stoffes.**

Ausgewählte Brennstoffe

Brennbarer Stoff	Entzündungstemperatur
Streichholzkopf	etwa 60 °C
Papier	etwa 250 °C
Holzkohle	150–200 °C
Benzin	220–300 °C
Heizöl	250 °C
Paraffin (Kerzenwachs)	250 °C
trockenes Holz	etwa 300 °C
Butangas (Flüssiggas für Feuerzeuge)	400 °C
Spiritus	425 °C
Erdgas	etwa 600 °C
Steinkohle	350–600 °C
Koks	700 °C

Mosaik

Lagerfeuer leicht entfacht

Um ein **Lagerfeuer** zu entzünden, muss man eine bestimmte Reihenfolge einhalten. Zuerst wird locker zerknülltes Papier auf die Feuerstelle gelegt. Darauf kommen einige Stücke dünnes, trockenes Holz. Erst dann folgen ein paar dickere Holzscheite und zum Schluß dicke Äste.
Man entzündet ein Streichholz. Die Flamme vom Streichholz geht auf das Papier über, es verbrennt. Dabei entsteht soviel Wärme, dass die Entzündungstemperatur des Holzes erreicht wird. Nun entzündet sich das fein zerteilte Holz zuerst, denn es kommt gut mit Luft in Berührung, danach fangen die dicken Holzscheite an zu brennen. Nach einer Weile brennen auch die Äste. Das Feuer ist in vollem Gange.
Die unterschiedliche Größe der Holzstücke zeigt, dass auch der **Zerteilungsgrad** von Stoffen eine wichtige Rolle beim Entzünden eines Feuers spielt. Ist der brennbare Stoff sehr fein zerteilt, erfolgt die Durchmischung mit Luft viel leichter. Ein ausreichender Zerteilungsgrad ist eine wesentliche Bedingung, damit etwas zu brennen beginnt.

Entzündungstemperatur | Streichhölzer 60 °C → Papier 250 °C → Holz 300 °C → Lagerfeuer

Was hat Feuer mit Chemie zu tun?

Die Handhabung des Feuers ist eng mit der Entwicklung des Menschen verbunden. Sie begann mit der Unterhaltung von Feuer, das durch einen Blitzeinschlag entstand. Entscheidend war die Beherrschung des Feuers, das bedeutete, dieses Feuer auch selbst entfachen zu können. Dazu benötigte man u. a. Brennstoffe.
Welche Stoffe waren aufgrund der Eigenschaften geeignet? Was musste man tun, damit sie anfingen zu brennen? In welche Stoffe wurden sie bei der Verbrennung umgewandelt? Wie konnte man die frei werdende Energie am besten nutzen?

Mit solchen und ähnlichen Fragen beschäftigt sich die **Naturwissenschaft Chemie.** Die Menschen entdeckten Stoffe, die man durch Reiben an einer rauen Fläche entzünden konnte. Im Laufe der Zeit lernte die Menschheit, Verbrennungen und andere chemische Prozesse zu steuern und schuf so die Grundlage für eine atemberaubende technologische Entwicklung (Abb. 1).

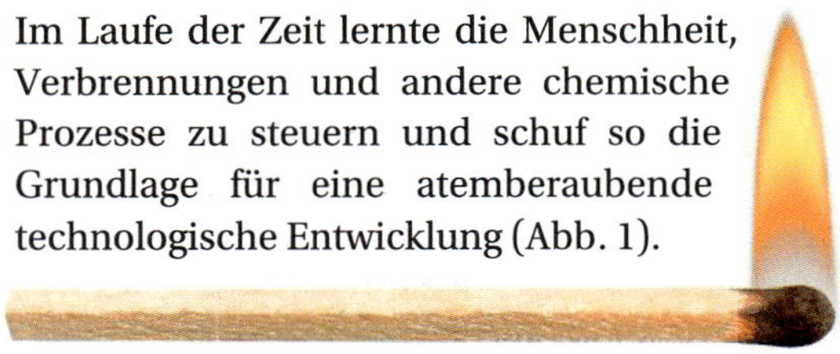

Die Naturwissenschaft Chemie ist die Wissenschaft von den Stoffen und deren Eigenschaften sowie von den Stoffumwandlungen.

1 Moderne Technologien wie das Laserschweißen basieren ebenfalls auf dem „Feuer der Chemie".

Erkenntnisse durch Experimentieren

Viele Phänomene und Prozesse unserer Welt können wir heute besser verstehen als noch vor einigen hundert Jahren. Ohne die Arbeit vieler Wissenschaftler wäre das nicht möglich gewesen. Besonders wichtig ist das genaue **Beobachten** von Objekten und Prozessen in der Natur.

Beim Beobachten werden mit Sinnesorganen oder mit Hilfsmitteln Eigenschaften, Abläufe und Beziehungen untersucht. Die beobachteten Objekte oder Prozesse werden dabei nicht verändert.

Aus den Beobachtungen kann man Vermutungen über Ursachen und Zusammenhänge ableiten. Diese Vermutungen (Hypothesen) werden in der Chemie meist durch **Experimente** überprüft. Das Experiment bestätigt die Vermutung oder zeigt, dass die Vermutung falsch gewesen ist.
Experimentelle Methoden dienen schon sehr lange als Quelle der Erkenntnis. Als der Mensch prüfte, welcher Naturstoff sich am besten eignete, um ein Feuer zu unterhalten, experimentierte er. Als er anderen den Ablauf und das Ergebnis des Experiments erklärte, konnten sie den Prozess wiederholen.
Auch heute noch ist das Experimentieren eine wichtige Methode zum Erkenntnisgewinn in der Chemie und anderen Naturwissenschaften.

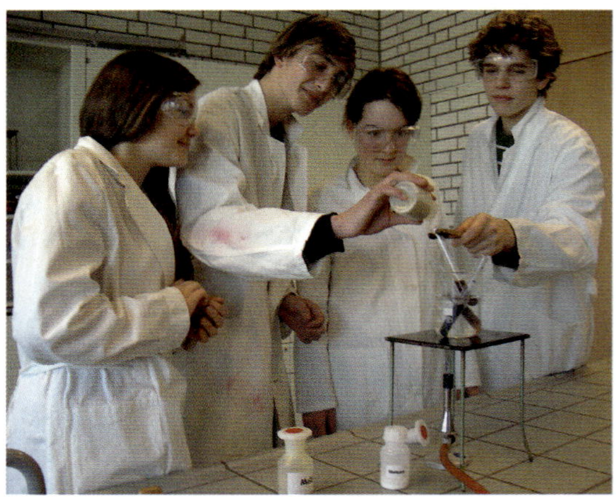

2 Das Experimentieren ist eine wichtige Arbeitsmethode im Chemieunterricht.

Ein Experiment ist eine Frage an die Natur. Dabei wird eine Erscheinung der Natur unter ausgewählten, kontrollierten und veränderbaren Bedingungen beobachtet und ausgewertet. Die Bedingungen des Experiments müssen wiederholbar sein.

Zu jedem Experiment wird ein **Protokoll** angefertigt (s. S. 15). Darin werden die **Aufgabenstellung,** die **Vorbereitung** (Geräte und Chemikalien) und die Durchführung des Versuchs genau beschrieben. Außerdem notiert man die **Beobachtungen** und die Schlussfolgerungen, die man bei der **Auswertung** der Beobachtungen gezogen hat.

Ein Protokoll ist ein unverzichtbares Arbeitsmittel beim Experimentieren. Mit dem Protokoll muss jemand, der das Experiment nicht kennt, dieses gefahrlos und fachgerecht wiederholen können und dabei zu den gleichen Erkenntnissen kommen.

Beim Experimentieren im Chemieunterricht arbeitet man mit einer Auswahl von Stoffen. Da einige giftig oder gesundheitsschädlich sind, darf es nicht zu Verwechslungen kommen. Daher werden alle Stoffe in besonders gekennzeichneten Flaschen und Vorratsbehältern aufbewahrt. Die Gefäße müssen gut lesbar beschriftet sein. Lebensmittelflaschen dürfen nicht verwendet werden.

1 Beim Experimentieren werden verschiedene Glasgefäße und andere Arbeitsgeräte verwendet.

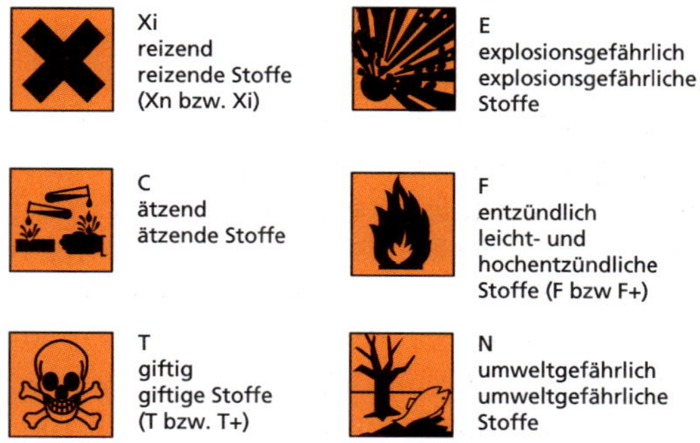

2 Ausgewählte Gefahrensymbole

Handelt es sich um **Gefahrstoffe,** müssen in der Beschriftung die Gefahrstoffkennzeichnung (Abb. 1) und die sogenannten R- und S-Sätze (s. Anhang) zu erkennen sein. Die R-Sätze (Gefahrenhinweise) benennen besondere Gefahren. Die S-Sätze (Sicherheitsratschläge) weisen darauf hin, welche Besonderheiten beim Umgang mit den Stoffen zu beachten sind. Auch bei der Entsorgung sind bestimmte Regeln **(E-Sätze)** einzuhalten. So wird vermieden, dass Gefahrstoffe unbehandelt in das Abwasser und in die Luft gelangen und unsere Umwelt schädigen.

Chemikalien dürfen niemals in Lebensmittelflaschen, sondern müssen in speziellen, entsprechend beschrifteten Gefäßen aufbewahrt werden. Gefahrstoffe sind speziell zu kennzeichnen.

Aufgaben

1. Betrachte grobes Speisesalz mit der Lupe. Beschreibe, was du beobachtest.

2. **S** Löse zu Hause in einem Glas Tee einen Löffel Zucker und probiere den Tee. Löse in einem anderen Glas Tee einen Löffel Speisesalz und koste ebenfalls. Beschreibe deine Empfindungen.

3. Darf das Experiment aus Aufgabe 2 im Chemieraum durchgeführt werden? Begründe deine Antwort.

Der Brenner – ein wichtiges Arbeitsgerät

Ein unverzichtbares Arbeitsgerät beim Experimentieren im Chemieunterricht ist der **Gasbrenner.** Der Vorläufer der modernen Brenner wurde 1855 von ROBERT BUNSEN (1811 – 1899) entwickelt.

Heute werden in Laboren unterschiedliche Brenner für Erdgas, Propangas oder Butangas genutzt. Alle sind jedoch ähnlich aufgebaut und funktionieren prinzipiell gleich (Abb. 1).

Durch die Regulation der Luftzufuhr können zwei unterschiedliche Flammen eingestellt werden – bei geringer Luftzufuhr entsteht eine **leuchtende Flamme,** bei ausreichender Luftzufuhr die **entleuchtete Flamme** (Heizflamme).

Die **leuchtende Flamme** besitzt eine niedrigere Temperatur als die entleuchtete (rauschende) Flamme. Sie liegt bei 1 000 °C. Das Leuchten der Flamme kommt zustande, weil bei der Verbrennung unter geringer Luftzufuhr Ruß entsteht.

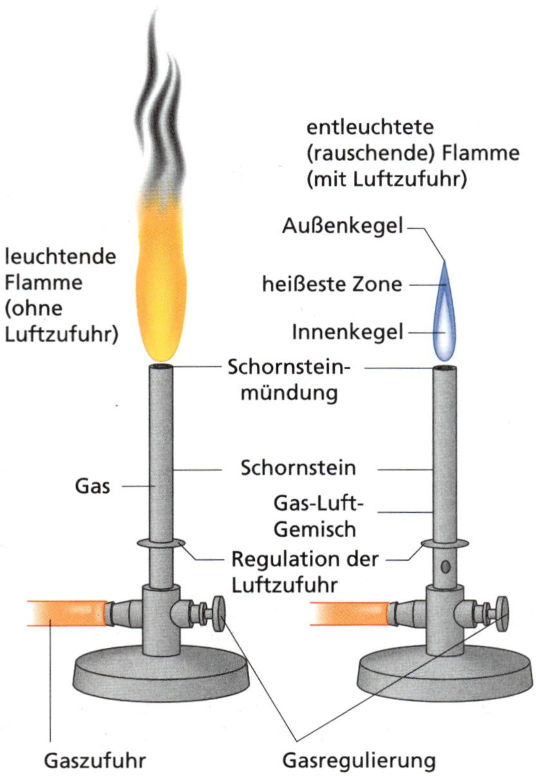

1 Aufbau des Gasbrenners

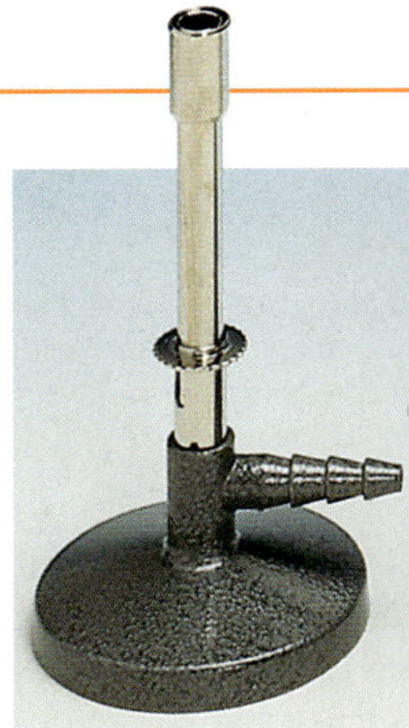

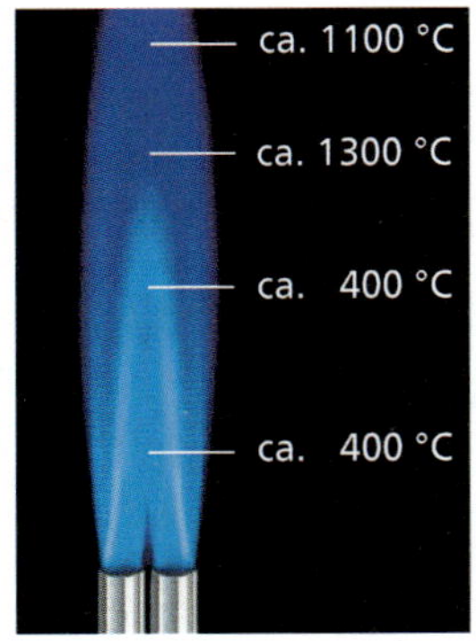

Diese Rußpartikel verbrennen dann im Flammensaum. In der **Heizflamme** sind unterschiedliche Temperaturzonen messbar.

Man erkennt einen farblich dunkleren Außenkegel und einen helleren Innenkegel. Die heißeste Zone der entleuchteten Brennerflamme befindet sich unmittelbar über der Spitze des Innenkegels. Dort beträgt die Temperatur ca. 1300 °C, innerhalb des Kegels dagegen nur ca. 400 °C (s. Abb.).

Aufgabe

S Stelle einmal die leuchtende und einmal die entleuchtete Brennerflamme ein. Halte jeweils ein Magnesiastäbchen in die Flamme. Beschreibe deine Beobachtungen.

Methode

Arbeiten mit dem Brenner

- Überprüfe den sicheren Anschluss an der Gasversorgung!
- Schließe die Gasregulierung und die Luftzufuhr!
- Setze die Schutzbrille auf!
- Öffne den Gasanschluss am Experimentiertisch!
- Öffne die Gasregulierung am Brenner und entzünde das Gas!
- Öffne anschließend die Luftzufuhr!
- Benötigst du den Brenner nicht mehr, schließe zuerst die Luft- und dann die Gasregulierschraube!
- Nach Beendigung der Experimente schließe die Gaszufuhr am Experimentiertisch!

Methode

S Experimentieren mit dem Brenner – ein Protokollbeispiel

Aufgabe:
Finde heraus, ob Zucker brennbar ist. Untersuche den Einfluss von Asche auf den Prozess.

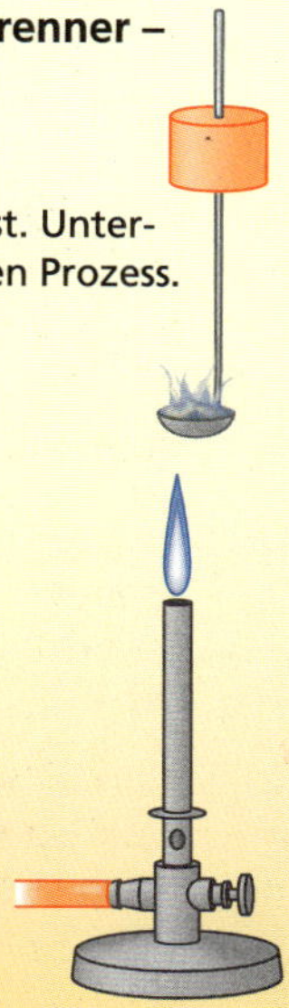

Vorbereitung:
Geräte: Brenner, Verbrennungslöffel, Tiegel
Chemikalien: Haushaltszucker, Asche

Durchführung:
1. Gib ein wenig Zucker auf den Verbrennungslöffel und halte ihn in die entleuchtete Flamme des Brenners.
2. Mische Asche und Zucker im Tiegel und wiederhole den Versuch.

Beobachtung:
1. Erhitzen ohne Asche: Der Zucker lässt sich nicht entzünden. Hält man ihn etwas länger in die Brennerflamme, wird er schwarz.
2. Erhitzen mit Asche vermischt: Der Zucker verbrennt mit blauer Flamme. Licht ist zu beobacheten und Wärme wird frei.

Schlussfolgerung:
1. Es gelingt nicht, diesen Stoff in der Brennerflamme zu entzünden. Er verändert sich aber unter Einfluss der höheren Temperatur. Vielleicht reicht die Temperatur der Brennerflamme nicht aus, um die Entzündungstemperatur von Zucker zu erreichen.
2. Unter dem Einfluss von Asche lässt sich Zucker entzünden. Zucker ist also brennbar.

(*Tipp:* Zucker dient im Körper als Brennstoff. Natürlich verbrennt er dort nicht mit offenem Feuer. In unserem Körper gibt es Stoffe, die ähnlich wie die Asche wirken und die Verbrennung steuern.)

Brandschutz im Chemieunterricht

Ein offenes Feuer wie die Brennerflamme kann bei unsachgemäßem Verhalten Ausgangspunkt von Bränden sein. Daher spielt der Brandschutz im Chemieraum eine große Rolle. Natürlich muss Wasser verfügbar sein. Zusätzlich gehören eine Brandschutzdecke und Feuerlöscher zum Inventar (Abb. 1 bis 3).
Einige Brände dürfen niemals mit Wasser gelöscht werden:

- Brände von Flüssigkeiten, die nicht mit Wasser mischbar sind und eine geringere Dichte als Wasser aufweisen (Speiseöl, Benzin, Petroleum, Dieselöl).
  Brandbekämpfung: Schaumfeuerlöscher, Trockenfeuerlöscher
- Brände an elektrischen Leitungen.
  Brandbekämpfung: Trockenlöscher
- Brände von Leichtmetallen wie Aluminium und Magnesium.
  Brandbekämpfung: Abdecken mit trockenem(!) Sand

1 Feuer kann man löschen durch Entfernen des brennbaren Stoffes, ...

2 Unterbinden der Sauerstoffzufuhr z. B. durch Abdecken oder ...

3 Herabsetzen der Temperatur unter die Entzündungstemperatur.

Mosaik

Die Wissenschaft Chemie in Berlin

Die Geburtsstunde der chemischen **Forschung in Berlin** schlug 1585 mit der Gründung der kurfürstlichen Hofapotheke. Deren Labor war die erste von vielen später folgenden international angesehenen Ausbildungsstätten der Stadt.
Bis Ende des 18. Jh. wurde Chemie hauptsächlich in Apotheken und in der Königlich-Preußischen Akademie der Wissenschaften gelehrt. Einer ihrer Direktoren war Andreas Sigismund Marggraf (1709–1782), der u. a. herausfand, dass sich aus einheimischen Rüben Zucker herstellen lässt.
1810 wurde die Berliner Universität durch Wilhelm von Humboldt eröffnet, die man später nach ihm und seinem Bruder Alexander von Humboldt benannte. Der erste Chemieprofessor der Humboldt-Universität zu Berlin war Martin Heinrich Klaproth (1743–1817). Er entdeckte noch im Labor der eigenen Apotheke die chemischen Elemente Circonium und Uran sowie einige weitere Metalle.
Mit der Eröffnung des chemischen Instituts in der Hessischen Straße entstanden 1900 hoch moderne Lehr- und Forschungseinrichtungen, an denen außerordentliche wissenschaftliche Leistungen vollbracht wurden. Immerhin erhielten 11 an der **Humboldt-Universität** beschäftigte Chemiker zwischen 1901 und 1950 für ihre Arbeiten den Nobelpreis für Chemie.
Zusammen mit der Technischen Universität und der 1948 gegründeten Freien Universität existieren heute in Berlin drei renommierte Universitäten, an denen insgesamt mehr als 70000 Studenten ausgebildet werden.

Chemische Forschung findet jedoch nicht nur innerhalb der Berliner Hochschulen, sondern auch in vielen Chemiebetrieben und in einer Vielzahl von spezialisierten Forschungsinstituten statt. Eines der bekanntesten ist das **Fritz-Haber-Institut** in Berlin-Dahlem, das aus dem 1912 gegründeten Kaiser-Wilhelm-Institut für physikalische Chemie hervorgegangen ist.
Hier entwickelte Fritz Haber (1868–1934) Katalysatoren für technische Verfahren, aber auch Kampfstoffe für den 1. Weltkrieg. Andere hervorragende Wissenschaftler machten bahnbrechende Entdeckungen vor allem auf dem Gebiet der physikalischen Chemie.
Nach der Wiedervereinigung Deutschlands gründeten sich mehrere Technologieparks, in denen Firmen und Forschungseinrichtungen eng miteinander kooperieren. Der größte Technologiepark entstand mit der **Stadt für Wissenschaft, Wirtschaft und Medien (WISTA)** auf dem Gelände der ostdeutschen Akademie der Wissenschaften in Berlin-Adlershof.
An der WISTA entwickeln Naturwissenschaftler in ca. 400 technologieorientierten Unternehmen und Forschungseinrichtungen neue Verfahren und Materialien auf den folgenden Gebieten:
- Umwelt- und Biotechnologie
- Materialwissenschaft
- Nanotechnologie
- Solartechnik
- Optik
- Informations- und Medientechnologie.

1 Nicht nur an der FU (links) und an der WISTA (rechts) wird chemische Forschung in Berlin betrieben.

Chemische Industrie in Berlin

In Berlin ist die Entwicklung der **chemischen Industrieproduktion** besonders eng mit der Arzneimittelherstellung verknüpft. Diese begann im Jahre 1851 mit der Eröffnung der „Grünen Apotheke" in der Chausseestraße 17 durch den Apotheker Ernst Schering (1824 – 1889). Hier stellte er neben Arzneien auch chemische Produkte für die Parfümerie-, Textil-, Leder-, Seifen- und Feuerwerksindustrie her. Für die Reinheit seiner Produkte erhielt Schering eine Silbermedaille auf der Pariser Weltausstellung.

Das veranlasste ihn, sein Apothekerlaboratorium zu einer Fabrik umzubauen. 1864 eröffnete er ein neues großes Werk im Wedding. Dieses entwickelte sich von einem Unternehmen mit 60 Arbeitern und 4 Angestellten (1871) zu einem heute führenden internationalen Konzern mit über 5 Mrd. € Umsatz und weltweit 24 800 Mitarbeitern.

Nachdem anfänglich Stoffe für die Fotografie, Cocarin® als Schlafmittel, Rheumamittel und Medikamente gegen Tuberkulose entwickelt und hergestellt wurden, begeisterten sich ab 1923 Schering-Forscher für eine bis dahin kaum erforschte Stoffklasse: die Sexualhormone. Die Wissenschaftler waren erfolgreich und es kam zur Entwicklung von Medikamenten gegen drohende Fehlgeburten und Zyklusstörungen. Mit Anvolar®, der ersten Pille außerhalb der USA, erhielten Frauen eine zuverlässige Verhütungsmethode. Seit der Entdeckung der Röntgenstrahlen 1895 ist es möglich, in den unversehrten Körper zu blicken. 1930 gelang es den Schering-Mitarbeitern, das Urmodell aller Röntgenkontrastmittel zu schaffen, welches, in den Körper injiziert, die Nieren und die Harnwege sichtbar macht. Heute ist der Konzern führend in der Entwicklung von Kontrastmitteln für Tomografie und Ultraschall.

Insgesamt sind im Jahr 2006 mehr als 200 Chemiebetriebe in Berlin angesiedelt. Darunter findet man hauptsächlich Pharmaunternehmen wie die Berlin Chemie AG, aber auch Hersteller von Reinigungsmitteln, Kosmetika und Spezialchemikalien. Kleinere Chemiebetriebe entwickeln u. a. Solarzellen oder bieten Dienstleistungen im Umweltbereich an. Besonders innovative chemische Verfahren werden in Berliner Biotechnologieunternehmen und bei der Herstellung von Leiterplatten genutzt. Leider führt die Globalisierung der Weltwirtschaft dazu, dass viele Unternehmen nur noch Vertriebsgesellschaften in Berlin unterhalten und die Produktion an ausländische Standorte verlagern.

1 Ein erstes Medikament zur sicheren Verhütung („Pille") wurde von Schering-Forschern entwickelt.

Chemie in der Diskussion

In der heutigen Zeit haftet der **Naturwissenschaft Chemie** ein zweifelhafter Ruf an. Sofort werden vergiftete chinesische Flüsse, ausgelaufene Öltanker vor der spanischen Küste, explodierte Raffinerien wie in London, gespritzte Lebensmittel, unzureichend getestete Medikamente, krebserregende Holzschutzmittel und andere „Plagen der Chemie" von schlauen Zeitgenossen ins Felde geführt.

Wer aber denkt über den heute jugendlich wirkenden, aktiven und sportlichen vierzigjährigen Durchschnittseuropäer nach? Wenige hundert Jahre zuvor wäre er grauhaarig, oft zahnlos, sehschwach, mangelernährt und viel ungepflegter gewesen, wenn er mit 40 Jahren überhaupt noch am Leben wäre.

Operationen wurden früher ohne Narkose ausgeführt und stellten ein hohes Risiko dar. Aufgrund mangelnder Hygiene endeten sie oft tödlich. Medikamente mit antibakteriellen und antiviralen Wirkstoffen gab es nicht, bzw. nur auf pflanzlicher Basis. Medizinische Hilfsmittel wie künstliche Herzklappen, Hüftgelenke und Venenschläuche, moderne Brillen und Kontaktlinsen waren noch nicht erfunden. Haarfarben, zahnerhaltende Kunststoffe, Kosmetikartikel fehlten. Eine ausgewogene Ernährung war wegen fehlender Düngemittel oftmals viel zu teuer und nicht zu realisieren.

Das heute für uns so selbstverständliche komfortable und lange Leben ist nur möglich durch den Fortschritt der Chemie.

Abgesehen von den künstlichen Synthesen und chemischen Reaktionen für die Herstellung der genannten und vieler weiterer Produktion ist unser Körper selbst eine „Chemiefabrik". Kein Leben wäre ohne all die biochemischen Reaktionen möglich, die in jedem Organismus ablaufen. Nicht zuletzt beruht sogar die Entwicklung der Erde von der Entstehung unseres Planeten bis zur Gegenwart auf der Bildung und Umwandlung von Stoffen mit unterschiedlichen Eigenschaften. So besteht der Erdkern aus metallischem Eisen und die Erdkruste aus Gestein, Sand und vielen anderen Stoffen. An der Oberfläche findet man z. B. das lebenswichtige Wasser und in der Atmosphäre Gase, wie den Sauerstoff zum Atmen.

Diese Stoffe mit ihren spezifischen Eigenschaften sind durch chemische Prozesse entstanden und werden zum Teil in der Natur – nicht nur durch Pflanzen und Tiere – ständig in neue Stoffe umgewandelt.

Wohin man auch in der Natur und in der Technik sieht: **Chemie ist überall.**

Aufgabe

Sammelt zusammen mit Mitschülern Argumente, die den Nutzen bzw. Schaden belegen, den die Chemie verursacht. Diskutiert und bewertet die Rolle der Chemie im Alltag.

1 Chemische Produkte erleichtern und verschönern den Alltag (linke Abb.), gefährden aber leider oftmals die Umwelt (rechte Abb.).

Chemie im Kontext

Explosionen aus dem „Nichts"

Immer wieder hört man von schweren Unfällen durch **Explosionen** an Tankstellen, in Garagen oder in Chemiefabriken. Ursache sind dabei oftmals scheinbar leere Gefäße, in denen sich vorher brennbare Flüssigkeiten oder Gase befanden.
Erkläre, warum der zu sorglose Umgang mit einem Behälter, in dem sich brennbare Flüssigkeiten befanden, derartige Gefahren hervorrufen kann. Wodurch kommt es nicht nur zum Brand, sondern auch zur Explosion?

Brennbare Flüssigkeiten wie Benzin oder Alkohol sind sehr leicht flüchtig. Das heißt, dass schon bei Temperaturen um 25 °C (Zimmertemperatur) ein bestimmter Anteil in den gasförmigen Aggregatzustand übergeht. Beim Entleeren eines Benzinkanisters wird jedoch nur die Flüssigkeit ausgegossen, die brennbaren Gase verbleiben im Behälter und mischen sich mit Luft.
Damit sind schon zwei Bedingungen für die Entstehung eines Feuers erfüllt, der brennbare Stoff und Luft sind vorhanden. Wenn nun durch einen Funken oder eine andere Zündquelle die Entzündungstemperatur überschritten wird, kommt es zur Verbrennung (Abb.).
Bei der Verbrennung derartiger Luft-Gas-Gemische wird in sehr kurzer Zeit viel Wärme freigesetzt, die nur zu einem geringen Teil an die Umgebung abgegeben werden kann. Deshalb erwärmt sich das Gasgemisch in Sekundenbruchteilen und dehnt sich schlagartig aus. Diese schlagartige Ausdehnung führt zu der für Explosionen charakteristischen **Druckwelle.**
In großen Räumen breitet sich die Druckwelle relativ langsam aus. Kleine Gefäße halten dem Druck kurze Zeit stand, bevor sie zerbersten und gefährliche Splitter durch die Luft fliegen. Ähnliche Gefahren drohen auch von scheinbar leeren Propangasflaschen, Spraydosen oder Chemikalienbehältern, die zur Aufbewahrung brennbarer Stoffe dienen. Beim Umgang mit scheinbar leeren Gefäßen und offenen Feuern ist daher auch im Chemieunterricht höchste Vorsicht geboten!

1 Explosionen können verheerende Schäden anrichten.

Methode

Erklären

Beim Erklären wird zusammenhängend und geordnet dargestellt, warum eine Erscheinung in der Natur so und nicht anders auftritt. Dabei wird die Erscheinung auf das Wirken allgemeiner Gesetze zurückgeführt. Dazu stellt man dar, dass die Bedingungen vorliegen, unter denen die Gesetzmäßigkeiten wirken.
Auch Modelle können zum Erklären herangezogen werden. Beim Erklären sollte man deshalb Folgendes darstellen:

1. Beschreibe die für das Wirken von Gesetzen und das Anwenden von Modellen wesentlichen Seiten des Phänomens. Lasse unwesentliche Seiten unberücksichtigt.

2. Nenne Gesetze und Modelle, mit denen die Erscheinung erklärt werden kann, weil deren Wirkungsbedingungen vorliegen.

3. Führe die Erscheinung auf das Wirken von Naturgesetzen bzw. auf das Anwenden von Modellen zurück.

gewusst · gekonnt

1. Wiederhole wichtige Begriffe: Experiment, Feuer, Flamme, Gasbrenner, Gefahrstoff, Protokoll.
Lege ein Glossar an. (Dabei handelt es sich um ein alphabetisch geordnetes Wörterverzeichnis, in dem jeder Begriff definiert oder kurz erläutert wird.)
Nutze dazu entweder Karteikarten oder den Computer.

Glossar

Experiment:
Feuer:
Flamme:
Gasbrenner:
Gefahrstoff:
Protokoll:

2. Wird ein Lagerfeuer entfacht, hört man häufig den Satz: „Das Feuer brennt". Ist diese Formulierung aus chemischer Sicht korrekt? Begründe deine Antwort.

3. „Die Entdeckung und Beherrschung des Feuers war von herausragender Bedeutung für die Entwicklung der Menschheit".
a) Tragt in der Gruppe Argumente zusammen, die diese Aussage belegen.
b) Diskutiert in eurem Team, welche Eigenschaften des Feuers für den Menschen besonders wertvoll waren.
c) Fertigt ein Poster an (s. S. 78), auf dem ihr eure Ergebnisse darstellt.

4. Erläutere anhand der Abbildungen die Bedingungen, die für die Entstehung und Erhaltung eines Feuers notwendig sind.

5. Beim Experimentieren verwendet man manchmal nicht das offene Feuer, sondern heißes Wasser, um Stoffe zu erhitzen.
Bei welchen Stoffen würdest du diese Form des Erhitzens wählen? Begründe deine Entscheidung.

6. Alte Herde oder Kaminöfen haben an der unteren Ofenklappe einen Schieberegler. Beschreibe die Funktion dieses Reglers während des Heizens.

7. Jährlich gibt es beim Grillen durch unsachgemäßen Umgang z. T. tragische Unfälle. Besonders häufig liegt die Ursache darin, dass versucht wird, den Grill mit Spiritus anzuzünden.
Erkläre, weshalb es dabei zu schweren Verbrennungen kommen kann.

8. In Farbengeschäften findet man Dosen (Lacke, Lösungsmittel), die dieses Gefahrensymbol tragen: 

Welche Eigenschaft haben die Inhaltsstoffe und was bedeutet das für den Umgang mit diesen Stoffen und Behältern?

9. Nenne jeweils drei brennbare und drei nicht brennbare Stoffe. Recherchiere im Internet z. B. unter www.schuelerlexikon.de, warum diese Stoffe brennbar sind.

10. Eine Voraussetzung für die Entstehung von Bränden sind brennbare Stoffe.
Finde Beispiele, wie man diese Kenntnis bei vorbeugenden Brandschutzmaßnahmen im Haushalt, in Betrieben und in Chemieräumen berücksichtigt.

11. Wird ein Gebäude bei Brandalarm verlassen, sind Fenster und Türen zu schließen (nicht abzuschließen). Begründe diese Anweisung.

12. Eine Reihe von Bränden können nicht mit Wasser gelöscht werden. Nenne drei Beispiele und informiere dich z. B. im Internet über die Ursachen und die alternativen Möglichkeiten, derartige Brände zu löschen.

13. S Halte ein Holzstäbchen kurze Zeit quer in die dunkle Zone einer Kerzenflamme.
Beschreibe, wo sich nach dem Herausnehmen Brandspuren zeigen.
Leite aus der Beobachtung Schlussfolgerungen zur Kerzenflamme ab.
Führe nach dem Muster auf S. 15 Protokoll.

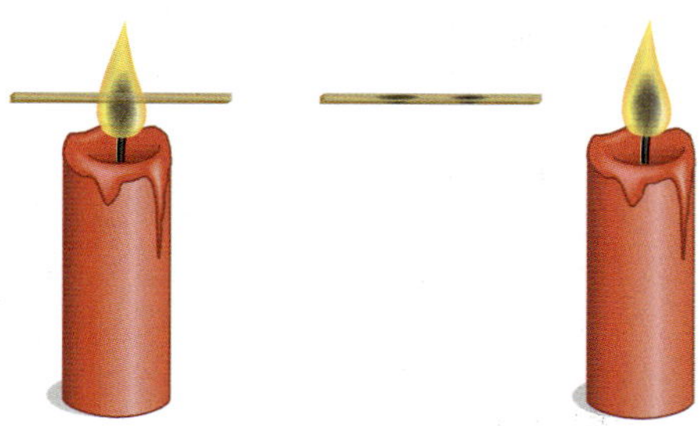

14. S Eine kleine Menge Kerzenwachs wird in einem Metalltiegel erhitzt, bis man die entstehenden Gase entzünden kann.

a) Der Tiegel wird mit einem Deckel (evtl. ein Uhrgläschen) verschlossen. Nach ein paar Sekunden nimmt man den Deckel mit der Tiegelzange wieder ab.

b) Der Brenner wird entfernt und das Öffnen und Schließen des Porzellantiegels wiederholt.

Erkläre deine Beobachtungen.

15. Übertrage die unten stehende Tabelle in dein Heft, und trage geeignete Maßnahmen zur Brandbekämpfung ein. Begründe deine Entscheidungen.

Brandherd/Brandursache	Maßnahmen zur Brandbekämpfung	Begründung der Maßnahmen
schwelender Brand der Tischdecke im Wohnzimmer durch Zigarettenasche		
Brand einer Benzinpfütze in der Nähe von Garagen		
Brennen von Kleidung an einer Person		
Brand an der Elektroanlage eines Hauses		
lodernder Brand im Chemieraum der Schule		
brennendes Öl in der Pfanne		

1.2 Stoffumwandlung durch Feuer

Geheimnisvolle Energie

Durch chemische Reaktionen in Form von Verbrennungsprozessen gewinnen die Menschen seit Urzeiten Energie. Heute wird diese Energie nicht nur zum Kochen und Heizen, sondern zur Fortbewegung, zur industriellen Herstellung neuer Materialien und zur Fertigung von Alltagsgegenständen oder High-Tech-Geräten genutzt. *Woher kommt die Energie der Brennstoffe? Gibt es noch andere Möglichkeiten zur Energiegewinnung?*

Geheimnisvolle Stoffe

Unsere Umwelt und auch wir selbst bestehen aus Stoffen. Die einzelnen Stoffe besitzen unterschiedliche Eigenschaften und finden daher für verschiedene Zwecke Verwendung. Einige dienen als Brennstoffe, andere als Gewürze und wieder andere als Werkstoffe. *Welche Stoffeigenschaften sind für den Chemiker interessant? Wie lassen sich diese Eigenschaften bestimmen?*

Geheimnisvolle Veränderungen

Schaut man sich im Alltag um, kann man viele stoffliche Veränderungen beobachten. Brennstoffe verändern sich, wenn sie entzündet werden. Offene Frischmilch wird sauer. Eisen und Stahl rosten, selbst Kupferdächer werden grün. Auch in der Natur laufen stoffliche Veränderungen ab. Lebewesen nehmen Stoffe auf und wandeln sie in andere um. Nur dadurch können sie überleben. *Warum erfolgen manche Stoffumwandlungen „ohne Feuer" und andere nicht?*

Stoffe und ihre Eigenschaften

Kerzen können sehr unterschiedliche Formen aufweisen. Sie bestehen jedoch alle aus Kerzenwachs. Dabei kann es sich um verschiedene **Stoffe** handeln. Meist finden Paraffin, Stearin oder Bienenwachs Verwendung.

> **Stoffe sind die Materialien, aus denen Körper bestehen.**

Paraffin, Stearin und Bienenwachs eignen sich deshalb besonders gut für die Herstellung von Kerzen, weil sie bei Raumtemperatur fest sind, jedoch leicht in den flüssigen Aggregatzustand überführt werden können. So ist es möglich, die Kerzen zu formen. Zudem werden die Stoffe bei relativ geringer Wärmezufuhr gasförmig. Die Gase lassen sich leicht entzünden und brennen gut. Ist ausreichend Luft vorhanden, entstehen bei der Verbrennung keine giftigen Stoffe. Die Stoffe finden also aufgrund ihrer **Eigenschaften** Verwendung.

Unterschiedliche Stoffe weisen unterschiedliche Eigenschaften auf, an denen man sie erkennen kann. Die Eigenschaften ermittelt man entweder mit den Sinnesorganen (z. B. Farbe) oder durch Messungen (z. B. Dichte) und Experimente (z. B. Brennbarkeit).

> **Stoffe erkennt man an ihren Eigenschaften.**

Mit den Sinnesorganen erkennt man unter anderem die Farbe, den Geruch, den Aggregatzustand und die Oberflächenbeschaffenheit von Stoffproben.
Substanzen wie Essig, Kaffee oder Alkohol riechen sehr markant und können wie im Experiment an ihrem **Geruch** erkannt werden. Viele andere Stoffe sind geruchlos und können auch anhand ihres Aussehens nicht eindeutig identifiziert werden.
Solche Substanzen erkennt der Chemiker nur, indem er eine andere charakteristische Eigenschaft oder eine Kombination mehrerer Eigenschaften experimentell bestimmt.

S Experiment

Charakteristische Gerüche im Test

Aufgabe:
Erkenne Gewürze und Lebensmittel durch die Geruchsprobe.

Vorbereitung:
Geräte: Uhrglasschälchen, Tuch, z.B. verschiedene Gewürze, Haushaltessig, Wasser, Kakao, Kaffee, Apfel, Ananas, Käse

Durchführung:
Veranstaltet einen Geruchswettbewerb. Dazu werden den Versuchspersonen die Augen verbunden.

Beobachtung und Auswertung:
Beschreibe den Geruch. Wer erkennt die meisten Stoffe?

1 Bei der Geruchsprobe fächelt man sich die Gase vorsichtig mit der Hand zu.

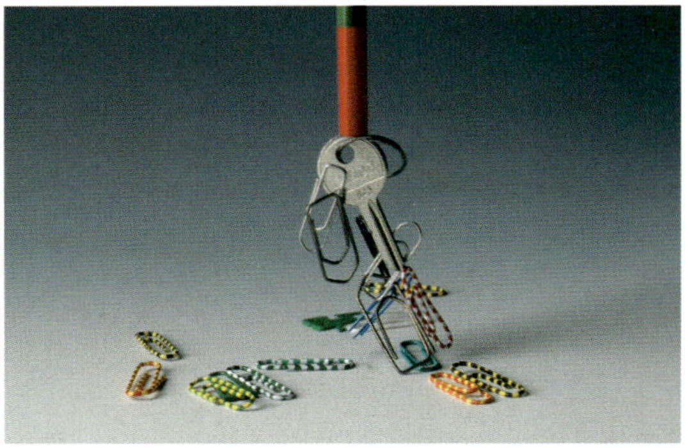

1 Schlüssel und Klammern aus Stahl enthalten Eisen und sind deshalb magnetisch.

Härteskala nach MOHS		
man ritzt mit	**einen Stoff bis Härte**	**z. B.**
dem Fingernagel	2	Gips
einem Aluminiumstück	3	Marmor
der Nähnadel	5	Apatit
der Glasscherbe	7	Quarz
dem Diamant-Glasschneider	10	Diamant

Oberflächenbeschaffenheit: Oberflächen von Stoffen können glatt oder rau sein, sie erscheinen matt oder glänzend. Bei manchen Stoffen bleiben Glanz und Oberflächenbeschaffenheit lange erhalten, andere verlieren diese an der Luft schnell. Durch Polieren können bei einigen Stoffen der ursprüngliche Glanz und die Oberflächenbeschaffenheit wieder hergestellt werden.

Magnetische Eigenschaften: Mit einem Dauermagneten kann man prüfen, ob Stoffe magnetisch sind. Gegenstände aus Eisen, Cobalt oder Nickel werden von Magneten angezogen.

Härte: Stoffe sind unterschiedlich hart. Einige Feststoffe kann man durch Krafteinwirkung mithilfe anderer Stoffe ritzen, z. B. eine Glasscheibe durch einen Glasschneider mit einer Stahl- oder Diamantspitze. Welche Stoffe man mit einem anderen Stoff ritzen kann, hängt von ihrer Härte ab. Dabei gilt grundsätzlich, dass weichere Materialien durch härtere Stoffe geritzt werden. Diamant ist der härteste natürliche Stoff, während Kerzenwachs sehr weich ist.
CARL FRIEDRICH CHRISTIAN MOHS (1773–1839) hat die Methode des Ritzens bereits um 1820 benutzt, um für Stoffe eine noch heute verwendete Härteskala (vgl. Tabelle) aufzustellen.

Verformbarkeit: Stoffe sind unter Krafteinwirkung unterschiedlich verformbar. Roheisen und Glas sind nur wenig verformbar, sie zerspringen. Man sagt auch, sie sind spröde. Kupfer, Aluminium, Stahl, Knete oder Gummi sind gut verformbar. Man unterscheidet zwei Arten von Verformungen. Bei der plastischen Verformung geht der Stoff nach der Krafteinwirkung nicht wieder von allein in seine ursprüngliche Form zurück. Dies ist z. B. bei Knete, Ton oder auch bei Metallen der Fall. Die gute plastische Verformbarkeit von Stahl nutzt man beispielsweise beim Schmieden aus.
Bei einer elastischen Verformung nimmt der Stoff nach der Krafteinwirkung wieder seine ursprüngliche Form an. Dies ist z. B. bei einem Expander aus Stahl zu beobachten (Abb.).

Aggregatzustand, Schmelz- und Siedetemperatur: Stoffe können fest, flüssig oder gasförmig sein. Der Aggregatzustand kennzeichnet das äußere Form- und Volumenverhalten eines Stoffes und ist abhängig von der Temperatur und vom Druck. Bei Normdruck und 25 °C ist Wasser flüssig, Blei fest und Sauerstoff gasförmig. Bei anderen Temperaturen können diese Stoffe einen anderen Aggregatzustand aufweisen.
Wasser ist unter 0 °C fest und über 100 °C gasförmig. Durch Erwärmen kann Blei flüssig werden. Kühlt man Sauerstoff sehr stark ab, geht er ebenfalls in den flüssigen Aggregatzustand über.
Wird Wärme zugeführt oder abgeführt, können Stoffe schmelzen oder erstarren, sieden oder kondensieren.
Wird einem festen Stoff Wärme zugeführt, wird er bei einer stoffspezifischen Temperatur flüssig. Diese Temperatur bezeichnet man als **Schmelztemperatur.** Die Temperatur, bei der der Stoff in den gasförmigen Zustand übergeht, heißt **Siedetemperatur.** Auch sie ist charakteristisch. Die Werte können experimentell bestimmt (Abb. 1, 2) oder Tabellen entnommen werden.

Dichte: Gegenstände mit gleicher Masse (z. B. 25 g) können ein unterschiedliches Volumen aufweisen (Abb.). Bei unterschiedlicher Masse kann aber das Volumen gleich sein.
Welche Masse ein Körper mit einem konkreten Volumen hat, ist vom Stoff abhängig und wird durch die Dichte beschrieben. Sie ist für einen Stoff charakteristisch. Die Dichte ist abhängig von der Temperatur und bei Gasen auch vom Druck. Die Dichte eines Stoffes beschreibt der **Quotient aus Masse und Volumen.**

Formelzeichen: ϱ (griechischer Buchstabe, sprich: rho)

Einheiten: 1 Gramm je Kubikzentimeter $\left[1\,\frac{g}{cm^3}\right]$

1 Kilogramm je Kubikmeter $\left[1\,\frac{kg}{m^3}\right]$

Gleichung: $\varrho = \frac{m}{V}$

m – Masse des Körpers
V – Volumen des Körpers

S Experiment

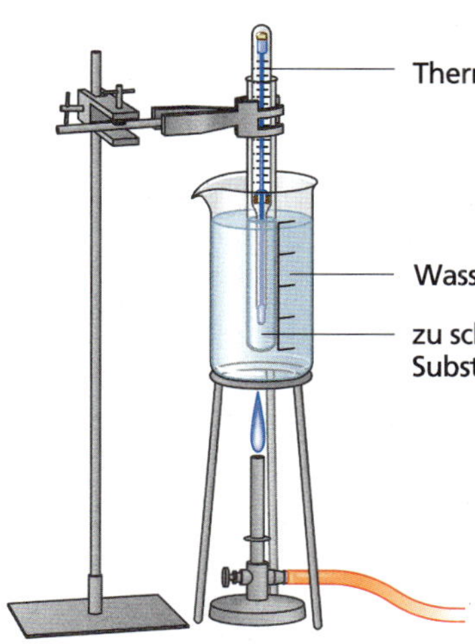

1 Bestimmung der Schmelztemperatur

S Experiment

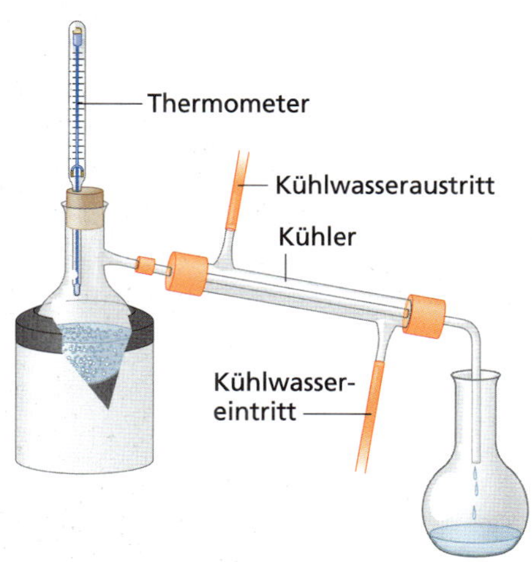

2 Bestimmung der Siedetemperatur

Wärmeleitfähigkeit: Die Wärmeleitung ist eine Form der Wärmeübertragung. Dabei wird in Stoffen Wärme von einer Stelle höherer Temperatur zu einer Stelle niedrigerer Temperatur übertragen. Die Wärmeleitfähigkeit von Stoffen ist sehr unterschiedlich.

Körper aus Metallen, vor allem aus Kupfer, Aluminium, Gold oder Silber, leiten die Wärme gut. Schlechte Wärmeleiter sind Wasser, Luft, Holz, Glas und die meisten Kunststoffe. Daher kann man die Pfanne am Holzgriff gefahrlos anfassen, obwohl das Metall der Pfanne sehr heiß ist.

Elektrische Leitfähigkeit: Metalle leiten nicht nur die Wärme gut, sondern auch den elektrischen Strom. Metalle sind gute **elektrische Leiter,** besonders Kupfer und Silber.

Deshalb bestehen die Drähte von Elektrokabeln aus Kupfer. Für elektronische Bauteile wird häufig Silber verwendet.

Die Ummantelung der Drähte wird aus Kunststoff gefertigt. Dieser Kunststoff ist ebenso wie Porzellan und Glas nicht elektrisch leitfähig. Man bezeichnet solche Stoffe als **Isolatoren.**

Die elektrische Leitfähigkeit von Stoffen kann man prüfen (Abb. 1).

S Experiment

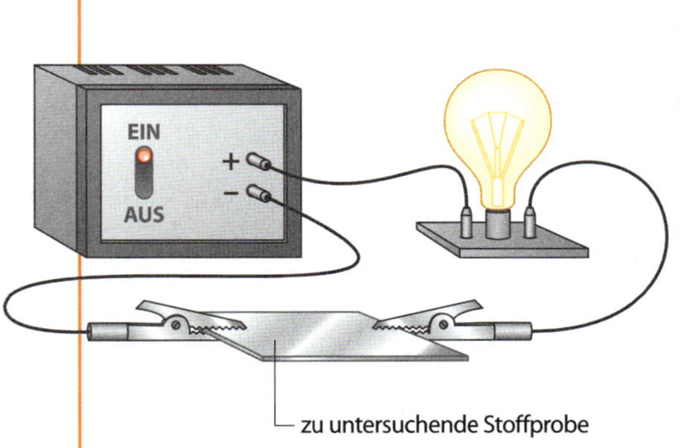

1 Der Stoff ist elektrisch leitfähig.

Löslichkeit: Gibt man Zucker in heißen Tee oder Wasser, so sind die Zuckerkristalle bald nicht mehr einzeln zu erkennen. Probiert man den Tee, so schmeckt man, dass der Zucker im Tee noch vorhanden ist. Eine Lösung ist entstanden. Wasser ist ein gutes Lösemittel für Zucker.

Auch Flüssigkeiten und Gase können in einem Lösemittel gelöst werden. So enthält Wasser beispielsweise meist gelösten Sauerstoff, warmes Wasser weniger als kaltes Wasser. Die Löslichkeit eines Stoffes ist vom Stoff, von der Art des Lösemittels und von der Temperatur abhängig.

Die Kombination von Eigenschaften, die für den jeweiligen Stoff charakteristisch ist, fasst man zweckmäßigerweise in Steckbriefen zusammen. **Steckbriefe** können außerdem Informationen zu Vorkommen, zur Verwendung, zum chemischen Bau und anderen Besonderheiten enthalten sein.

Aufgaben

1. Nenne jeweils drei Stoffeigenschaften, die einfach mithilfe von Sinnesorganen bzw. nur mit Messgeräten bestimmt werden können.

2. Stelle einen Steckbrief zum Aluminium zusammen. Recherchiere die Informationen dazu im Internet.

STECKBRIEF: Kupfer

Eigenschaften: rötlich glänzendes, weiches Metall, sehr gute elektrische und Wärmeleitfähigkeit, geruchlos, bei Raumtemperatur fest, Dichte 8,96 g · cm^{-3}, nicht brennbar, nicht magnetisch, chemisch sehr beständig

Vorkommen: als metallisches Kupfer (gediegen) oder in Erzen (z. B. Pyrit)

Verwendung: als elektrischer Leiter für Kabel und Leiterplatten, für Maschinenteile, Tanks, Rohrleitungen, Dachrinnen, als Münzmetall und zur Herstellung von Messing oder Bronze

Internetrecherche zum Thema „Steckbriefe für Stoffe"

Eigenschaften sind kennzeichnend für Stoffe und bedingen ihre Verwendung. Außerdem ist es oft interessant, welche Besonderheit ein Stoff aufweist oder wo er in der Natur vorkommt. Informationen dazu findet man im Internet. Dazu kann man verschiedene Suchmaschinen nutzen. Wer Erfahrungen mit **Lexika im Internet** hat, kann sofort die entsprechende Homepage ansteuern. Mit diesen Informationen kann man einen Steckbrief für Stoffe erstellen.

1. Schritt

Gib zuerst über einen Web-Browser die Internet-Adresse der Suchmaschine oder des Internet-Lexikons an.
Du kannst beispielsweise www.schuelerlexikon.de zur Informationssuche nutzen.

2. Schritt

Informiere dich darüber, wie deine Suchabfrage konkret gestellt werden muss.
(Tipp: Für die meisten Suchmaschinen sind Leerzeichen, Pluszeichen und Minuszeichen gültig.)

3. Schritt

Überlege dir treffende Schlüsselwörter (Suchbegriffe). Will man z. B. Informationen über Glas erhalten, bietet sich dieser Begriff als Suchbegriff an. Die Kombination Glas + Steckbrief schränkt die Suche ein.

2. Schritt

Frage die Informationen dann durch die Eingabe von Suchbegriffen in speziell dafür vorgesehene Suchfenster ab. Unter der angegebenen Adresse erhälst du unten stehendes Resultat.

Basiswissen Schule

Home Themen Register Zeitleiste Suche

Chemie

www.schuelerlexikon.de

Wortanfang

Verwandte Themen Druckversion Internetverweise Vorlesen

Steckbriefe für Stoffe

Glas:

Eigenschaften: farblos, spröde, sehr hart (kann mit Stahl geritzt werden), Dichte ca. 2,6 g · cm^{-3} (Normalglas), schmilzt bei 1 000 bis 1 200 °C, schlechter Wärmeleiter, Isolator, nicht brennbar, nicht löslich in Wasser, widerstandsfähig gegen Chemikalien

Nutzung: Haushaltsgläser, Baustoff, Laborgefäße, Spezialglas wie Jenaer Glas (sehr hitzebeständig)...

Besonderheit: Glas befindet sich in einem besonderen Zustand. Durch schnelles Abkühlen erreicht man eine „unterkühlte Flüssigkeit im festen Aggregatzustand". Dadurch wird Glas erst durchsichtig.

... und mehr

Informiere dich auch unter: *Dichte von Stoffen, Schmelzen und Erstarren, Sieden und Kondensieren, Verdunsten und Verdampfen, Wärmeleitung.*

Physikalischer Vorgang oder chemische Reaktion?

Erhitzt man Wasser stark, wird es gasförmig. Hält man eine kalte Glasplatte in den Wasserdampf, kondensiert dieser wieder. Nach dem Abkühlen liegt der **Stoff mit seinen charakteristischen Eigenschaften** wieder vor. Diese Zustandsänderung ist ein **physikalischer Vorgang**.
Zündet man eine Kerze an, verschwindet auch die Kerze scheinbar. Ist das Wachs gasförmig geworden? Überprüft man die Gase, kondensiert jedoch kein Wachs, sondern Wasser an der Scheibe. Außerdem schlägt sich oft Ruß nieder. Weiterhin ist das Gas Kohlenstoffdioxid nachweisbar.
Das Kerzenwachs (Paraffin) ist nicht mehr vorhanden. Dafür sind andere Stoffe entstanden. Kohlenstoffdioxid ist ein farbloses Gas und Wasser bei Raumtemperatur eine farblose Flüssigkeit. Ruß ist zwar ein fester Stoff, unterscheidet sich aber hinsichtlich seiner anderen Eigenschaften vollkommen vom Paraffin.
Offensichtlich wurden **neue Stoffe mit neuen Eigenschaften** gebildet, die auch nach dem Löschen der Kerze erhalten bleiben. Solche Prozesse bezeichnet man als **chemische Reaktionen.**

> **Chemische Reaktionen sind durch Stoffumwandlungen gekennzeichnet. Es entstehen neue Stoffe mit (bleibenden) neuen Eigenschaften.**

Damit diese **Stoffumwandlung** erfolgen kann, muss Paraffin mit dem Sauerstoff der Luft reagieren. Stoffe, die vor der Reaktion vorlagen, heißen **Ausgangsstoffe (Edukte)** und Stoffe, die bei der chemischen Reaktion entstehen **Reaktionsprodukte (Produkte).** Die Reaktion kann man mithilfe einer **Wortgleichung** beschreiben (s. Abb).

> **Die Wortgleichung enthält die Namen der Ausgangsstoffe und Reaktionsprodukte. Der Reaktionspfeil gibt die Verlaufsrichtung der chemischen Reaktion wieder.**

Ähnliche Stoffumwandlungen laufen auch bei anderen Verbrennungen ab. Kohle, Erdgas und andere Brennstoffe (s. S. 32) können jedoch nur verbrennen, wenn der Ausgangsstoff Sauerstoff vorhanden ist. Solche chemischen Reaktionen bezeichnet man als **Oxidation.** In Natur und Technik laufen allerdings auch viele Reaktionen ohne Sauerstoff ab.

> **Eine Oxidation ist eine chemische Reaktion, bei der ein Ausgangsstoff mit Sauerstoff reagiert.**

Aufgabe

Zähle fünf chemische Reaktionen in Natur und Technik auf. Notiere die Wortgleichungen.

S Experiment

Prüfe es selbst

Aufgabe:
Weise Wasser und Ruß in den Verbrennungsgasen einer Kerze nach.

Vorbereitung und Durchführung:
Entwickle einen Plan, wie du vorgehen kannst.

Beobachtung und Auswertung:
Vergleiche die Eigenschaften der Ausgangsstoffe und Reaktionsprodukte.

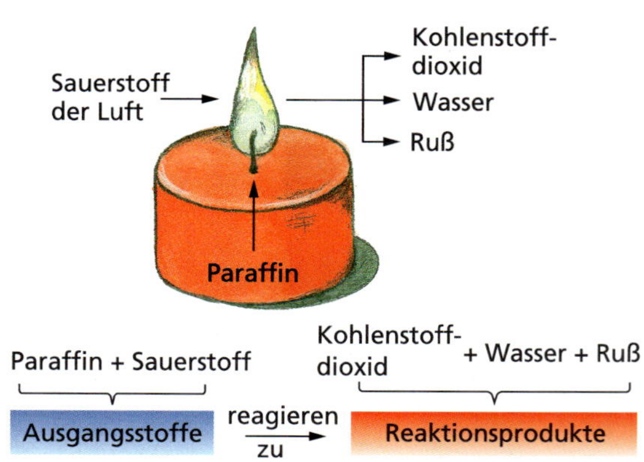

Verändert Feuer alle Stoffe?

S Experiment 1

Aufgabe:
Untersuche die Wirkung von Feuer auf Zucker und Kochsalz.

Vorbereitung:
Chemikalien und Geräte: Zucker, Kochsalz, Brenner, 2 Reagenzgläser, Reagenzglasständer, -halter

Durchführung:
Halte die Reagenzgläser mit dem Zucker bzw. mit dem Kochsalz in die heißeste Zone der Flamme.

Beobachtung und Auswertung:
Vergleiche die Eigenschaften von Zucker und Kochsalz vor, während und nach dem Erhitzen.

S Experiment 2

Aufgabe:
Untersuche die Wirkung von Feuer auf Magnesium.

Vorbereitung:
Chemikalien und Geräte: Magnesiumspan, Brenner, Tiegelzange, Porzellantiegel, getönte Schutzbrille

Durchführung:
(Vorsicht: Schutzbrille tragen! Nicht direkt in die Flamme sehen!)

a) Entzünde einen Magnesiumspan mithilfe einer Tiegelzange in der Kegelspitze einer entleuchteten (rauschenden) Brennerflamme.
b) Entferne ihn dann aus der Flamme und halte ihn über einen Porzellantiegel.

Beobachtung und Auswertung:
Beschreibe genau die beobachteten Eigenschaften von Stoffen und Erscheinungen vor, während und nach dem Verbrennen von Magnesium an der Luft.
Leite eine Schlussfolgerung ab.

L Experiment 3

Aufgabe:
Vergleiche die unterschiedliche Wirkung von Wärmezufuhr auf ein Alkohol-Wasser-Gemisch.

Vorbereitung:
Geräte und Chemikalien: Destillationsapparatur 2 Porzellanschalen, Tiegelzange, Brenner, Drahtnetz, Dreifuß, Alkohol-Wasser-Gemisch

Durchführung:

a) Die Destillationsapparatur wird entsprechend der Abbildung auf S. 25 aufgebaut. Anstelle des Heiznests kann auch ein Brenner zur Erwärmung benutzt werden (Vorsicht!). Eine Hälfte des Gemisches wird in der Apparatur erhitzt, das Produkt aufgefangen und eine Geruchsprobe durchgeführt.
b) Ein zweiter Teil des Stoffgemisches wird in einer kleinen Porzellanschale entzündet und eine kalte größere Porzellanschale mit der Tiegelzange über die Flamme gehalten (Abb.). Die erhaltenen Produkte werden ebenfalls einer Geruchsprobe unterzogen.

Beobachtung und Auswertung:

a) Notiere deine Beobachtungen und fertige ein Protokoll an.
b) Welche Produkte wurden bei den unterschiedlichen Prozessen erhalten?
c) Bei welchem Versuch läuft ein physikalischer Vorgang und bei welchem eine chemische Reaktion ab? Begründe deine Entscheidung.
d) Wie könnte man die Produkte besser identifizieren als anhand ihres Geruchs?

Stoff und Energie – untrennbar verbunden

Alle Stoffe enthalten Energie, die u. a. in Form chemischer Energie gespeichert wird. Die chemische Energie der Brennstoffe (s. S. 32) nutzen wir u. a. zum Heizen. In unserem Körper dient Zucker als Brennstoff. Durch die biologische Oxidation (Atmung) wird die chemische Energie in nutzbare Energie umgewandelt, die wir für alle Lebensprozesse benötigen. Die **Stoffumwandlungen** sind immer mit **Energieumwandlungen** verbunden.

Damit überhaupt eine Stoffumwandlung stattfinden kann, müssen die Stoffe erst durch Zufuhr von Energie in einen **aktivierten Zustand** versetzt werden. So muss Kerzenwachs erst durch die Streichholzflamme erhitzt werden, damit es sich entzünden lässt, obwohl Paraffin ein brennbarer Stoff ist. Die erforderliche Energie bezeichnet man als **Aktivierungsenergie** $\mathbf{E_A}$ (s. S. 31).

Bei chemischen Reaktionen ist es zudem entscheidend, ob die Reaktionsprodukte eine größere oder eine geringere Energie als die Ausgangsstoffe aufweisen. Bei Verbrennungsprozessen und anderen Reaktionen ist die Energie der Reaktionsprodukte kleiner als die der Ausgangsstoffe. Daher wird während der Reaktion Energie an die Umgebung abgegeben und die Reaktionsenergie ΔE ist negativ (ΔE = –n kJ). Solche Reaktionen bezeichnet man als **exotherm** (griech.: *exos* = außerhalb, *thermos* = warm).

Es finden jedoch nicht alle Reaktionen unter Energieabgabe statt. Ein Kuchen gelingt nur, wenn beim Backen ausreichend Wärme zugeführt wird. Die Fotosynthese läuft nur unter Zufuhr von Lichtenergie ab. Bei derartigen Reaktionen ist die Energie der Reaktionsprodukte durch Energieaufnahme aus der Umgebung größer als die der Ausgangsstoffe. Diese Reaktionen bezeichnet man als **endotherm** (griech.: *endos* = innen).

Bei chemischen Reaktionen sind Stoffumwandlungen immer mit Energieumwandlungen verbunden.

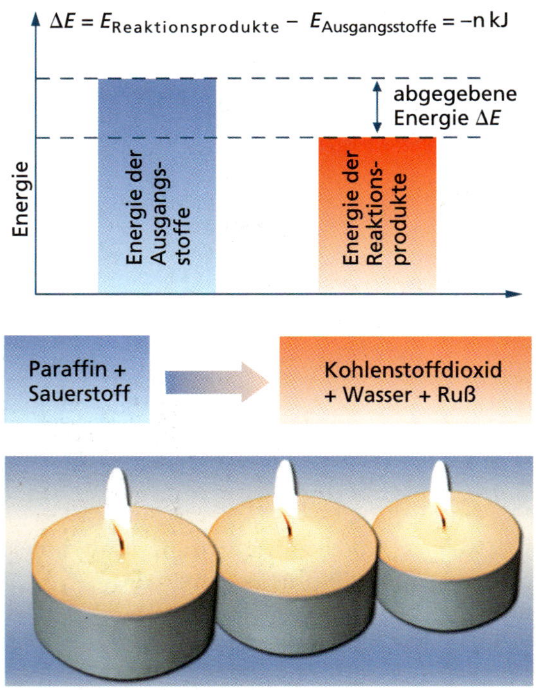

1 Bei exothermen Reaktionen ist die Reaktionsenergie ΔE negativ (ΔE < 0 kJ).

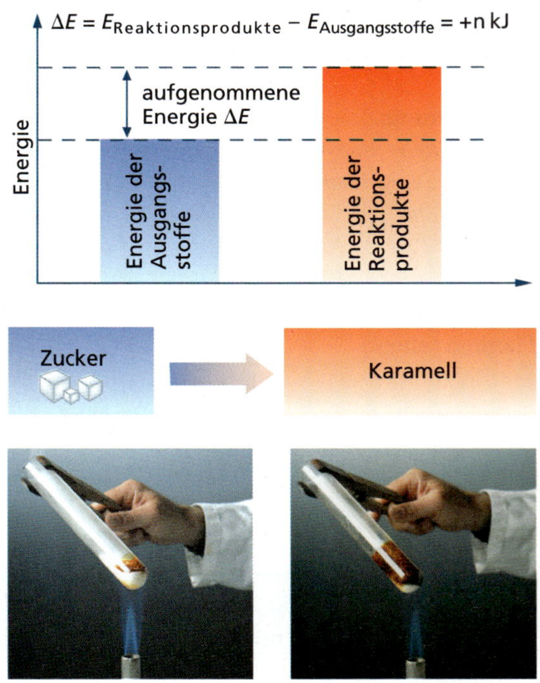

2 Bei endothermen Reaktionen ist die Reaktionsenergie ΔE ist positiv (ΔE > 0 kJ).

Energie-Konzept

Der Energiegehalt der an chemischen Reaktionen beteiligten Stoffe (Reaktionssystem) ändert sich durch Energieaustausch mit der Umgebung.

1. Ausgangsstoffe besitzen **chemische Energie.**
2. Sollen Stoffe miteinander reagieren, müssen sie durch Zufuhr der **Aktivierungsenergie** E_A in einen reaktionsfähigen Zustand versetzt werden ($E_A = +n$ kJ).
3. Die stattfindende Stoffumwandlung ist immer mit der Energieumwandlung gekoppelt.
4. Die Energiedifferenz zwischen den Reaktionsprodukten und den Ausgangsstoffen bezeichnet man als **Reaktionsenergie** ΔE bzw. **Reaktionswärme** Q.

a) Ist die Energie der Reaktionsprodukte kleiner als die Energie der Ausgangsstoffe (s. Abb.), handelt es sich um eine **exotherme chemische Reaktion:**

$E_{Reaktionsprodukte} < E_{Ausgangsstoffe}$, folglich ist die Reaktionsenergie $\Delta E = -n$ kJ

b) Ist die Energie der Reaktionsprodukte größer als die Energie der Ausgangsstoffe (ohne Abb.), handelt es sich um eine **endotherme chemische Reaktion:**

$E_{Reaktionsprodukte} > E_{Ausgangsstoffe}$, folglich ist die Reaktionsenergie $\Delta E = +n$ kJ

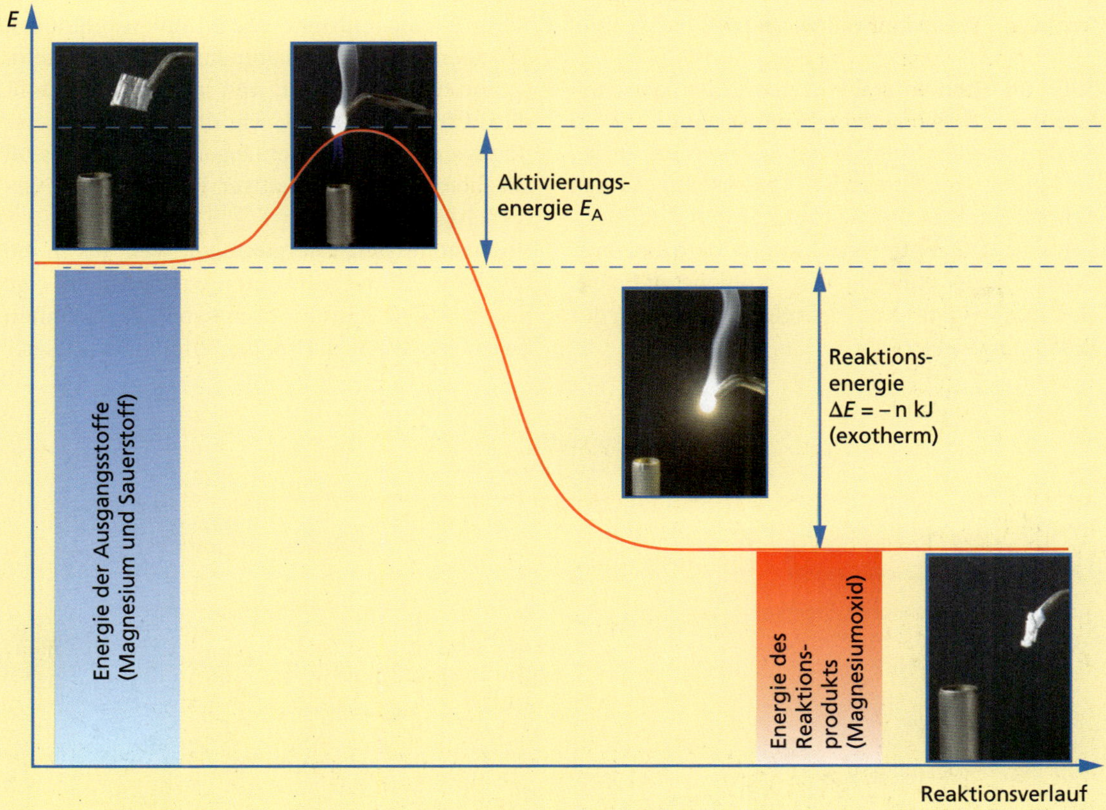

Zeichne und erläutere ein Energiediagramm für eine endotherme Reaktion.

Chemie im Kontext

Brennstoffe – ein heißes Thema

Angesichts steigender Heizkosten flammt immer wieder die Diskussion um den günstigsten und umweltschonendsten Brennstoff auf.
Was ist eigentlich ein „Brennstoff"? Definiere den Begriff. Stelle unterschiedliche Arten von Brennstoffen zusammen.

Brennstoffe sind feste, flüssige oder gasförmige Stoffe, bei deren Verbrennung (Reaktion mit Sauerstoff) Wärme frei wird, die wir zum Heizen oder zur Umwandlung in andere Energieformen (elektrische Energie) nutzen. Wird die chemische Energie der Brennstoffe sofort in mechanische Energie umgewandelt (z. B. in Motoren), bezeichnen wir solche Brennstoffe als Kraftstoffe.

Man unterscheidet im Allgemeinen zwischen **fossilen** und **alternativen Brennstoffen.**
Zu den fossilen Brennstoffen gehören die Stoffe, die durch geochemische Prozesse in langen Zeiträumen aus organischem Material entstanden sind, und ihre Veredlungsprodukte. Bei ihrer Verbrennung entsteht u.a. Kohlenstoffdioxid. Dadurch wird der Kohlenstoffdioxidgehalt in der Erdatmosphäre erhöht.

Methode

Definieren

Beim Definieren eines Begriffs werden in kurzer Form die wesentlichen Merkmale des Begriffs formuliert. Dazu gibt es verschiedene Möglichkeiten: Oft gibt man den Oberbegriff und die wesentlichen Merkmale an.
Eine zweite Variante besteht darin, Größen durch mathematische Gleichungen zu definieren.
Außerdem kann eine Definition auch so erfolgen, dass alle Dinge aufgezählt werden, die zu einem Begriffsinhalt gehören.

Auch aus diesem Grund wird nach alternativen Brennstoffen gesucht. Dazu gehören Brennstoffe aus nachwachsenden Rohstoffen. Bei ihrer Verbrennung entsteht auch Kohlenstoffdioxid. Trotzdem wird die Zusammensetzung der Atmosphäre nicht verändert, weil so viel Kohlenstoffdioxid freigesetzt wird, wie die Pflanze unserer heutigen Atmosphäre entzogen hat. Wasserstoff ist ebenfalls als alternativer Brennstoff im Gespräch (s. S. 100).
Brennstoffe sind **Energieträger,** weil aus ihnen nutzbare Energie gewonnen werden kann. Zu den Energieträgern gehören neben Brennstoffen beispielsweise auch Uranerz, Wind und Wasser.

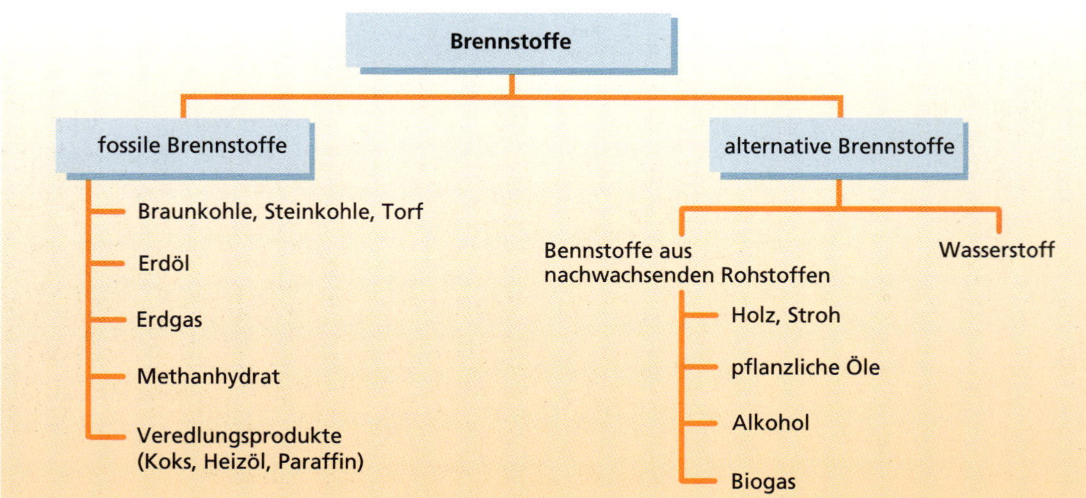

Salze als Wärmequelle?

Wärme kann nicht nur durch die Verbrennung von Gasen oder festen Brennstoffen gewonnen werden. Auch Metalle und Salze gehen **exotherme Reaktionen** ein, die nicht unbedingt Verbrennungsprozesse sein müssen.
So nutzt man beispielsweise spezielle Salzlösungen als **Energiespeicher,** die man gefahrlos transportieren kann. Die so genannten **Latentwärmekissen** funktionieren unabhängig von Stromquellen und sind vielfältig einsetzbar.
Informiere dich darüber, nach welchem Prinzip diese Wärmekissen funktionieren.

Bei den Latentwärmekissen handelt es sich um durchsichtige, meist farblose Gelkissen (Abb. 1). Mit ihrer Hilfe kann man u. a. bei Schmerzen Linderung erzielen oder bei kalten Außentemperaturen für Wärme sorgen. Um das Wärmekissen zu „starten", knickt man ein kleines Eisenplättchen im Inneren des Kissens. Das Gel wird fester und das Kissen erwärmt sich auf bis zu +54 °C. Die Wärme wird durch eine exotherme Reaktion freigesetzt. Dabei wird ein Teil der in den Stoffen gespeicherten Energie in thermische Energie umgewandelt.
Mit einem einfachen Experiment kann man nachvollziehen, wie dieses Energiespeichersystem funktioniert.

Mischt man das wasserfreie Salz Calciumchlorid mit sehr wenig Wasser, dann werden kleine Wasserteilchen in die Salzkristalle eingelagert. Dieser Prozess verläuft exotherm und wird Hydratbildung genannt. Infolge der Wärmeabgabe erhöht sich die Temperatur beträchtlich.
Wenn man das Hydrat erhitzt, kann das Kristallwasser wieder entfernt (endotherme Reaktion) und verdampft werden.

gelöster Stoff $\underset{\text{endotherm (Wärmezufuhr)}}{\overset{\text{exotherm (Wärmeabgabe)}}{\rightleftarrows}}$ **Salzkristalle mit eingelagertem Kristallwasser**

Viele andere Salze (s. S. 141 ff.) können ebenfalls Wasser in ihre Kristalle einlagern, z. B. Natriumacetat. Durch die Wassereinlagerung entsteht Natriumacetattrihydrat.
In den Gelkissen ist eine übersättigte Lösung des Salzes enthalten. Durch das Knicken eines Metallplättchens wird die Lösung angeregt, sofort auszukristallisieren. Da dabei Salzkristalle mit eingelagertem Kristallwasser entstehen, ist der Prozess stark exotherm. Der größte Teil der abgegebenen Wärme resultiert aus der Einlagerung von Kristallwasser. Um das Wärmekissen wieder benutzen zu können, legt man es in heißes Wasser. Durch die Energiezufuhr wird der Prozess umgekehrt.

1 Latentwärmekissen geben Wärme ab, die bei der Kristallisation von Salzen frei wird.

2 Bei kalten Außentemperaturen können Wärmekissen zum Einsatz kommen.

gewusst · gekonnt

1. Vervollständige dein Glossar.

Glossar

Ausgangsstoff
chemische Reaktion
endotherme Reaktion
exotherme Reaktion
physikalischer Vorgang
Reaktionsprodukt
Stoff
Wortgleichung

2. Fertige ein Poster über Stoffeigenschaften an, die für den Chemiker von Interesse sind. Gib zu jeder Eigenschaft eine Definition oder kurze Erklärung an. Nenne mindestens eine Methode zu ihrer Bestimmung.

3. Von einem Stoff wurden die in der Tabelle angegebenen Eigenschaften ermittelt. Um welchen Stoff könnte es sich handeln?

Aggregatzustand	fest
Geruch	geruchlos
Farbe	weiß
Löslichkeit im Wasser	löslich
Schmelztemperatur	146 °C
Siedetemperatur	200 °C (z)

4. Entscheide, ob es sich bei den folgenden Prozessen jeweils um eine chemische Reaktion handelt. Begründe deine Entscheidung.
   a) Schmelzen von Blei
   b) Abbrennen einer Wunderkerze
   c) Rosten von Eisen
   d) Feilen von Eisenblech
   e) Kochen von Glühwein
   f) Sauerwerden von Milch

5. Die folgenden Abbildungen zeigen verschiedene Prozesse.
   Gib für jeden Prozess an, ob es sich dabei um eine chemische Reaktion handelt.
   Begründe deine Entscheidung.

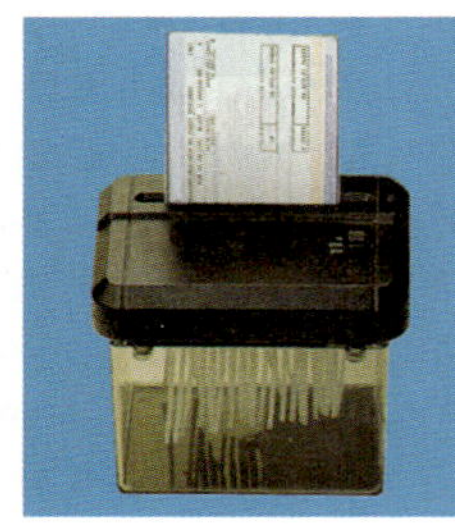

6. Kupferdächer sind oft grün, obwohl das Metall Kupfer eine andere Farbe hat.
   Was vermutest du? Welche Ursache könnte vorliegen?

7. Ermittle chemische Reaktionen in Haushalt und Natur.
   Kennzeichne jeweils stoffliche Veränderungen und energetische Erscheinungen. Was meinst du, handelt es sich bei chemischen Reaktionen immer um Oxidationen? Begründe deine Aussage.

8. S Rühre Gipspulver mit Wasser an und fülle das Gemisch in eine leere Streichholzschachtel.
   Betrachte das Ergebnis nach einer Stunde und interpretiere deine Beobachtung.

9. Wärmekissen für die Tasche werden gestartet, indem man ein Eisenplättchen im Inneren knickt.
   Erkläre, warum das Kissen warm wird.

10. Eine brennende Kerze erlischt, wenn man ein Glas darüberstülpt.
Leite eine Schlussfolgerung aus dieser Beobachtung ab.

11. Notiere drei Beispiele für die Reaktion von Metallen mit Sauerstoff.
a) Formuliere jeweils die Wortgleichung.
b) Leite eine allgemeine Wortgleichung für die Reaktion der Metalle mit Sauerstoff ab.
c) Erläutere an einem Beispiel die Energieumwandlung während der Reaktion.

12. Ergänze folgende Wortgleichungen:

Blei	+	...	⟶	Bleioxid
...	+	...	⟶	Kupferoxid
...	+	Sauerstoff	⟶	Titanoxid
...	+	...	⟶	Quecksilberoxid
Zink	+	Sauerstoff	⟶	...

13. In den Verbrennungsraum eines Autos wird ein Benzin-Luft-Gemisch eingespritzt und zur Reaktion gebracht. Informiere dich, welche Stoffe im Abgas enthalten sind.
Erläutere anhand der Kraftstoffverbrennung im Motor die Einheit von Stoff- und Energieumwandlung.

14. Erstelle ein Mind Map zum Thema „chemische Reaktion". Nutze dazu die Methode auf Seite 62 des Lehrbuchs.

15. Zeige an verschiedenen Heizungsarten, dass das Heizen der Wohnungen oft ein Anwenden exothermer chemischer Reaktionen ist. Erläutere den Begriff „exotherme Reaktion" unter Nutzung eines Schemas.

16. In den grünen Blättern von Pflanzen läuft die Fotosynthese ab. Dabei werden Stoffe aus der Umgebung aufgenommen und umgewandelt. Die Reaktionsprodukte speichert die Pflanze oder gibt sie wieder an die Umgebung ab.
a) Stelle die Wortgleichung der Fotosynthese auf.
b) Begründe, warum es sich dabei um einen endothermen Prozess handelt. Woher nimmt die Pflanze die Energie für die chemische Reaktion?

17. S Plane ein Experiment, mit dessen Hilfe man die Brennbarkeit von Flüssigkeiten (z. B. Lampenöl) überprüfen kann. Nutze dafür die Seiten 9 und 15 des Lehrbuchs.
Fordere die nötigen Geräte und Chemikalien beim Lehrer an, führe das Experiment durch und protokolliere die Ergebnisse.

18. Fossile und alternative Brennstoffe sind Energieträger. Ermittle aus geeigneten Medien weitere, auch nichtchemische Energieträger und gib an, welche Energie jeweils genutzt wird.

19. Informiert euch über die Vor- und Nachteile der verschiedenen Brennstoffe. Erarbeitet das Thema unter Nutzung der Expertenmethode auf S. 40 des Lehrbuchs. Bildet Basisgruppen zu den Brennstoffen Kohle, Benzin, Erdgas und Wasserstoff. Überlegt, wie ihr eure Ergebnisse am besten präsentieren könnt.

1.3 Teilchen – klein aber oho!

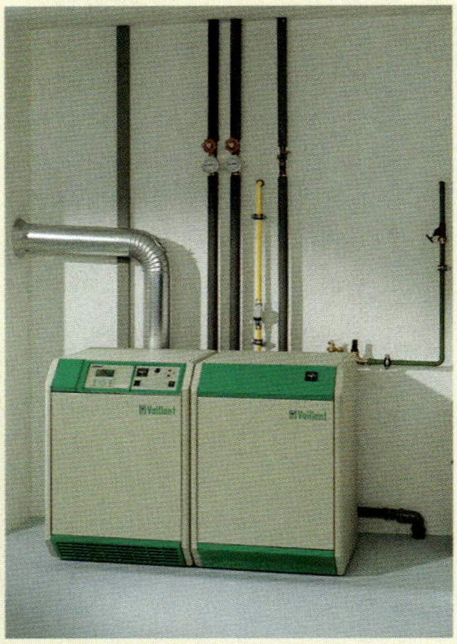

Tödliches Gas

Oft nutzen wir Verbrennungen, um Energie freizusetzen. Dabei muss für eine ausreichende Sauerstoffzufuhr gesorgt werden. Durch unsachgemäßen Umgang mit entsprechenden Feuerstellen kommt es immer wieder zu tödlichen Unfällen.
Welches Gas bildet die Ursache für die Unfälle? Wie kann man seine Entstehung verhindern?

„Vernichtung" von Masse

Im Haushalt und in der Industrie fällt eine Menge Abfall an. Die Müllberge wachsen und es gibt unterschiedliche Strategien, diese Abfälle zu „vernichten" – eine davon ist die Abfallbeseitigung mithilfe einer Müllverbrennungsanlage. Bioabfälle werden kompostiert. Beim Verrotten wird das Material scheinbar weniger.
Kann man Masse beim Verbrennen wirklich vernichten? Geht sie verloren?

Bausteine der Stoffe

Verbrennt man Holz im Kamin, bleibt am Ende nur ein Häufchen Asche übrig. Zerreibt man die Ascheflocken, erhält man ein feines Pulver.
Wie fein lässt sich das Pulver eigentlich zerreiben? Aus welchen Bausteinen bestehen die Stoffe?

Thema

Steinkohle und Braunkohle

1 Heizkraftwerk

2 Braunkohlewald

3 Kohlestück

Kohle ist wie Erdöl und Erdgas ein fossiler Brennstoff (Abb. 1). Steinkohle wird zudem durch eine Reihe von Verfahren veredelt und als **Rohstoff** genutzt. Doch wie entstand die Kohle?

Besonders in der Zeit vor 363 bis 290 Millionen Jahren bedeckte eine reiche Sumpfvegetation einen Großteil der Erde. Die meisten dieser Pflanzen waren Farne. Einige Arten wurden so groß wie Bäume. Man geht davon aus, dass ganze Urwälder aus solchen Farnbäumen existierten, die große Flächen bedeckten.
Aus diesen Farnen, Bärlappen und Schachtelhalmen entstand dann über Millionen von Jahren die heutige **Steinkohle.** Da die entscheidenden Vorgänge für die Kohleentstehung in diesem Erdzeitalter erfolgten, wird es als Kohlezeit und mit dem Fachbegriff Karbon bezeichnet (lat.: *carbo* = Kohle).
Die **Braunkohle** bildete sich hauptsächlich aus Bäumen des Tertiär. Starben die Pflanzen ab, stürzten die Bäume und die anderen Pflanzen in die Sümpfe. Dort wurden sie vollständig von Wasser bedeckt. Dadurch kam es zu einem Sauerstoffabschluss, d. h. es gelangte kein Sauerstoff mehr an das abgelagerte pflanzliche Material. Eine vollständige Zersetzung war so nicht möglich. Durch einmündende Flüsse lagerten sich im Lauf der Zeit Sand und Schlamm auf dem organischen Material ab. Diese Schichten erzeugten nun aufgrund ihrer Masse Druck auf die pflanzlichen Ablagerungen.
Der Druck bewirkte eine enorme Erwärmung. Durch den Druck und die Wärme veränderten sich die Eigenschaften der pflanzlichen Sedimentschichten. Der Druck presste sie zusammen und durch die Wärme erfuhren die Inhaltsstoffe der Pflanzen chemische Veränderungen.
Dabei nahm der Anteil des Kohlenstoffes im Verhältnis zu anderen Bestandteilen zu, da Sauerstoff und Wasserstoff aus den Verbindungen abgespalten wurden. Dieser Prozess wird **Inkohlung** genannt.
Je länger die Inkohlung fortschritt, desto weniger Sauerstoff und Wasserstoff enthielt die Kohle. Entsprechend teilt man die Inkohlung in verschiedene Phasen ein, die verschiedene Produkte hervorgebracht haben. Mit zunehmender Dauer des Prozesses entstanden Torf, Braunkohle, Steinkohle, Anthrazit und als Endglied der Inkohlung schließlich Grafit.

... und mehr

Informiere dich auch unter: *Energieträger, Karbon, Erdöl, Erdgas*

Verbrennungsprodukte von Kohle

Ein großer Teil unseres Energiebedarfs wird durch die Verbrennung von kohlenstoffhaltigen Energieträgern wie beispielsweise Steinkohle und Braunkohle gedeckt. Der für die Energiegewinnung bedeutsame Bestandteil der Kohle ist Kohlenstoff.
Verbindet sich Kohlenstoff mit Sauerstoff, können unterschiedliche Reaktionsprodukte entstehen. Ist ausreichend Sauerstoff vorhanden, bildet sich **Kohlenstoffdioxid.**

Kohlenstoff + Sauerstoff ⟶ Kohlenstoffdioxid

Bei dieser Reaktion handelt es sich um eine Oxidation. Das Reaktionsprodukt Kohlenstoffdioxid bezeichnet man als **Oxid** des Kohlenstoffs.

Oxide bilden sich, wenn ein Stoff mit Sauerstoff reagiert.

Kohlenstoffdioxid ist nicht giftig, wirkt aber erstickend. Steigt die Konzentration von Kohlenstoffdioxid in einem Raum an, ermüdet man.
Jeder kennt diese Müdigkeit, die einen bei „schlechter Luft" in geschlossenen Räumen befällt.
Das Gas ist nicht brennbar, sondern es erstickt die Flamme. Als Verbrennungsprodukt ist es in Abgasen von Heizkraftwerken und privaten Heizanlagen enthalten, bildet einen wesentlichen Teil der Autoabgase bzw. wird beispielsweise bei Waldbränden freigesetzt.
Kohlenstoffdioxid hat in der Natur große Bedeutung. Das Gas ist ein Bestandteil unserer Lufthülle und hat Einfluss auf unser Klima (s. S. 60).
Es ist Ausgangsstoff für die Fotosynthese und wird als Reaktionsprodukt der biologischen Oxidation von Organismen (Zellatmung) an die Umgebung abgegeben.

S Experiment

Probiere es selbst

Aufgabe:
Weise nach, dass bei der Verbrennung von kohlenstoffhaltigen Brennstoffen Kohlenstoffdioxid entsteht.

Vorbereitung:
Vorüberlegung: Für den Nachweis von Stoffen nutzt man oft typische chemische Reaktionen. So bildet sich ein weißer Niederschlag, wenn Kohlenstoffdioxid in Kalkwasser eingeleitet wird. Trübt sich das Nachweismittel Kalkwasser nach Einleiten eines unbekannten Gases, handelt es sich um Kohlenstoffdioxid.
Geräte: Abdampfschale, Gaswaschflasche, gebogenes Glasrohr, Trichter, Verbindungsmuffen, Brenner, Stativmaterial, Wasserstrahlpumpe
Chemikalien: kohlenstoffhaltige Brennstoffe (Aktivkohle, Holzspäne oder Papier), Kalkwasser ☒

Durchführung:
Baue die Apparatur entsprechend der Skizze an einem Stativ auf. Entzünde den Brennstoff und leite die entstehenden Gase in das Nachweismittel ein.

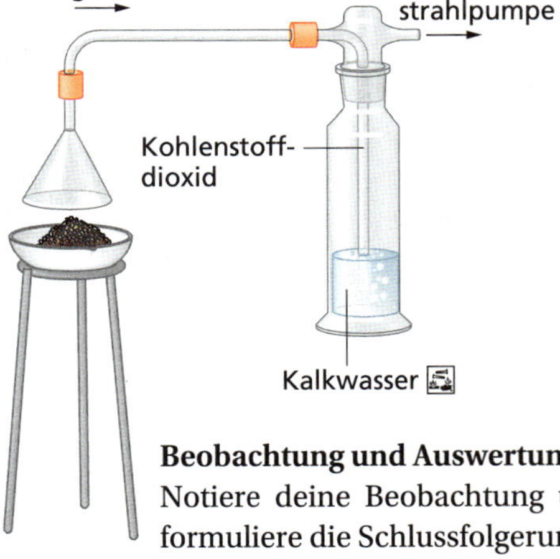

Beobachtung und Auswertung:
Notiere deine Beobachtung und formuliere die Schlussfolgerung.

Läuft die Verbrennung der kohlenstoffhaltigen Energieträger bei ungenügender Luft- bzw. Sauerstoffzufuhr ab, bildet sich ein weiteres Oxid des Kohlenstoffs, das **Kohlenstoffmonooxid.**

Kohlenstoff + Sauerstoff ⟶ Kohlenstoffmonooxid

Kohlenstoffmonooxid bildet sich bei der Verbrennung in Motoren, kann beim Anheizen von Kohleöfen entstehen oder auch bei unvollständiger Verbrennung in Heizungsanlagen.
Es handelt sich ebenfalls um ein farbloses Gas. Im Gegensatz zu Kohlenstoffdioxid ist Kohlenstoffmonooxid jedoch giftig. Seine Giftigkeit beruht darauf, dass Kohlenstoffmonooxid vom Blut besser aufgenommen wird als der Luftsauerstoff. Infolge der mangelnden Sauerstoffversorgung erstickt der Mensch.
Daher ist es in Deutschland Vorschrift, dass Öfen und Heizungsanlagen regelmäßig gewartet werden müssen. Vom Schornsteinfeger wird u.a. gemessen, ob der Wert für Kohlenstoffmonooxid im Abgas unter den vorgeschriebenen Werten liegt und die Anlage richtig funktioniert.
Kohlenstoffmonooxid ist brennbar und wird daher in Industrieanlagen auch als Heizgas genutzt.

Kohlenstoffmonooxid + Sauerstoff ⟶ Kohlenstoffdioxid

Der Stoff reagiert sehr leicht mit Sauerstoff. Deshalb kommt er bei chemischen Reaktionen zum Einsatz, bei denen einem Reaktionspartner Sauerstoff entzogen werden soll.
Diese **Umkehrung der Oxidation** bezeichnet man als **Reduktion** (s. S. 41). Sie wird u.a. genutzt, um das Kohlenstoffmonooxid durch Reaktion mit Sauerstoff aus Abgasen zu entfernen.

Bei der Reaktion von Kohlenstoff mit Sauerstoff bildet sich bei ausreichender Luftzufuhr das Oxid Kohlenstoffdioxid, bei unzureichender Luftzufuhr das giftige Oxid Kohlenstoffmonooxid.

1 Eine regelmäßige Wartung der Heizungsanlagen verhindert Unfälle.

Ehepaar erstickt.
Polizei vermutet Kohlenstoffmonooxid-vergiftung

Bad Schwalbach (20. 02. 2004)
Eine grausige Entdeckung macht ein Mann in der Wohnung eines seiner Beschäftigten: Sowohl der 53-jährige Mitarbeiter als auch dessen 56-jährige Ehefrau waren tot.
Die Obduktion der Leichen hat ergeben, dass beide Personen an einer Kohlenstoffmonooxid-Vergiftung gestorben sind.
Ruß an der Heizungsanlage deutet darauf hin, dass Abgase nicht durch den Schornstein abzogen, sondern in die Wohnräume gedrückt wurden.

Aufgabe

Braunkohle und Steinkohle sind wichtige Brennstoffe. Bei ihrer Verbrennung bilden sich Kohlenstoffdioxid bzw. Kohlenstoffmonooxid. Beschäftigt euch mit diesen Stoffen. Informiert euch über Entstehung, Lagerstätten und Nutzung der Kohle sowie über Vorkommen und Bedeutung der beiden Oxide. Stellt die Ergebnisse beispielsweise als Wandzeitung dar. Ihr könnt für die Lösung der Aufgabe die Expertenmethode (s. S. 40) nutzen.

Die Expertenmethode

Chemische Themen kann man sich mit unterschiedlichen **Lernmethoden** erschließen. Besonders die **Expertenmethode** ist gut geeignet, um selbstständig Probleme und Aufgabenstellungen zu lösen. Erarbeitet man sich ein Thema selber, bleiben die Ergebnisse lange im Gedächtnis.

Experten sind Spezialisten für ein konkretes Sachgebiet. Mit diesem Thema haben sie sich ausgiebig beschäftigt und können anderen ihre Erfahrungen weitergeben. Bei der Expertenmethode wird dies ausgenutzt und so die Arbeit auf viele Schultern verteilt.
Macht euch also selbst zu Experten und helft den anderen dabei, euer Spezialgebiet zu verstehen. Lasst euch dann von anderen Experten helfen, sodass am Ende alle den gleichen Wissensstand haben. Das ist echte Teamarbeit!

1. Schritt

Vorbereitung
Findet zum vorgegebenen Hauptthema sinnvolle Teilthemen. Zum Hauptthema „Kohle und Verbrennungsprodukte" könnten z.B. die Teilthemen „Braunkohle", „Steinkohle", „Kohlenstoffdioxid" und „Kohlenstoffmonooxid" bearbeitet werden.
Teilt nun die Klasse in vier bis fünf Basisgruppen.

2. Schritt

Arbeit in Basisgruppen
Erarbeitet in der Basisgruppe alle Teilthemen. Dabei ist jedes Mitglied der Gruppe für ein anderes Thema verantwortlich und wird zum Experten für dieses Thema.

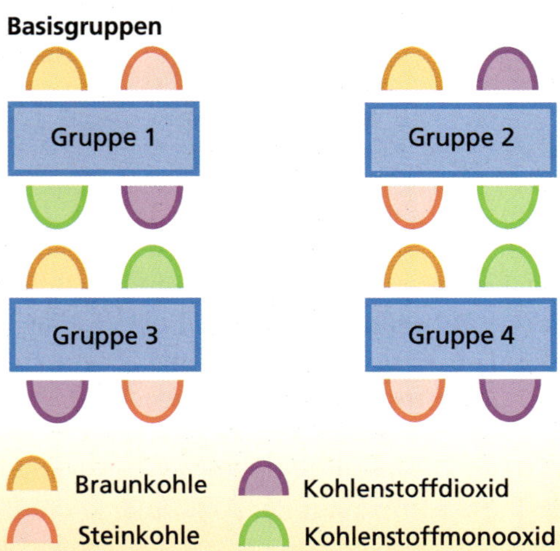

3. Schritt

Arbeit in Expertengruppen
Bildet neue Gruppen, die sich aus den jeweiligen Experten für die gleichen Teilthemen zusammensetzen. Tauscht eure Arbeitsergebnisse aus und klärt offene Fragen. Dabei kommt jeder Experte zu Wort. Erarbeitet eine Zusammenfassung.

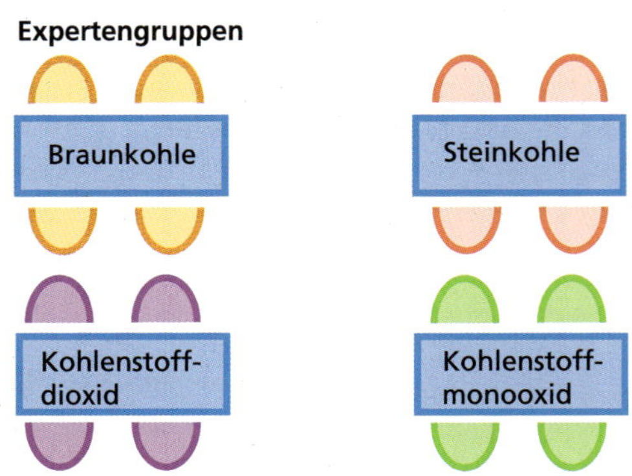

4. Schritt

Präsentation der Lernergebnisse
Findet euch wieder mit den Mitgliedern eurer Basisgruppe zusammen. Jeder Experte stellt seine Arbeitsergebnisse zu dem Teilthema vor, für das er verantwortlich war. Im Ergebnis sind alle Mitglieder der Gruppe über alle Teilthemen informiert.

(*Tipp:* In einer anderen Variante der Methode bearbeiten in der Basisgruppe alle das gleiche Thema. In den Expertengruppen erfolgt dann der Austausch über die verschiedenen Teilthemen.)

Mosaik

Oxidationen und Reduktionen im Chemielabor

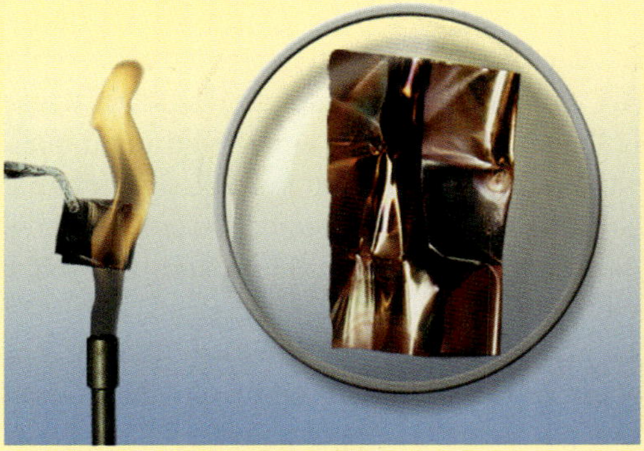

1 Im Inneren des Kupferbriefes erfolgt aufgrund des Sauerstoffmangels keine Reaktion.

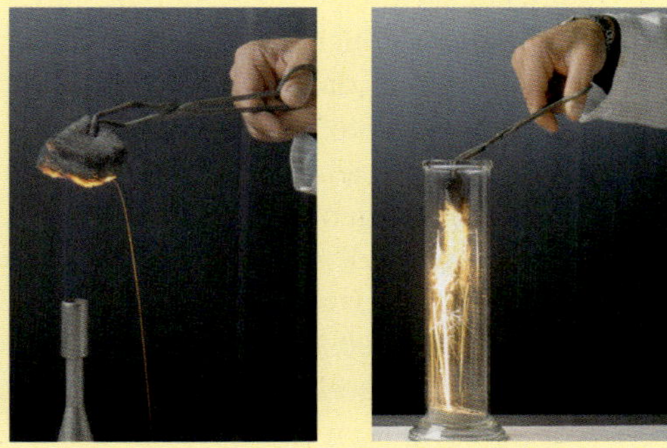

2 In reinem Sauerstoff (rechts) verläuft die Reaktion heftiger als an der Luft (links).

Bei der Reaktion von Stoffen mit Sauerstoff bilden sich fast immer Oxide. Das trifft nicht nur auf die Reaktion von Kohlenstoff zu.

Viele Metalle reagieren ebenfalls mit Sauerstoff zu Metalloxiden. So verbrennt Magnesium mit grellem Licht unter starker Wärmeabgabe. Dabei entsteht Magnesiumoxid. Kupfer bildet mit Sauerstoff Kupferoxide und Eisen mit Sauerstoff verschiedene Eisenoxide. Dabei ist entscheidend, dass die beiden Ausgangsstoffe ausreichend miteinander in Kontakt kommen. Faltet man ein Kupferblech so, dass kein Sauerstoff in das Innere des Kupferbriefs gelangen kann, erfolgt dort auch keine **Oxidation** (Abb. 1). Andererseits reagieren Metalle in reinem Sauerstoff bedeutend heftiger als an der Luft (Abb. 2).

Was passiert eigentlich, wenn man diese Oxide mit Kohlenstoff zur Reaktion bringt?

Vermischt man beispielsweise Aktivkohlepulver mit Eisenoxid, verändern sich die Eigenschaften der Stoffe im Gemisch zunächst nicht. Erhitzt man das Gemisch jedoch und prüft nach dem Abkühlen die magnetischen Eigenschaften der Stoffe, stellt man fest, dass zumindest ein Stoff magnetisch ist. Offensichtlich hat eine chemische Reaktion stattgefunden, bei der Eisen entstanden ist.

Die Frage ist, wo der chemisch gebundene Sauerstoff geblieben ist. Die Vermutung liegt nahe, dass Kohlenstoff mit diesem Sauerstoff reagiert hat und dabei Kohlenstoffdioxid entstanden sein könnte, Kohlenstoff also dem Eisenoxid den Sauerstoff entzogen hat.

Es ist zu überprüfen, ob bei der Reaktion von Metalloxiden mit Kohlenstoff Kohlenstoffdioxid gebildet wird. Ein Experiment beantwortet diese Frage: Kupferoxid (Pulver) wird mit Aktivkohlepulver gemischt und erhitzt (Abb. rechts).

Das entstehende Gas leitet man in Kalkwasser ein und beobachtet eine Trübung. Diese Trübung beweist, dass bei der Reaktion von Kupferoxid mit Aktivkohle wirklich Kohlenstoffdioxid entstanden ist.

Kupferoxid + Kohlenstoff ⟶ Kupfer + Kohlenstoffdioxid

Die Aufnahme von Sauerstoff, z. B. durch Kupfer oder Eisen, bezeichnet der Chemiker als Oxidation. Wird einem Stoff der Sauerstoff dagegen entzogen, nennt man das **Reduktion.**

Wie bei der Reaktion von Kupferoxid mit Kohlepulver laufen Oxidation und Reduktion immer gleichzeitig ab (s. S. 125).

Bausteine der Stoffe

Stoffe erkennt man an ihren Eigenschaften. So weisen Aktivkohle und Sauerstoff ganz andere Eigenschaften auf als die Oxide des Kohlenstoffs. Wie sind die unterschiedlichen Eigenschaften zu erklären? Die Ursachen dafür sind im Bau der Stoffe zu suchen. Alle Stoffe sind nämlich aus kleinsten, selbst mit Lichtmikroskopen **nicht sichtbaren Teilchen** aufgebaut.

Das erste Teilchenmodell entwickelte der griechische Philosoph DEMOKRIT (460 - 380 v. Chr.) bereits vor mehr als 2000 Jahren. Er überlegte, dass man kleine, nicht weiter teilbare Teilchen erhalten würde, wenn man einen Körper immer weiter zerteilt. Er nannte sie **Atome** (griech: *atomos* = unteilbar).

Zerlegt man Kreide, erhält man Kreidepulver (Abb. 1). Versucht man, das Kreidestück wieder zu formen, funktioniert dies nicht! Beim Zerteilen hat man den Verband der Teilchen zerstört und damit die **Kräfte** überwunden, die zwischen den Teilchen wirken.

Diese Kräfte bilden eine weitere Ursache für Eigenschaften von Stoffen. So hängt es von ihnen ab, wie schnell sich Stoffe vermischen. Dabei spielt auch die **Bewegung** der Teilchen eine Rolle. Dass sich Teilchen bewegen, erkennt man z.B., wenn sich ein Tropfen Tinte von selbst im gesamten Wasser verteilt (Diffusion).

Methode

Arbeit mit Modellen

Chemiker nutzen Modelle, um Phänomene in der Natur zu erklären oder vorherzusagen. Das Teilchenmodell ist ein Beispiel dafür.

Ein Modell ist eine Vereinfachung der Wirklichkeit. In wichtigen Eigenschaften stimmt es mit der Wirklichkeit überein, in anderen dagegen nicht.

Deshalb kann man mit einem Modell auch nur bestimmte Erscheinungen erklären, andere wiederum nicht. Ein Modell ist weder richtig noch falsch, sondern nur für die Erklärung und Voraussage von bestimmten Phänomenen geeignet oder nicht geeignet.

Die Bewegung der Teilchen in Gasen und Flüssigkeiten ist unregelmäßig und wird nach ihrem Entdecker **brownsche Bewegung** genannt.

ROBERT BROWN (1773 - 1858) entdeckte 1827, dass Blütenpollen in einem Tropfen Wasser immer wieder ihren Standort in nicht vorhersehbarer Art und Weise veränderten. ALBERT EINSTEIN (1879 - 1955) gab 1905 eine Erklärung dafür: Die winzig kleinen Teilchen der Flüssigkeit befinden sich in ständiger Bewegung. Sie stoßen dabei an die viel größeren Pollenkörnchen und schieben diese unregelmäßig hin und her.

Zwischen den Teilchen in Feststoffen wirken viel stärkere Kräfte als in Gasen und Flüssigkeiten. Deshalb ist die Bewegung der Teilchen stark eingeschränkt und sie schwingen nur geringfügig um einen Punkt.

Das Teilchenmodell besagt:
1. **Alle Stoffe bestehen aus Teilchen, zwischen denen leerer Raum ist.**
2. **Die Teilchen befinden sich in ständiger Bewegung.**
3. **Zwischen den Teilchen wirken Kräfte.**

Aufgabe

Erläutere unter Nutzung des Teilchenmodells die Änderung des Aggregatzustands vom Wasser in Abhängigkeit von der Temperatur.

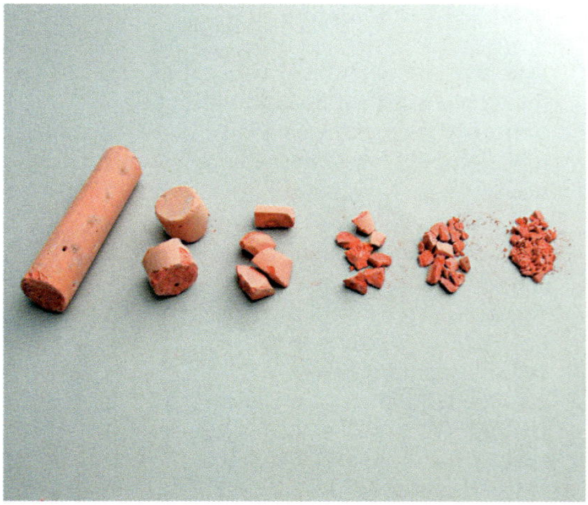

1 Zerlegt man Kreide immer weiter, erhält man Kreidestaub.

Stoff-Teilchen-Konzept

Stoffe sind die Materialien, aus denen Körper bestehen. Sie weisen charakteristische Eigenschaften auf. Diese Eigenschaften kann man mithilfe unserer Sinnesorgane direkt wahrnehmen oder durch Experimente bestimmen.
Die Ursachen für diese Eigenschaften liegen im Teilchenbereich. Sie werden durch die **Teilchen,** aus denen Stoffe bestehen und die Kräfte, die zwischen den Teilchen wirken, bestimmt. Die Teilchen sind so klein, dass wir sie mit unserem bloßen Auge und mit Lichtmikroskopen nicht wahrnehmen können (submikroskopischer Bereich).

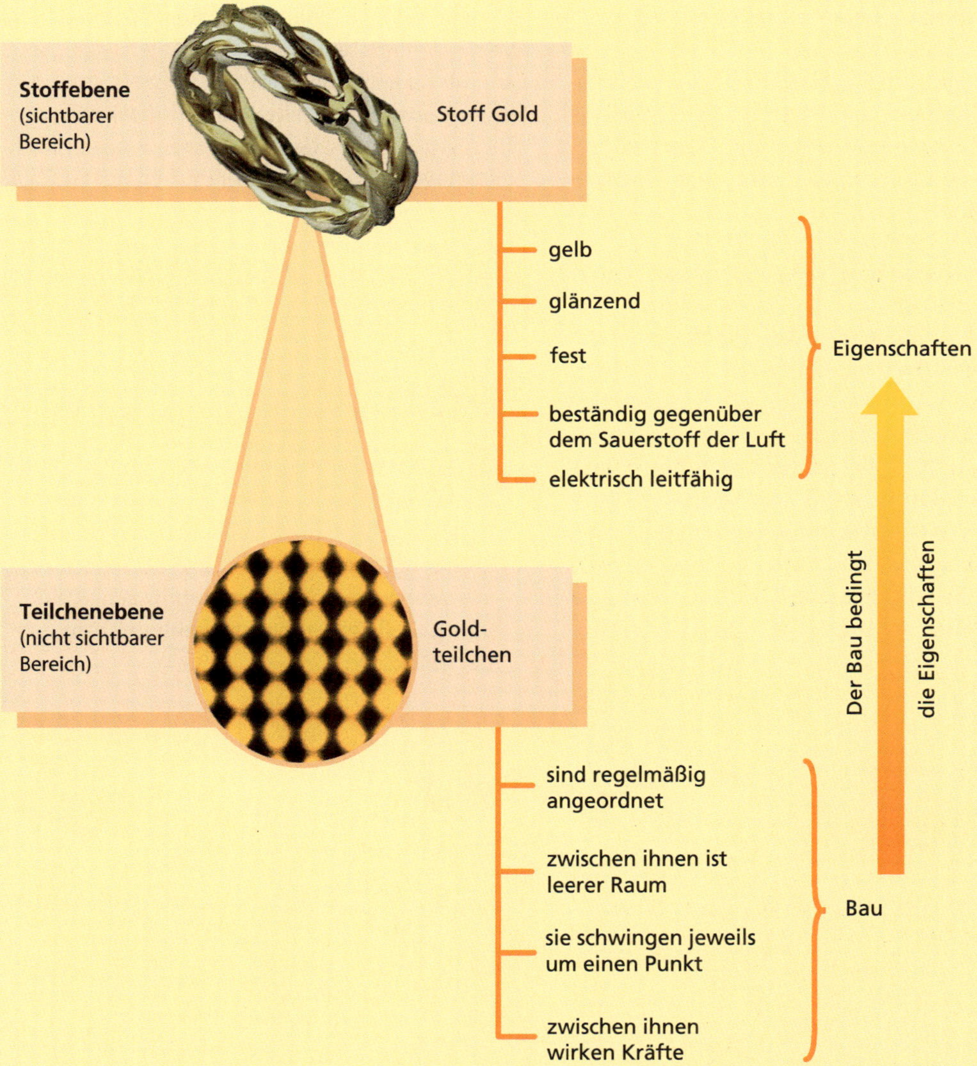

Erläutere den Zusammenhang zwischen der Teilchen- und der Stoffebene am Beispiel eines Hauses, dass aus Lego®-Bausteinen aufgebaut ist.

Teilchen und chemische Reaktion

Kohlenstoff ist ein fester Stoff, Sauerstoff ein farbloses Gas, das in der Luft enthalten ist. Reagieren beide miteinander, entsteht Kohlenstoffdioxid.

Kohlenstoff + Sauerstoff ⟶ Kohlenstoffdioxid

Dabei handelt es sich ebenfalls um ein farbloses Gas, das allerdings auch einige andere Eigenschaften aufweist als Sauerstoff (Abb. 1).

Verbrennt man metallisch glänzendes silberfarbenes Magnesium, so reagiert dieser Stoff mit dem gasförmigen Sauerstoff. Als Reaktionsprodukt bildet sich ein weißes Pulver - das Magnesiumoxid (Abb. 2).

Magnesium + Sauerstoff ⟶ Magnesiumoxid

Die Eigenschaften der Ausgangstoffe und der Reaktionsproduktes werden durch die Art ihrer Teilchen und durch die Kräfte, die zwischen den Teilchen wirken, bestimmt.
Das Kohlenstoffdioxid besteht aus anderen Teilchen als der Kohlenstoff und der Sauerstoff. Auch die Teilchen des Kohlenstoffs und des Sauerstoffs unterscheiden sich.
Magnesium wiederum ist aus ganz anderen Teilchen aufgebaut als Sauerstoff und Magnesiumoxid.

Da die Teilchen der Reaktionsprodukte erst nach der Reaktion vorliegen, Teilchen der Ausgangsstoffe aber vor der Reaktion vorhanden sind, müssen die Teilchen der Reaktionsprodukte während der Reaktion aus den Teilchen der Ausgangsstoffe gebildet werden.
Die **Änderung der Teilchen** und der Kräfte zwischen ihnen ist die Ursache für die Stoff- und Energieumwandlungen bei chemischen Reaktionen.

Bei einer chemischen Reaktion werden aus den Teilchen der Ausgangsstoffe die Teilchen der Reaktionsprodukte gebildet.

Aufgabe

S Verbrenne Magnesium 🔥. Beschreibe die Beobachtungen, die du registrieren kannst. Achte dabei auf die Eigenschaften der Stoffe und energetische Phänomene (Temperaturveränderungen, Lichterscheinungen, Knall usw.). Stelle einen Zusammenhang zum Bau der Stoffe her.

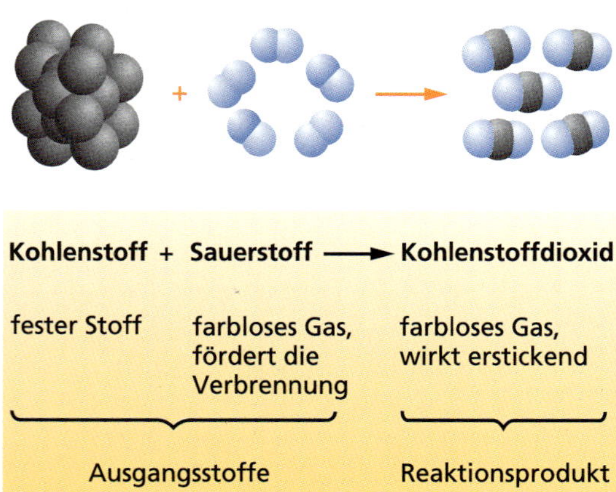

1 Kohlenstoff reagiert mit Sauerstoff zu Kohlenstoffdioxid.

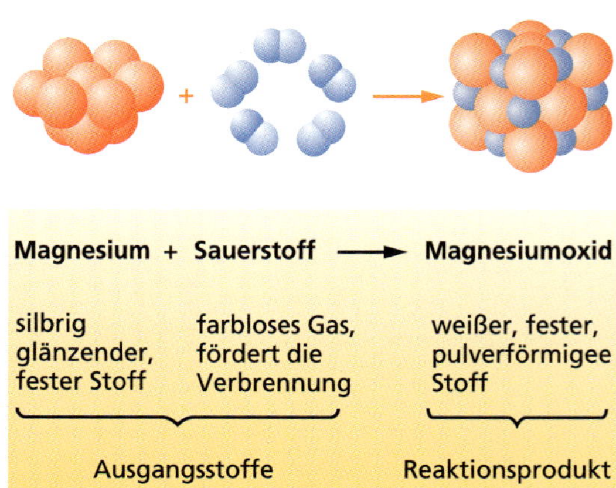

2 Magnesium reagiert mit Sauerstoff zu Magnesiumoxid.

Mosaik

Ohne Aktivierungsenergie passiert nichts

Je nachdem, ob bei chemischen Reaktionen Wärme aufgenommen oder abgegeben wird, unterscheidet man zwischen endothermen und exothermen Prozessen (s. S. 30).
Damit chemische Reaktionen jedoch überhaupt stattfinden können, muss in allen Fällen zuerst Energie zugeführt werden, um die Ausgangsstoffe zu aktivieren. Diese **Aktivierungsenergie,** E_A, ist immer positiv und von der Reaktionsenergie bzw. Reaktionsenergie ΔE unbedingt zu unterscheiden!
Selbst bei stark exothermen Prozessen wie der Verbrennung von Benzin im Motor eines Autos ist ein Zündfunke nötig, um die Reaktion in Gang zu bringen. Explosionen können durch elektrische Energie, einen Schlag oder Überschreiten der Zündtemperatur ausgelöst werden.
Auch wenn danach keine weitere Energie von außen zugeführt werden muss, ist die Aktivierungsenergie weiter erforderlich. Sie wird durch die Wärme geliefert, die bei der Reaktion selbst abgegeben wird.
Beim Rosten von Eisen könnte man meinen, wird keine Energie zugeführt. Hier muss man Eisen ja nicht erst mit einem Brenner erwärmen. Trotzdem ist eine Aktivierungsenergie erforderlich. Beim Rosten und anderen Prozessen reicht allerdings schon die thermische Energie der Umgebung aus, um die Teilchen in den reaktionsfähigen Zustand zu versetzen.

Warum die Zufuhr von Aktivierungsenergie immer nötig ist, kann mithilfe der **Stoßtheorie** erklärt werden. Dieses Modell hilft, sich Prozesse auf Teilchenebene vorzustellen.

Stoßtheorie
1. Teilchen werden als starre Körper angenommen, die sich ungeordnet bewegen. Bei steigender Temperatur nimmt die Geschwindigkeit der Teilchen zu.
2. Teilchen stoßen durch die Bewegung zusammen.
3. Damit eine Reaktion erfolgt, müssen die Teilchen wirksam zusammenstoßen (s. Abb. 1). Dazu benötigen sie eine **Mindestenergie** und müssen in bestimmter Weise zueinander ausgerichtet sein.
4. Je häufiger solche **wirksamen Zusammenstöße** in einer bestimmten Zeiteinheit erfolgen, desto schneller reagieren Ausgangsstoffe miteinander.

Die Geschwindigkeit der Teilchen kann durch Zufuhr von Licht oder Wärme erhöht werden. Dadurch nimmt die Bewegungsenergie der Teilchen zu und sie erreichen die für einen wirksamen Zusammenstoß erforderliche Mindestenergie.
Außerdem stoßen schnelle Teilchen in einem vorgegebenen Raum häufiger zusammen als langsame Teilchen. Deshalb finden häufiger wirksame Zusammenstöße statt, die die Bildung der Reaktionsprodukte ermöglichen.

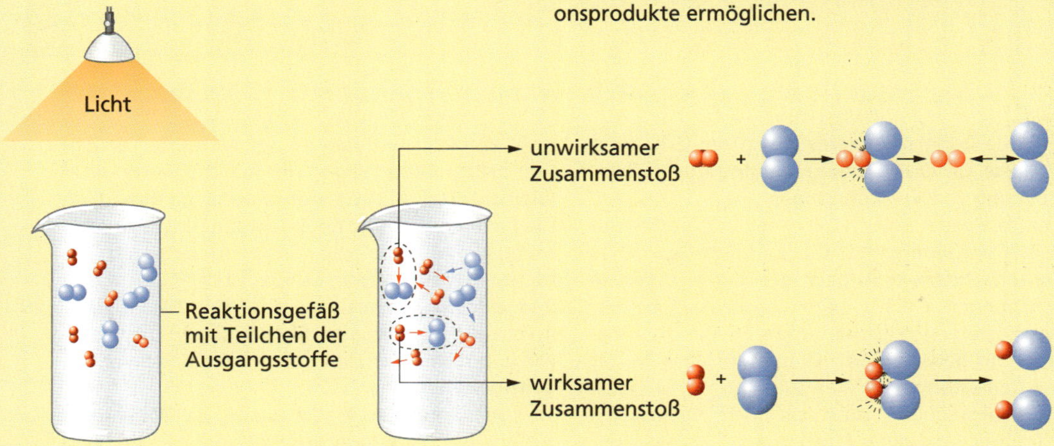

1 Die Zufuhr der Aktivierungsenergie, z. B. durch Licht, führt im Teilchenbereich zu wirksamen Zusammenstößen und löst die Reaktion aus.

S Experiment

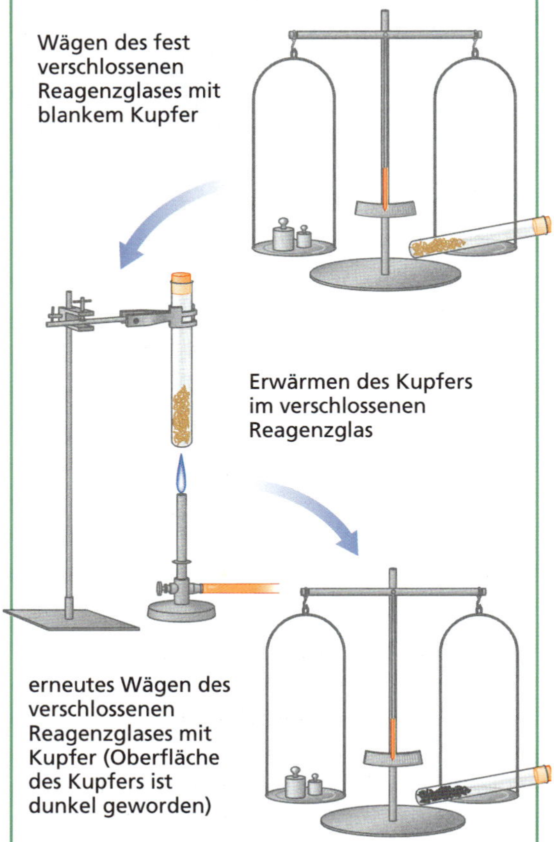

Das Gesetz von der Erhaltung der Masse

Verbrennt man Holz im Kamin, verbleibt nur eine geringe Masse an Asche. Es scheint, als ob bei dem Prozess Masse vernichtet wird. Andererseits stellt man eine Massenzunahme fest, wenn man einen Gegenstand vor und nach dem Verrosten abwägt.
Die Frage, wie sich die Massen bei chemischen Reaktionen verhalten, untersuchte u.a. der französische Chemiker ANTOINE LAVOISIER (1743 - 1794). Im Jahr 1785 formulierte er im Ergebnis seiner Experimente das **Gesetz von der Erhaltung der Masse.**

Das Gesetz von der Erhaltung der Masse besagt, dass bei allen chemischen Reaktionen die Gesamtmasse der an der Reaktion beteiligten Stoffe gleich bleibt.

Im Labor kann diese Aussage leicht experimentell überprüft werden (Abb.).
Dabei muss unbedingt darauf geachtet werden, dass das Reaktionsgefäß vor Beginn des Experiments geschlossen und während des gesamten Experiments auch nicht geöffnet wird, sodass kein Stoffaustausch mit der Umgebung erfolgen kann.

Mosaik

Die Entdeckung des Gesetzes von der Erhaltung der Masse

Die Entdeckung des Gesetzes von der Erhaltung der Masse stand im Zusammenhang mit der Untersuchung von Verbrennungen.
So hatte ROBERT BOYLE (1627–1691) Experimente mit Blei vorgenommen. Dazu erhitzte er dieses Metall, nachdem er es gewogen hatte, in einem geschlossenen Gefäß. Beim Öffnen des Behältnisses hörte er ein Zischen und notierte diese Beobachtung gewissenhaft. Er maß ihr aber weiter keine Bedeutung bei.
Daher entging ihm, dass nach dem Öffnen ein Stoffgemisch mit einer Masse den Raum des „verbrauchten" Sauerstoffes einnahm. (Allerdings hatte man zu dieser Zeit den Sauerstoff noch nicht entdeckt und kannte das Wesen der Oxidation nicht.) Beim Wägen des Reaktionsproduktes (Bleioxid) stellte BOYLE eine Massenzunahme fest. Weil er eine wichtige Beobachtung nicht beachtet hatte, kam er zu falschen Schlussfolgerungen.
MICHAIL WASSILJEWITSCH LOMONOSSOW (1711–1765) und ANTOINE LAURENT LAVOISIER (1743–1794) wiederholten die Experimente. Sie verglichen die Masse vor und nach dem Experiment, ehe das Behältnis geöffnet wurde.
So konnte kein zusätzliches Gas die Messwerte verfälschen. Aus dem Ergebnis dieser und weiterer Versuche leitete LAVOISIER das Gesetz von der Erhaltung der Masse ab.

In dem Gefäß befindet sich eine bestimmte Masse Luft, die Sauerstoff enthält. Dieser Sauerstoff reagiert mit dem Kupfer.

Kupfer	+	Sauerstoff	⟶	Kupferoxid
Masse des Kupfers	+	Masse des Sauerstoffs	=	Masse des Kupferoxids

Gesamtmasse der Ausgangsstoffe = Gesamtmasse des Reaktionsprodukts

Die Teilchen des Reaktionsprodukts entstehen durch Umordnung der Teilchen der Ausgangsstoffe. Die Gesamtzahl der einzelnen Sauerstoffteilchen und Kupferteilchen bleibt jedoch im Kupferoxid erhalten. Dadurch bleibt die Gesamtmasse der beteiligten Stoffe konstant.
Auch beim Verbrennen der Kerze erfolgt eine Reaktion mit Sauerstoff. Im Ergebnis entstehen Kohlenstoffdioxid und Wasser (eventuell noch Ruß). Alle diese Stoffe haben eine bestimmte Masse.
Mit der Experimentieranordnung in der Abbildung 1 kann man infolge der **offenen Apparatur** auch beim Abbrennen der Kerze eine Massenzunahme feststellen. Vor der Reaktion wird die Masse des Ausgangsstoffes Sauerstoff (aus der Luft) nicht erfasst. Die Verbrennungsprodukte werden durch Natronkalk gebunden. Da Paraffin mit dem Sauerstoff reagiert hat, nimmt die Gesamtmasse zu. Nicht nur Paraffin, sondern auch die gasförmigen Stoffe besitzen eine Masse.
Findet die Reaktion jedoch im **geschlossenen Gefäß** statt, verändert sich die Gesamtmasse nicht. Das Ergebnis bestätigt ebenfalls das Gesetz von der Erhaltung der Masse.

Paraffin	+	Sauerstoff	⟶	Wasser	+	Kohlenstoffdioxid	+	Ruß
Masse des Paraffins	+	Masse des Sauerstoffs	=	Masse des Wassers	+	Masse des Kohlenstoffdioxids	+	Masse von Ruß

Gesamtmasse der Ausgangsstoffe = Gesamtmasse der Reaktionsprodukte

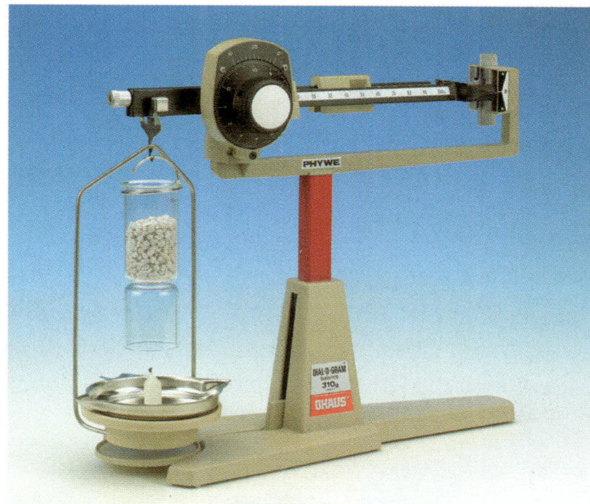

1 Mit dieser Experimentieranordnung werden die Reaktionsprodukte aus der Verbrennung der Kerze durch Natronkalk gebunden.

Aufgaben

1. Gib mit eigenen Worten wieder, was das Gesetz von der Erhaltung der Masse besagt. Erläutere es am Beispiel.

2. Beschreibe den entscheidenden Unterschied bei den Experimentieranordnungen von A. LAVOISIER und R. BOYLE. Warum kamen sie zu unterschiedlichen Ergebnissen?

3. Erkläre, warum mit der Versuchsanordnung aus Abbildung 1 deutlich wird, dass Gase eine Masse besitzen.

4. Kupfer reagiert mit Sauerstoff zu Kupferoxid. Wie könnte man die benötigte Masse an Sauerstoff berechnen, wenn die Massen von Kupfer und Kupferoxid bekannt sind?

5. Bodenschätze werden abgebaut, um aus Erzen Metalle zu gewinnen. Wird die Erde durch den Abbau der Rohstoffe und die nachfolgenden chemischen Reaktionen zur Herstellung der Metalle leichter? Begründe deine Antwort.

Konzept der chemischen Reaktion

Bei einer **chemischen Reaktion** bilden sich aus den Ausgangsstoffen Reaktionsprodukte. Zu beobachten sind Änderungen der Eigenschaften der Stoffe **(Stoffumwandlung)** und energetische Erscheinungen **(Energieumwandlung).** Stoff- und Energieumwandlungen laufen immer gleichzeitig ab.

Ausgangsstoffe ⟶ Reaktionsprodukte

Die Ursache für Stoff- und Energieumwandlungen bilden **Änderungen im Teilchenbereich.** Aus den Teilchen der Ausgangsstoffe bilden sich Teilchen der Reaktionsprodukte. Da neue Teilchen vorliegen, ändern sich die Kräfte, die zwischen den Teilchen wirken.

Teilchen der Ausgangsstoffe ⟶ Teilchen der Reaktionsprodukte

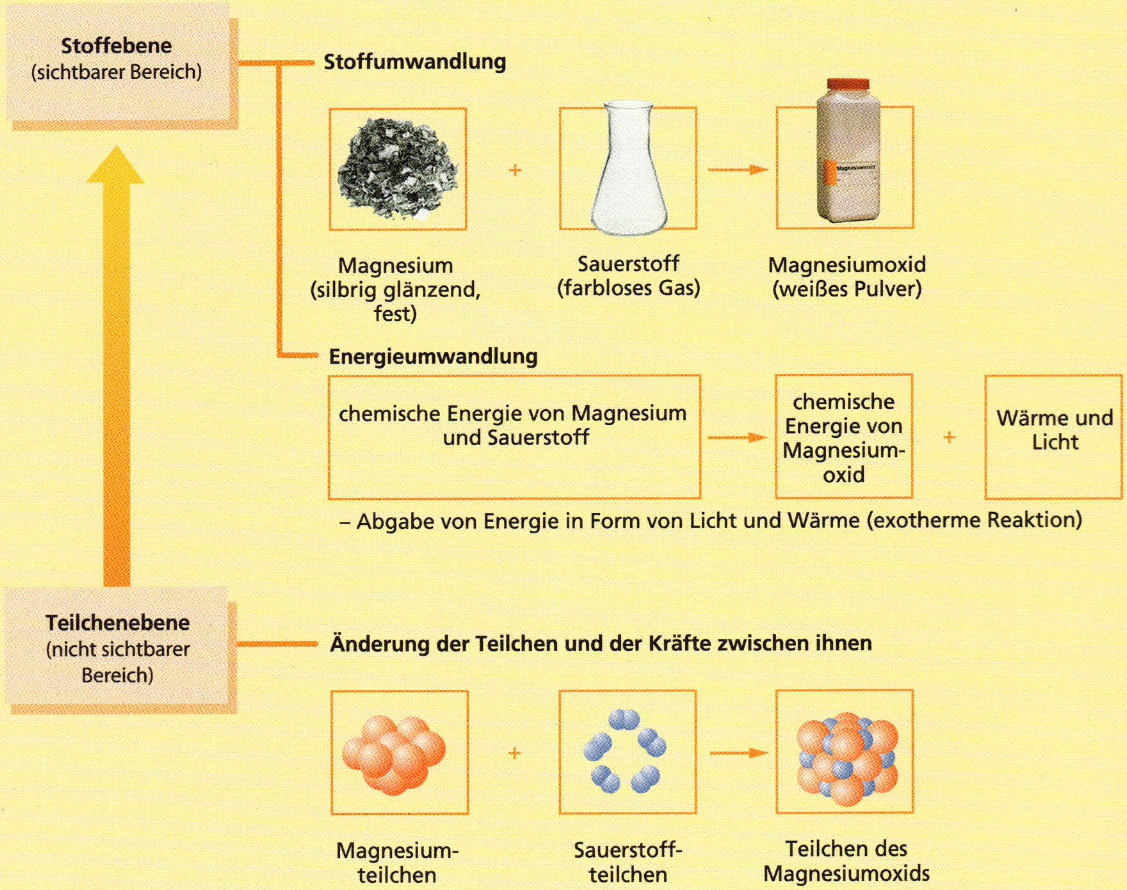

Erhitzt man flüssiges Wasser, geht es in den gasförmigen Zustand über. Begründe, dass es sich dabei nicht um eine chemische Reaktion handelt.

Chemie im Kontext

Eins plus eins ist nicht immer zwei

Ein Experiment zeigt, dass das Gesamtvolumen beim Mischen zweier Stoffe nicht immer mit der rechnerischen Summe dieser Volumina übereinstimmt. Gibt man z. B. 50 ml Ethanol (Alkohol) in 50 ml Wasser, erhält man nach dem Mischen nicht 100 ml Lösung, sondern nur ca. 96 ml (Abb. 1).
Erkläre diese verblüffende Erscheinung.

Zuerst einmal könnte man vermuten, dass eine chemische Reaktion stattgefunden hat und das Reaktionsprodukt ein geringeres Volumen einnimmt. Dies ist aber nicht der Fall, denn die Teilchen der Stoffe Wasser und Alkohol wurden bei dem Prozess nicht verändert.
Es handelt sich also um einen physikalischen Vorgang. Es werden nur zwei Stoffe miteinander gemischt. Im Gemisch bleiben ihre Eigenschaften erhalten, weil die Teilchen der Stoffe noch vorhanden sind.
Die im Gemisch enthaltenen Stoffe könnten durch physikalische Verfahren (z. B. Destillation) wieder getrennt werden.
Trotzdem hilft das Teilchenmodell auch bei der Deutung des aufgezeigten Phänomens weiter.
Stoffe bestehen aus Teilchen, die jeweils für den Stoff charakteristisch sind. Diese Teilchen weisen unterschiedliche Merkmale auf. Beispielsweise spielt ihre Größe eine Rolle. Die Art der Teilchen bedingt auch die Kräfte, die zwischen den Teilchen wirken. Das können ebenfalls ganz unterschiedliche Kräfte sein. Die Art der Teilchen und die Kräfte zwischen ihnen bedingen die Eigenschaften des jeweiligen Stoffes, beispielsweise ob Stoffe ineinander löslich sind.
Stoffe lösen sich in einem Lösemittel auf, wenn die Anziehungskräfte zwischen den Teilchen des zu lösenden Stoffes durch das Lösemittel aufgehoben werden können. Die Wasserteilchen schieben sich zwischen die Alkoholteilchen. Dadurch entsteht verdünnter Alkohol als einheitliches Gemisch.
Da die Alkohol- und Wasserteilchen unterschiedlich groß sind, kann der Raum zwischen den größeren Alkoholteilchen durch die kleineren Wasserteilchen ausgefüllt werden. In einem Modellexperiment mit größeren Erbsen und kleineren Reiskörnern kann dies veranschaulicht werden (Abb. 2). Die kleineren Reiskörner schieben sich zwischen die Erbsen.
Außerdem bilden sich zwischen den Teilchen in der Lösung, also zwischen den Alkohol- und Wasserteilchen, schwache anziehende Kräfte aus. Durch sie rücken die Teilchen noch enger aneinander.
Das Gesamtvolumen des Gemisches ist deshalb kleiner als die Summe der Einzelvolumina vom Alkohol und vom Wasser.

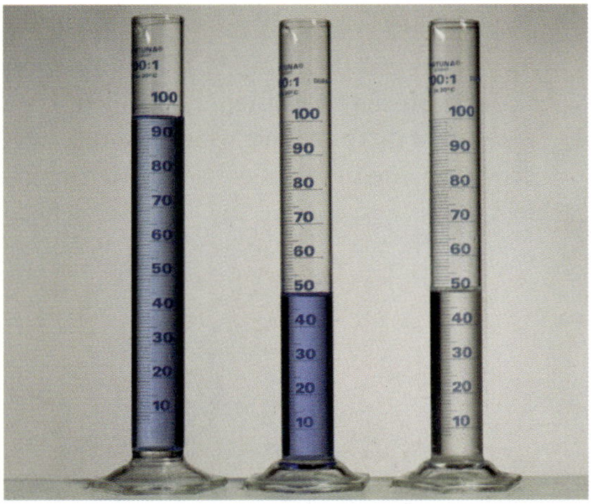

1 Mischen von Alkohol (Mitte) und Wasser (rechts)

2 Modellexperiment mit Erbsen und Reis

gewusst · gekonnt

1. Ergänze bzw. erweitere dein Glossar.

Glossar

Aktivierungsenergie
chemische Reaktion
Gesetz von der Erhaltung der Masse
Oxid
Oxidation
Reduktion
Stoff

2. Feuerlöscher, so genannte Trockenlöscher, enthalten oft Kohlenstoffdioxid.
Nenne Gründe, warum die Nutzung von Kohlenstoffdioxid für das Löschen von Bränden sinnvoll ist.

3. Ermittle, bei welchen natürlichen Prozessen Kohlenstoffdioxid abgegeben bzw. benötigt wird.

4. Führen Straßen durch lange Tunnel, sieht man in regelmäßigen Abständen Warnschilder mit dem Hinweis, bei Stau den Motor abzustellen. Auch in Garagen darf der Motor bei geschlossener Tür nicht laufen.
Erkläre die Notwendigkeit der Einhaltung entsprechender Hinweise und Vorschriften.

5. Stelle in einer Tabelle die Eigenschaften und Verwendungsmöglichkeiten der beiden Oxide des Kohlenstoffs zusammen.

Stoff	Kohlenstoffdioxid	Kohlenstoffmonooxid
Eigenschaften		
Verwendung		

6. Was ist Trockeneis und wozu wird es verwendet? Informiere dich.

7. S Untersuche die Durchmischung von zwei Flüssigkeiten (z. B. Wasser und Tinte) bei 10 °C und 35 °C. Tropfe dazu vorsichtig 10 Tropfen Tinte in das entsprechend temperierte Wasser. Notiere deine Beobachtungen nach jeweils 5 Minuten. Erkläre die Beobachtungsergebnisse mithilfe des Teilchenmodells.

8. S Fülle in einen Messzylinder 150 ml Wasser und kennzeichne den Wasserstand. Miss das Volumen von 100 g Zucker.
   a) Berechne das zu erwartende Gesamtvolumen.
   b) Löse den Zucker unter Rühren im Wasser und lies das Volumen ab.
   c) Erkläre mögliche Abweichungen zwischen dem rechnerisch und dem experimentell ermittelten Gesamtvolumen.

9. ✱ S Erläutere unter Nutzung des Teilchenmodells die Änderungen des Aggregatzustandes beim Abbrennen einer Kerze und nach dem Löschen der Kerze. Entzünde dazu eine Kerze und beobachte genau.

10. ✱ S Führe das folgende Experiment nur zu Hause, nicht im Labor durch!
Betrachte Zuckerkristalle und Wasser mit der Lupe. Gib dann einen Löffel Zucker in eine Tasse Wasser und rühre um. Betrachte die entstandene Mischung wiederum mit der Lupe. Koste die Mischung.
Was stellst du fest? Welche Schlussfolgerung lässt sich aus diesen Beobachtungen ableiten?

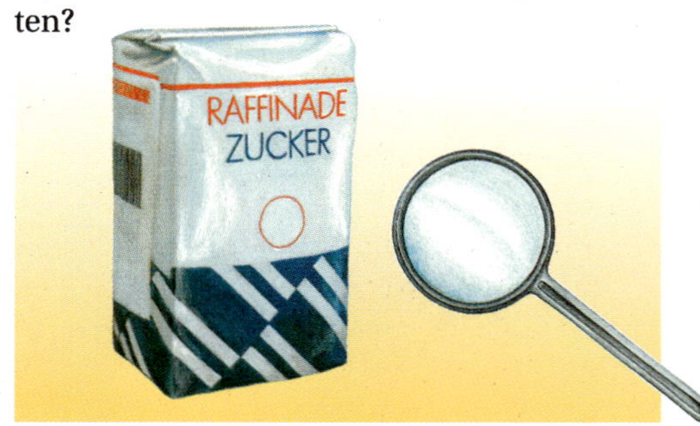

11. S Teste die Reaktion von Kupfer mit Sauerstoff.
I. Halte dazu mithilfe einer Tiegelzange ein Kupferblech bzw. ein zum Brief zusammengefaltetes Kupferblech in die Flamme.
II. Blase Kupferspäne von einer Magnesiarinne in die Brennerflamme. (Vorsicht! Schutzbrille!)

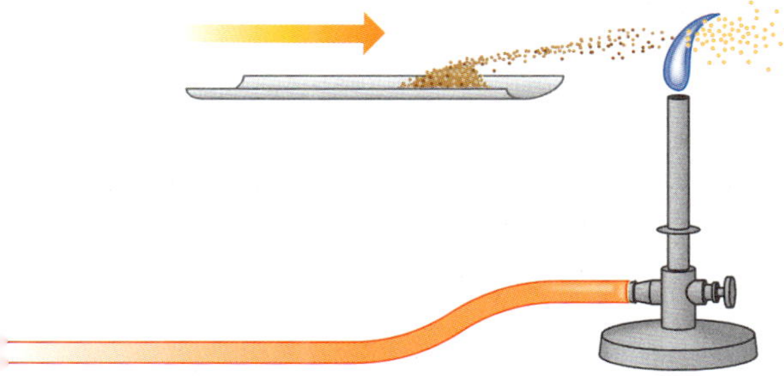

Notiere deine Beobachtungen und erfülle folgende Aufträge.
a) Stelle die Wortgleichung für die chemische Reaktion von Kupfer mit Sauerstoff auf.
b) Erkläre, warum es im Inneren des Kupferbriefs zu keiner Stoffumwandlung kommt?
c) Vergleiche die Beobachtungen bei I und II. Finde eine Erklärung.
d) Beschreibe die Stoff- und Energieumwandlung bei der Reaktion. Nutze dazu die Beobachtung von II.

12. S Führe ein Experiment zur Überprüfung des Gesetzes der Erhaltung der Masse durch. Du kannst dich am Beispiel auf Seite 46 orientieren.
Verwende jedoch kein Kupfer, sondern Zündholzköpfe.
(*Tipp:* Verschließe das Reagenzglas mit einem Luftballon luftdicht.)

13. Zündet man eine Kerze an, brennt diese Kerze ab. Die Masse der Kerze verringert sich sichtbar. Erkläre diesen „Massenverlust“.

14. Ein Werkzeug aus Eisen wird schwerer, wenn es verrostet. Wie ist diese Zunahme an Masse zu erklären?

15. Abfall wird in der Industrie häufig durch Verbrennen beseitigt.
a) Kann man die Abfälle durch Verbrennen vollständig vernichten?
b) Welche Gefahren ergeben sich aus dieser Form der Abfallbeseitigung?

16. Beschreibe einen Prozess aus dem Alltag, bei dem es auf den ersten Blick so scheint, als würden sie dem Gesetz von der Erhaltung der Masse widersprechen. Erläutere jeweils, worin der Irrtum besteht.

17. ✱ Ist Gas ausgeströmt, darf kein Streichholz entzündet werden. Auch der Betrieb elektrischer Anlagen und Geräte ist zu unterlassen. Begründe diese Sicherheitsvorkehrung.

18. ✱ Erkläre, warum Lebensmittel oder zubereitete Speisen im Kellergewölbe älterer Häuser relativ gut vor Verderb geschützt sind.

19. ✱ Übertrage das unten stehende Diagramm auf ein Blatt Papier.
a) Beschrifte die Achsen und die farbigen Doppelpfeile.
b) Interpretiere das Diagramm unter Berücksichtigung des Energiekonzepts und des Konzepts der chemischen Reaktion.
c) Erläutere die Notwendigkeit der Zufuhr der Aktivierungsenergie bei allen chemischen Reaktionen.

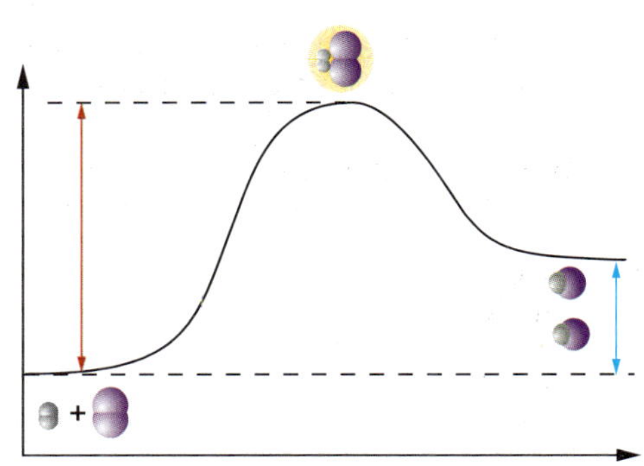

Chemische Reaktionen

Verbrennungen

Verbrennungen sind chemische Reaktionen. Bei ihnen reagiert ein brennbarer Stoff (Brennstoff) mit dem Sauerstoff der Luft unter Energieabgabe.

Stoff- und Energieumwandlungen

Bei einer chemischen Reaktion erfolgt eine Stoffumwandlung. Neue Stoffe mit neuen Eigenschaften werden gebildet.
Mit der Stoffumwandlung ist immer eine Energieumwandlung verbunden.

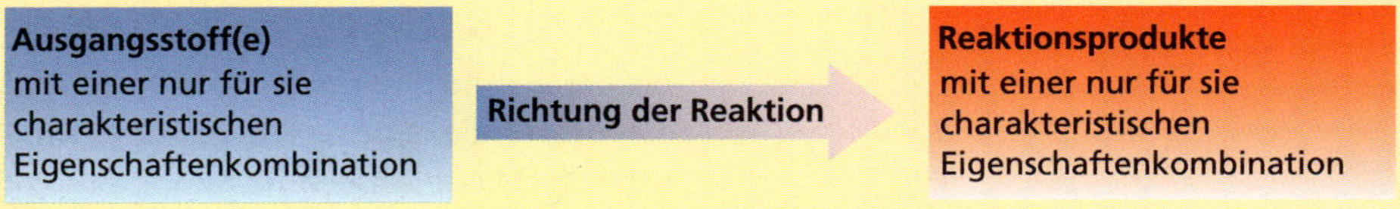

Sowohl bei der endothermen als auch bei der exothermen Reaktion ist eine bestimmte Aktivierungsenergie erforderlich, damit eine Reaktion erfolgt.

exotherme Reaktion	endotherme Reaktion
Bei exothermen Reaktionen ist der Energiegehalt der Reaktionsprodukte kleiner als der der Ausgangsstoffe.	Bei endothermen Reaktionen ist der Energiegehalt der Reaktionsprodukte größer als der der Ausgangsstoffe.

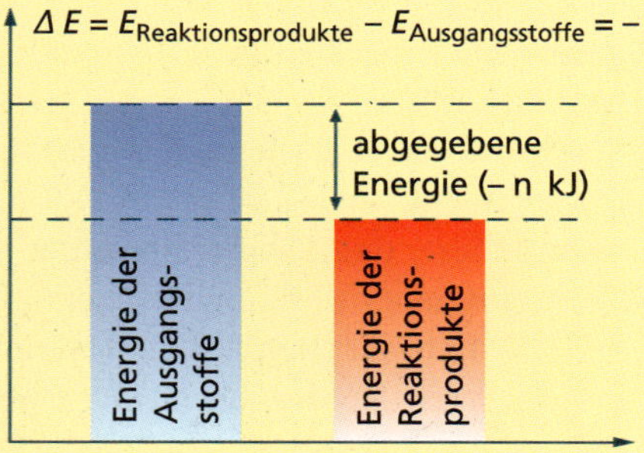

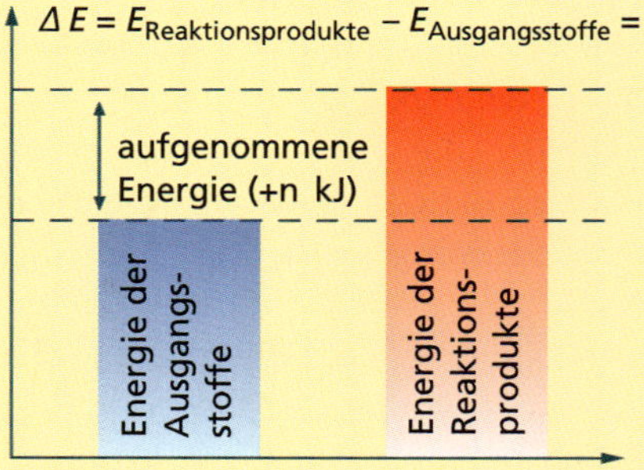

Die Ursache für die Veränderungen im sichtbaren Bereich liegen im Teilchenbereich. Bei chemischen Reaktionen ändern sich die Teilchen und die Kräfte, die zwischen ihnen wirken. Teilchen werden umgeordnet, sodass aus Teilchen der Ausgangsstoffe Teilchen der Reaktionsprodukte entstehen (Abbildung rechts).

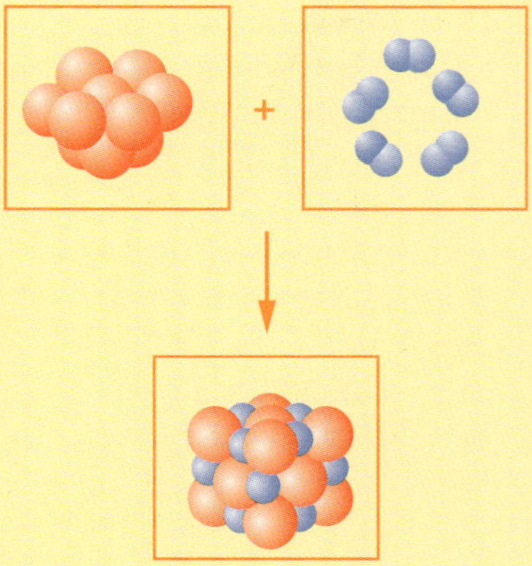

Gesetz von der Erhaltung der Masse

Es besagt, dass bei allen chemischen Reaktionen die Gesamtmasse der an der Reaktion beteiligten Stoffe gleich bleibt.

2 Luftig leicht und schwer belastet

2.1 Luft – nicht nur zum Atmen

Luft – kaum spürbar?

An windstillen Tagen spürt man die Luft, die uns umgibt, kaum. Bei einem Orkan werden jedoch große Gegenstände mit Leichtigkeit durch die Luft gewirbelt. Wind und Sturm sind schnell bewegte Luft.
Woraus besteht die Luft?

Grüne Lungen

Parks, Wiesen und Grünanlagen bezeichnet man als die „grünen Lungen“ der Stadt. Bei der Stadtplanung und Stadtentwicklung wird heute darauf geachtet, dass im Ort möglichst viele Grünflächen vorhanden sind. Sie beeinflussen das Klima und produzieren u. a. Sauerstoff.
Warum ist dieser Prozess für das Leben auf der Erde so wichtig?

Glutroter Horizont

An manchen Abenden kann man wunderschöne Sonnenuntergänge beobachten. Der Horizont ist in rotes Licht getaucht. Dieses Phänomen wird immer wieder gern fotografiert.
Wodurch wird die Erscheinung hervorgerufen?
Was hat der rote Abendhimmel mit der Luft zu tun?

Luft als Stoffgemisch

Die Gashülle der Erde – die Atmosphäre – besteht aus **Luft.**
Luft ist bei Normbedingungen gasförmig, farblos und geruchlos. Die Dichte beträgt bei 0 °C und 101,3 kPa 1,29 g/l. Mit zunehmender Höhe nimmt die Dichte der Luft ab.
Ohne Luft können die meisten Lebewesen nicht existieren. Sie bildet eine der Grundlagen für das Leben auf der Erde.
Fahrradreifen und Autoreifen sind mit zusammengepresster Luft gefüllt und so in der Lage, schwere Lasten zu tragen.
Luft stellt außerdem einen wichtigen Rohstoff für die chemische Industrie und die Metallurgie dar. Sie ist ein **Gasgemisch,** das im trockenen Zustand zu 78 % aus Stickstoff, zu 21 % aus Sauerstoff und zu 1 % aus anderen Bestandteilen besteht (Abb.). Die Luft unserer Umgebung enthält außerdem wechselnde Mengen Wasserdampf **(Luftfeuchtigkeit).** Die Angabe „70 % Luftfeuchtigkeit" bedeutet aber nicht, dass die Luft zu diesem Zeitpunkt aus 70 % Wasserdampf besteht, sondern dass 70 % des Sättigungsgrades mit Wasserdampf bei der vorliegenden Lufttemperatur erreicht sind.

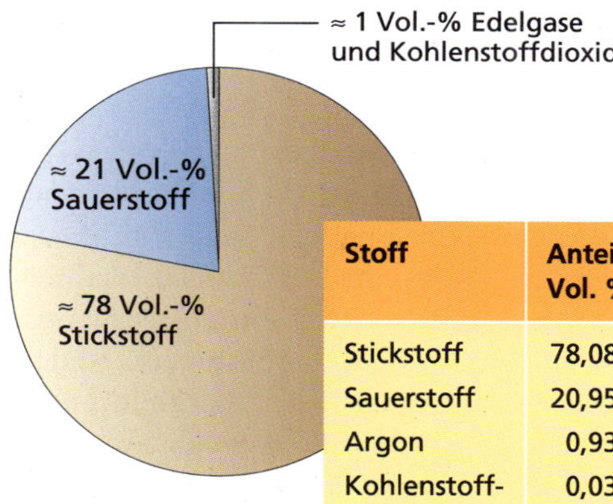

Stoff	Anteil in Vol. %
Stickstoff	78,08
Sauerstoff	20,95
Argon	0,932
Kohlenstoffdioxid	0,036
Neon	0,0018
Helium	0,0005
Wasserstoff	0,00005

Durch natürliche Prozesse und durch menschliche Tätigkeiten gelangen weitere Stoffe in die Luft. Bei einigen dieser Stoffe handelt es sich um so genannte Luftschadstoffe (s. S. 61).

Luft ist ein Stoffgemisch aus mehreren gasförmigen Reinstoffen.
Die Hauptanteile bilden die Stoffe Sauerstoff und Stickstoff.

S Experiment

Aufgabe:
Bestimme den Sauerstoffanteil in trockener Luft.

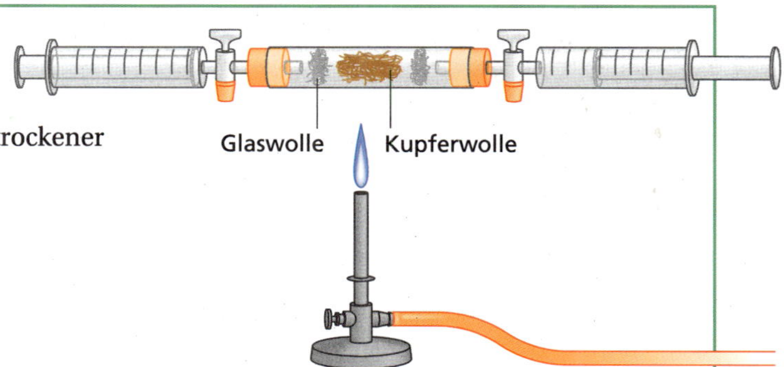

Vorbereitung:
Geräte: laut Abbildung
Chemikalien: Kupferwolle, Luft

Durchführung:
Baue die Apparatur entsprechend der Abbildung auf und lies das Luftvolumen im rechten Kolbenprober ab. Erhitze die Kupferwolle und drücke mithilfe der geöffneten Kolbenprober vorsichtig die Luft im Reaktionsraum hin und her. Lies das Gasvolumen nach Beendigung der Reaktion ab.

Beobachtung und Auswertung:
Notiere deine Beobachtungen. Miss den Durchmesser und die Länge des Verbrennungsrohrs und berechne daraus dessen Volumen. Ermittle danach die Gasvolumina vor und nach der Reaktion. Berechne daraus den Sauerstoffanteil in trockener Luft.

Sauerstoff und Stickstoff – Hauptbestandteile der Luft

Obwohl der Sauerstoffanteil der Luft deutlich kleiner als der Stickstoffanteil ist, kommt ihm eine herausragende Bedeutung zu. **Sauerstoff** ist der entscheidende Bestandteil der Luft für Verbrennungsprozesse und andere Oxidationsreaktionen. Er wird auch bei der Atmung verbraucht und ist somit für viele Organismen lebensnotwendig. Die größten natürlichen Produzenten von Sauerstoff sind die grünen Pflanzen. Sie setzen das Gas bei der Fotosynthese frei und sorgen so dafür, dass der Sauerstoffgehalt der Luft weitgehend konstant bleibt.

Sauerstoff ist zwar nicht brennbar, **fördert aber die Verbrennung.** In reinem Sauerstoff verlaufen daher Verbrennungen weitaus heftiger als in Luft. Kleine Mengen Sauerstoff werden im Labor z. B. aus Wasserstoffperoxid oder aus dem Stoff Kaliumpermanganat (Abb. 1) hergestellt. Das entstehende Gas fängt man pneumatisch (durch Wasserverdrängung) auf. Ein geringer Teil des Gases löst sich dabei jedoch. Bei 0 °C nimmt 1 Liter Wasser etwa 70 mg Sauerstoff auf, bei 20 °C noch etwa 44 mg (Normdruck).

Um zu erkennen, ob ein Gefäß wirklich Sauerstoff enthält, nutzt man seine verbrennungsfördernde Eigenschaft. Den **Nachweis von Sauerstoff** bezeichnet man als **„Spanprobe“.** Sie verläuft positiv, wenn ein glimmender Span im zu untersuchenden Gas aufflammt (Abb. 2).

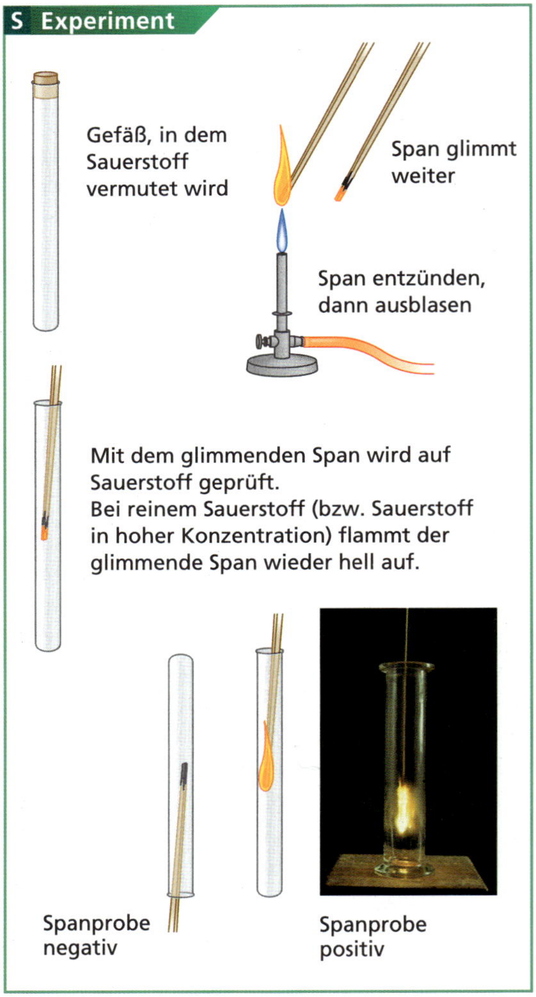

2 Nachweis von Sauerstoff mithilfe der Spanprobe

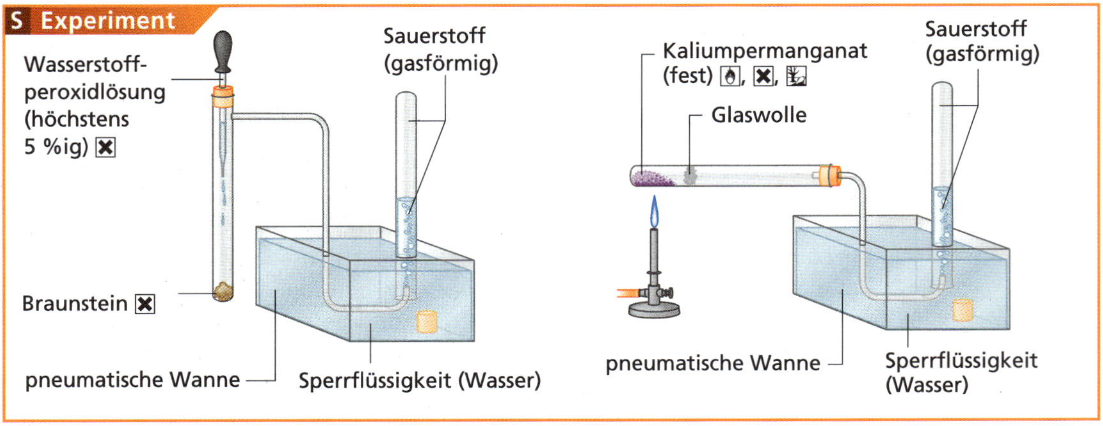

1 Herstellung von Sauerstoff aus Wasserstoffperoxid bzw. aus Kaliumpermanganat

S Experiment

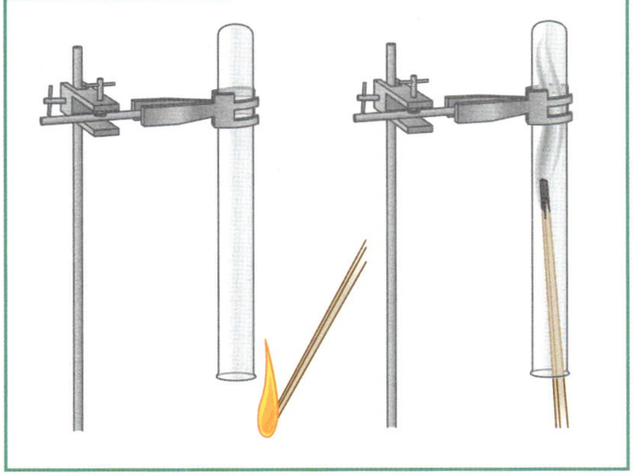

1 Der brennende Holzspan verlöscht in reiner Stickstoffatmosphäre.

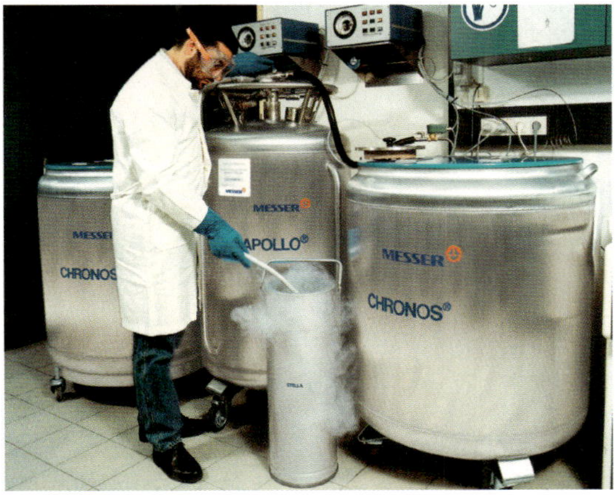

2 Flüssiger Stickstoff wird als Kühlmittel in der Medizin und in der chemischen Forschung benötigt.

Großtechnisch hergestellter Sauerstoff wird vielseitig eingesetzt, z. B. in Beatmungsgeräten zur Lebenserhaltung und Lebensrettung. Im Gemisch mit brennbaren Gasen verwendet man Sauerstoff zum Schweißen und Brennschneiden.

Der Name des Gases **Stickstoff** leitet sich aus der Eigenschaft ab, Flammen und Lebewesen zu ersticken. Trotzdem ist das Leben auf der Erde ohne das Element Stickstoff nicht möglich. Stickstoff stellt einen wesentlichen Bestandteil tierischen und pflanzlichen Eiweißes dar.

Den Luftstickstoff können die meisten Pflanzen nicht direkt verwerten, sie nehmen über die Wurzeln stickstoffhaltige Verbindungen aus dem Boden auf.

In der chemischen Industrie ist Stickstoff ein notwendiger Ausgangsstoff für die Herstellung von Stickstoffverbindungen, die weiter zu Düngemitteln und Sprengstoffen (Nitroglycerin, Dynamit, TNT) verarbeitet werden.

Stickstoff geht bei –196 °C (Normdruck) in den flüssigen Aggregatzustand über. Flüssiger Stickstoff (Abb. 2) wird auch als Kühlmittel eingesetzt. Mit ihm können z. B. lebende Zellen sehr schnell eingefroren und lange aufbewahrt werden.

Aufgabe

Begründe, warum die Tatsache, dass Luft ein Stoffgemisch ist, wichtig für die Entwicklung des Lebens auf der Erde ist.

STECKBRIEF: Stickstoff

Eigenschaften: farbloses, geruchloses Gas, nicht brennbar, wirkt erstickend, schlecht in Wasser löslich
Dichte: 1,251 $g \cdot l^{-1}$
(kleiner als die Dichte der Luft)
Schmelztemperatur: –210 °C
Siedetemperatur: –196 °C
Entdeckung: 1772 von RUTHERFORD und CAVENDISH (unabhängig voneinander)

STECKBRIEF: Sauerstoff

Eigenschaften: farbloses, geruchloses Gas, nicht brennbar, fördert die Verbrennung, schlecht in Wasser löslich
Dichte: 1,429 $g \cdot l^{-1}$
(größer als die Dichte der Luft)
Schmelztemperatur: –219 °C
Siedetemperatur: –183 °C
Entdeckung: 1794 von SCHEELE und PRIESTLEY (unabhängig voneinander)

Fachtexte verstehen, aber wie?

Informationen müssen aufbereitet werden. Gerade **Fachtexte** sind oft „schwere Kost“, z. B.:
Das Stoffgemisch Luft kann mithilfe des LINDE-Verfahrens industriell in seine Bestandteile aufgetrennt werden. Dazu muss das Gas verflüssigt werden. Zu diesem Zweck lässt man Luft in ein Kreislaufsystem (Abb.) einströmen und verdichtet sie zuerst in einem Kompressor. Dadurch erwärmt sich das Gas und muss gekühlt werden. In einem zweiten Kühler wird die Temperatur noch weiter abgesenkt. Von diesem Gegenstromkühler strömt die Luft in einen Auffangbehälter. Da dieser ein größeres Volumen besitzt als das Rohrsystem des Kreislaufs, expandiert die Luft und die Temperatur sinkt weiter. Diese Vorgänge wiederholen sich so lange, bis die Siedetemperatur der Luft unterschritten wird. Die flüssige Luft kann nun in eine separate Destillationsanlage überführt werden. Zur Stofftrennung destilliert man dort den Stickstoff bei einer Temperatur von – 196 °C und den Sauerstoff bei – 183 °C aus dem Gemisch ab.

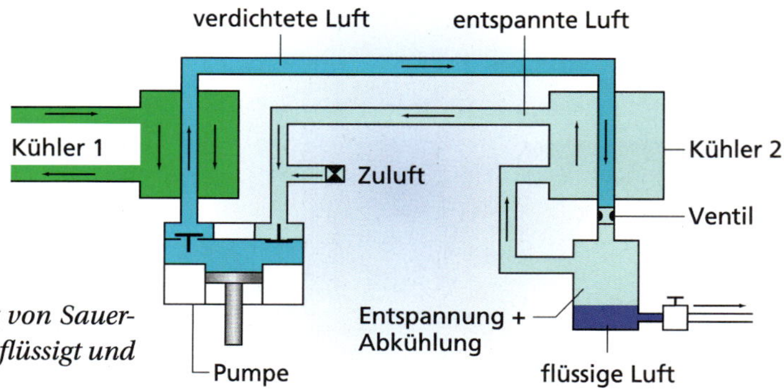

Die Bearbeitung des Textes kann mit der **Fünf-Schritt-Methode** erfolgen.

1. Schritt

Verschaffe dir einen Überblick.
Es geht um die technische Gewinnung von Sauerstoff und Stickstoff. Dazu wird Luft verflüssigt und anschließend destilliert.

2. Schritt

Stelle Fragen zu wesentlichen Inhalten.
- *Durch welche physikalischen Prozesse kann man Luft verflüssigen?*
- *Auf welchen Stoffeigenschaften beruht die Trennung?*

3. Schritt

Lies gründlich. Markiere Kernaussagen und Schlüsselwörter. Schlage unklare Begriffe nach.
***Kompression** ist das Verdichten von Gasen unter Druck. Dabei steigt die Temperatur an.*
*Als **Expansion** bezeichnet man die Ausdehnung von Gasen bei gleichzeitiger Abkühlung.*
***Destillation** nennt man die Trennung von Stoffgemischen durch Verdampfen einzelner Bestandteile mit unterschiedlicher Siedetemperatur und deren Kondensation.*

4. Schritt

Fasse die Kernaussagen in kurzer Form (Text oder Schema) zusammen:
*Mithilfe des LINDE-Verfahrens wird das Stoffgemisch Luft verflüssigt und in seine Bestandteile zerlegt. Dazu pumpt man das Gas im Kreislauf und unterwirft es einer Folge physikalischer Prozesse. Durch mehrfache Wiederholung der Abfolge von **Kompression,** Kühlung und **Expansion** sinkt die Temperatur unterhalb der Siedetemperatur der Luft. Die flüssige Luft wird in eine separate Anlage überführt. Dort trennt man das Stoffgemisch durch **Destillation** in seine Bestandteile.*

5. Schritt

Wiederhole. Gib dazu den Textinhalt mit eigenen Worten wieder.

Saubere Luft – keine Selbstverständlichkeit

Die Zusammensetzung der Lufthülle der Erde, der Atmosphäre (s. S. 80) wird durch natürliche Prozesse aber auch zunehmend durch die **Tätigkeit des Menschen** beeinflusst. Besonders in Ballungszentren, aber nicht nur dort, verändert sich ihre Zusammensetzung so, dass die Folgen spürbar werden.
Die ständige Zunahme der Weltbevölkerung und der technische Fortschritt führen zu einem wachsenden Verbrauch von Energie aus fossilen Brennstoffen (s. S. 32). Durch Verbrennungen in Haushalten, in der Industrie und in Kraftwerken werden Fremdstoffe in die Luft abgegeben. Zudem steigen seit 70 Jahren die Motorisierung und der Verkehr und somit die Anzahl von Verbrennungsmotoren sehr stark an.
Infolge der menschlichen Tätigkeiten nimmt beispielsweise der Kohlenstoffdioxidgehalt der Luft in den letzten 100 Jahren stetig zu. Obwohl **Kohlenstoffdioxid** nicht giftig ist, verstärkt es den Treibhauseffekt der Atmosphäre (s. S. 60). Wenn die Freisetzung von Kohlenstoffdioxid nicht verringert wird, dann befürchten Wissenschaftler, dass es zu dramatischen Klimaveränderungen auf der Erde kommt.
Da die fossilen Brennstoffe in geringen Mengen Schwefel und Stickstoff enthalten, werden auch **Schwefeldioxid** und **Stickstoffoxide** an die Luft abgegeben. Diese Luftschadstoffe sind im Gegensatz zu Kohlenstoffdioxid giftig, sie schädigen schon in geringen Mengen die Gesundheit von Lebewesen. Sie verursachen den aus den Medien bekannten **Smog** und bilden zusammen mit dem Wasser der Wolken den **sauren Regen.**
Weitere Luftschadstoffe sind Ozon oder Chlorverbindungen (s. S. 74), die ebenfalls durch menschliche Aktivitäten freigesetzt werden. Diese Schadstoffe entstehen durch verschiedene Prozesse, nicht nur als Verbrennungsprodukte.

Luftschadstoffe sind in die Luft freigesetzte Stoffe, die die Gesundheit von Lebewesen beeinträchtigen oder langfristige Umweltschäden verursachen können.

Die Belastung der Luft mit Schadstoffen und insbesondere mit Kohlenstoffdioxid kann auf verschiedene Weise vermindert werden:
- sparsamer und effektiver Energieverbrauch
- Nutzung alternativer Energieträger
- Entfernung von Schadstoffen aus Abgasen.

Mit dem geringeren Energieverbrauch würde die Menge der Schadstoffe, die in die Atmosphäre abgegeben werden, sinken. Der Umstieg auf alternative Energiequellen wie Wind, Wasser, Sonne und Gezeiten ist ein weiterer Beitrag zur Reinhaltung der Luft.
Da zurzeit nicht auf die Energiegewinnung durch Nutzung fossiler Energieträger verzichtet werden kann, sind Verfahren zur Entfernung von Asche und Staub, von Schwefeldioxid und von Oxiden des Stickstoffs aus den Abgasen der Kraftwerke von Bedeutung. Durch den Einbau von verschiedenen Abgaskatalysatoren und Filtern wird der Schadstoffausstoß der Autos verringert.

Aufgaben

1. Welche Luftschadstoffe gelangen infolge von Verbrennungsprozessen in die Atmosphäre?

2. Informiere dich im Internet über die Quellen und die Wirkung von Halogenkohlenwasserstoffen als Luftschadstoffe.

Mosaik

Treibhaus Erde

Das Sonnenlicht erwärmt unsere Erde. Die Erdoberfläche gibt einen Teil der Strahlung als Wärmestrahlung wieder ab. Durch die Wolken und durch die Treibhausgase in der Atmosphäre wird die Wärmestrahlung jedoch teilweise aufgenommen und gespeichert. Diese Treibhausgase wirken ähnlich wie die Glasscheiben in einem Gewächshaus.

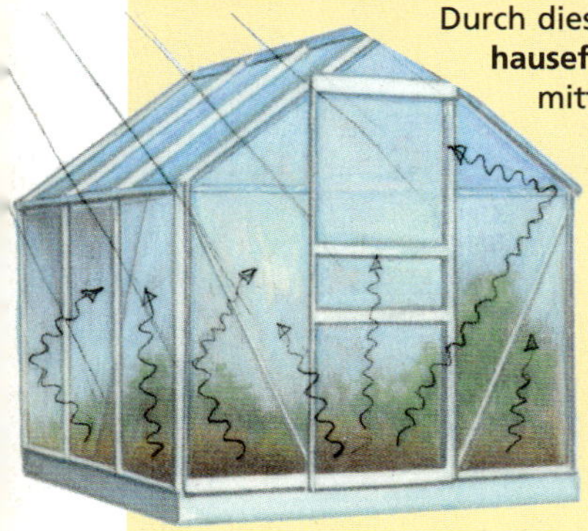

Durch diesen **natürlichen Treibhauseffekt** hat sich eine mittlere Temperatur auf der Erde von rund + 15 °C ergeben, die für ein stabiles Leben von Pflanzen, Tieren und Menschen wichtig ist. Ohne Treibhauseffekt würde auf der Erde eine mittlere Temperatur von – 18 °C herrschen.

Zu den **Treibhausgasen** gehören Wasserdampf, Kohlenstoffdioxid, Methan, Fluorchlorkohlenwasserstoffe (FCKW) u. a. (s. Tab.). Allen Treibhausgasen ist gemeinsam, dass ihre Moleküle (s. S. 72) aus mindestens drei Atomen bestehen.

Durch die Verbrennung fossiler Energieträger gelangen zusätzliche Mengen an Kohlenstoffdioxid in die Atmosphäre. Bei vielen industriellen und landwirtschaftlichen Prozessen werden weitere Treibhausgase (z. B. FCKW und Methan) freigesetzt. Der Treibhauseffekt wird dadurch künstlich verstärkt **(anthropogener Treibhauseffekt).**

Wahrscheinlich wird es dadurch zu einer globalen Erwärmung kommen. Bisher kann man die Folgen nur mithilfe von Computermodellen einschätzen. Danach kommt es zur Verschiebung der Klimazonen, Zunahme der Wüstengebiete, zum Ansteigen des Meeresspiegels u. v. a. m. Einige Messungen deuten darauf hin, dass schon heute Veränderungen erfolgen.

Daher sind weltweite Maßnahmen zur Minderung des Kohlenstoffdioxidausstoßes auf der Grundlage des Kyoto-Protokolls von 1997 erforderlich. Ziel dieses Umweltabkommens ist es, eine Stabilisierung der Treibhausgaskonzentration auf einem so niedrigen Niveau zu erreichen, dass Störungen des Klimas verhindert werden.

Das kann erreicht werden durch

- Energieeinsparung
- effektivere Nutzung der Energie
- verstärkte Nutzung alternativer Energien.

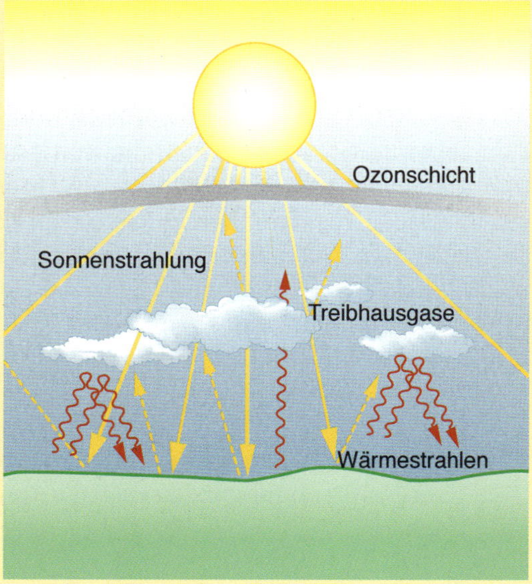

1 Entstehung des Treibhauseffektes

Treibhausgas	Anteil am anthropogenen Treibhauseffekt in %	Quelle
Kohlenstoffdioxid	61	fossile Brennstoffe, Waldrodung
Methan	15	Großviehhaltung, Reisanbau
FCKW	11	FCKW-Anwendung
Ozon	8	verschiedene Gasreaktionen
Stickstoffoxide	4	Stickstoffdüngung, Brandrodung, Verbrennungsvorgänge
Übrige	1	

Thema

Feinstaub – die neue Gefahr?

Neben den leider schon geläufigen Umweltbelastungen durch menschliche Aktivitäten wie Smog und Treibhauseffekt steht seit kurzem mit dem **Feinstaub** ein lange Zeit wenig beachtetes Problem plötzlich im Blickpunkt (Abb. 1).

1 Verbrennungsabgase enthalten große Mengen Feinstaub.

Zusammensetzung und Herkunft von Feinstaub

Staub ist ein komplexes Stoffgemisch aus Teilchen, die in der Luft mehr oder weniger fein verteilt vorliegen können. Als Feinstaub bezeichnet man Staubteilchen mit einem Durchmesser von bis zu 10 µm, also ungefähr einem Zehntel des Durchmessers eines menschlichen Haars.

Je nach Herkunft bzw. Entstehung unterscheiden sich die Teilchen in ihrer chemischen Zusammensetzung, Größe, Form und ihren physikalischen Eigenschaften. Prinzipiell unterscheidet man zwischen primären und sekundären Partikeln. Erstere werden aus verschiedenen Quellen direkt an die Luft abgegeben. Letztere entstehen durch chemische Reaktionen zwischen Gasen – sogenannten **Vorläufersubstanzen** – in der Luft.

Hauptverursacher für den Feinstaub in der Luft der Großstädte ist der Mensch. So werden die Feinstaubbelastungen in den Großstädten hauptsächlich durch verschiedene industrielle Prozesse, den Straßenverkehr und Hausfeuerungsanlagen hervorgerufen. In der Industrie wirbelt die Bauwirtschaft am meisten Staub auf (Straßenbau, Abriss von Gebäuden, Ziegeleien, Zementwerke), allein auf den Schüttgutumschlag entfallen fast 5 % des Feinstaubs. Eine weitere Hauptquelle sind Verbrennungsprozesse in Kraftwerken und Industrieanlagen.

Im Straßenverkehr wird zum einen der Straßenstaub aufgewirbelt und zum anderen Rußpartikel durch Dieselfahrzeuge freigesetzt. Diesel besteht aus anderen Kohlenwasserstoffen als Benzin, sodass die Verbrennung im Dieselmotor anders als im Ottomotor nicht vollständig erfolgt. Der Anteil des Straßenverkehrs an der künstlich verursachten Feinstaubbelastung ist mit weniger als 20% allerdings nicht besonders groß (Abb. 2).

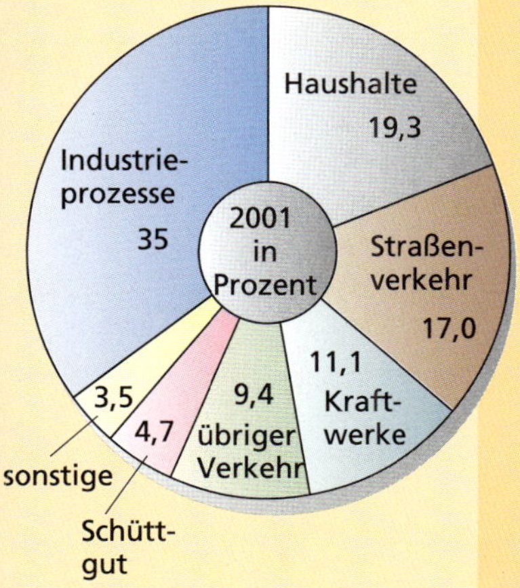

2 Künstliche Feinstaubquellen in deutschen Großstädten

Mindestens genauso stark fallen natürliche Feinstaubquellen ins Gewicht. Dazu zählen die Erosion der Böden durch Wasser und Wind sowie Blütenpollen von Pflanzen. Auch Vulkanausbrüche und Waldbrände führen zu einer erhöhten Feinstaubbelastung der Luft.

... und mehr

Informiere dich auch unter: *Fotosmog, Ozon, saurer Regen, Schwefeldioxid-Emissionen, Smog* und *Treibhauseffekt*

Wie fertige ich ein Mind Map an?

Manchmal ist es schwer, seine Gedanken zu sortieren. Genauso schwer kann es sein, mit anderen Mitschülern Gedanken zu einem Thema auszutauschen und in einen Zusammenhang zu bringen. Dabei kann ein **Mind Map** helfen. Mind Maps sind Gedächtniskarten, in denen man Zusammenhänge zwischen Fakten darstellt.
Die Abbildung eines Mind Maps (s. Abb.) kann man sich als Baum mit seinen Ästen und Zweigen vorstellen, auf den man von oben blickt. Die Sammlung von Daten und Fakten sollte dir einen guten Überblick über das Thema verschaffen, muss aber nicht unbedingt vollständig sein.
Beim Erstellen eines Mind Maps kannst du **schrittweise vorgehen.**

1. Schritt

Wähle ein Thema.
Schreibe einen zentralen Begriff in die Mitte eines unlinierten Blattes.

2. Schritt

Finde die Schwerpunkte.
Denke über Schwerpunkte nach und schreibe diese auf je einen Hauptast. Hauptäste sind mit dem Mittelpunkt verbunden.

3. Schritt

Erweitere die Gedankenebenen.
Füge eine weitere Gedankenebene als Verzweigung eines Hauptastes hinzu. Diese ist mit dem Hauptast verbunden, wird aber dünner dargestellt.
Je nachdem, wie sich die Ideen entwickeln, können weitere Gedankenebenen ergänzt werden.

4. Schritt

Gestalte ein Mind-Map.
Bei der Gestaltung des Mind-Maps können einzelne Schlüsselwörter und Hauptäste bzw. ihre Verzweigungen durch farbliche Gestaltung hervorgehoben werden.

Bedeutung der Luft und Luftbestandteile

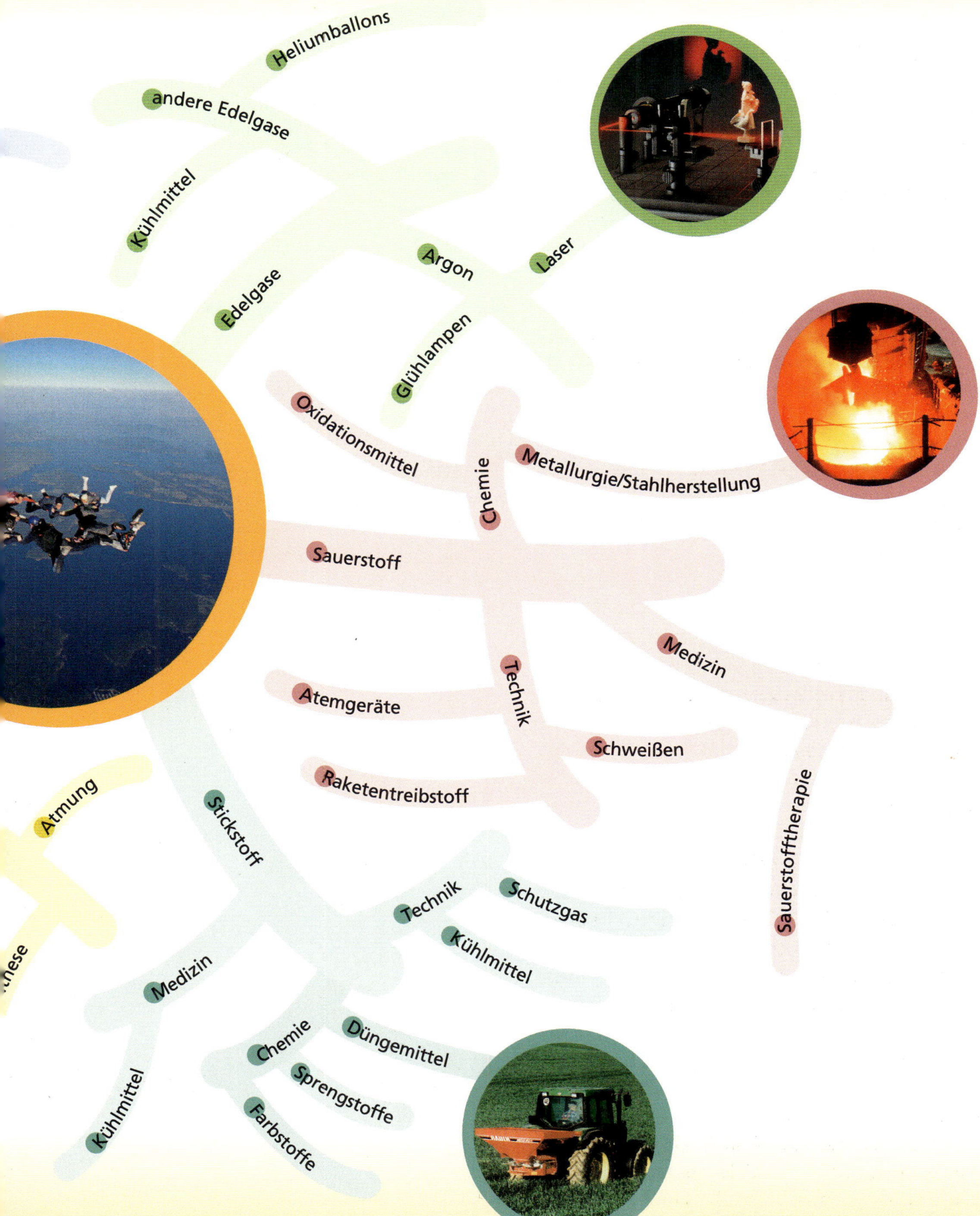
Heliumballons
andere Edelgase
Kühlmittel
Argon
Laser
Edelgase
Glühlampen
Oxidationsmittel
Chemie
Metallurgie/Stahlherstellung
Sauerstoff
Medizin
Technik
Atemgeräte
Schweißen
Raketentreibstoff
Sauerstofftherapie
Atmung
Stickstoff
Technik
Schutzgas
Kühlmittel
Medizin
Chemie
Düngemittel
Sprengstoffe
Farbstoffe
Kühlmittel

Chemie im Kontext

Rettung einer Maus

Der Engländer JOSEPH PRIESTLEY (1733 – 1804) hat mit der Luft experimentiert, um ihre Zusammensetzung zu erkunden. Er stellte dazu eine brennende Kerze in eine geschlossene Glasglocke. Ebenso setzte er eine Maus in solch ein Behältnis ein. Auch eine Pflanze stellte er in ein geschlossenes Gefäß.
Erläutere, welche Beobachtungen PRIESTLEY machte und welche Schlussfolgerungen daraus gezogen werden können.

PRIESTLEY bemerkte, dass eine lebende Maus in einem abgeschlossenen Behälter nach einiger Zeit verstarb. Ebenso stellte er fest, wie eine brennende Kerze in diesem Behälter nach einiger Zeit erlosch.
Brachte er eine brennende Kerze in das Gefäß der toten Maus, erlosch die Kerze sofort. Die Pflanze jedoch entwickelte sich gut.
PRIESTLEY hat daraus richtig gefolgert, dass Maus und Kerze den gleichen Bestandteil der Luft, den Sauerstoff, verbrauchen. Bei der Pflanze schien das anders zu sein. Daher stellte er in die Behältnisse zur Kerze und zur Maus Pflanzen mit ein. Er konnte feststellen, dass nun eine entzündete Kerze wesentlich länger brannte als im vorigen Experiment. Im Falle der Maus konnte das Tier dank der Pflanze am Leben bleiben. PRIESTLEY notierte 1771, dass Pflanzen „verbrauchte Luft“ wieder in „gute Luft“ verwandeln.

Heute wissen wir, dass der Sauerstoff, den höhere Lebewesen für die Atmung brauchen, durch grüne Pflanzen produziert wird.
Dieser Prozess ist aus der Biologie als **Fotosynthese** bekannt (Abb. 1). Dazu muss die Pflanze Wasser aus dem Boden und Kohlenstoffdioxid aus der Luft aufnehmen. Unter Nutzung von Lichtenergie werden diese Ausgangsstoffe biochemisch in Traubenzucker und Sauerstoff umgewandelt.

Kohlenstoffdioxid + Wasser ⟶ Traubenzucker + Sauerstoff

Die **Atmung** ist chemisch gesehen die Umkehrung der Fotosynthese. Dabei entstehen aus Traubenzucker und Sauerstoff wieder Kohlenstoffdioxid und Wasser. Auf diese Weise bleibt der Sauerstoffgehalt der Atmosphäre annähernd konstant.

1 Die Fotosynthese ist ein Prozess, der in den Chloroplasten pflanzlicher Zellen stattfindet.

Methode

Erläutern chemischer Sachverhalte

Beim Erläutern wird versucht, einem anderen Menschen einen naturwissenschaftlichen Sachverhalt (z. B. Vorgänge, Gesetze, Begriffe, Arbeitsweisen) verständlicher, anschaulicher, begreifbarer zu machen. Dazu werden häufig Beispiele für den Sachverhalt herangezogen.

gewusst · gekonnt

1. Ergänze dein Glossar um folgende Begriffe.

Glossar

Luft
Luftschadstoffe
Sauerstoff
Stickstoff
Treibhauseffekt

2. Ein Mitschüler behauptet, dass Luft gar kein Stoff ist, weil man ihn ja nicht sehen und anfassen kann. Widerlege diese Behauptung.

3. Im Unterricht wird Sauerstoff in kleinen Mengen benötigt.
Beschreibe eine Herstellungsmöglichkeit von Sauerstoff im Labor.

4. Nenne und erläutere drei Beispiele für die Bedeutung bzw. Verwendung von Sauerstoff in Natur, Alltag und Technik.

5. Stickstoff und Sauerstoff werden als reine Gase vielfältig eingesetzt.
Beschreibe eine Möglichkeit, mit der man beide Gase aus der Luft gewinnen kann.

6. Übertrage diese Tabelle in dein Heft, ergänze und vergleiche die Reinstoffe Stickstoff und Sauerstoff miteinander.

	Stickstoff	Sauerstoff
Brennbarkeit		
Unterhalten der Verbrennung		
Nachweis-möglichkeit		
Vorkommen		
Verwendung		

7. S Es stehen drei Reagenzgläser mit farblosen, gasförmigen Stoffen bereit. In einem der Gläser soll Stickstoff, im zweiten Sauerstoff und im dritten Luft sein.
Wie kann man die Stoffe experimentell unterscheiden?
Plane einen sinnvollen Versuchsaufbau und führe die notwendigen Experimente durch.

8. In der Lebensmittelindustrie wird oft Stickstoff als Schutzgas verwendet.
Einige Glühlampen sind ebenfalls mit dem Gas (im Gemisch mit Edelgasen) gefüllt.
Was wird damit bewirkt?

9. Begründe, warum man Kohlenstoffdioxid auch als Treibhausgas bezeichnet.

10. Sammle Informationen über die Zusammensetzung der Abgase von Kraftwerken.
Nenne Maßnahmen, die den Schadstoffgehalt verringern. Nutze für die Recherche das Internet, z. B. www.schuelerlexikon.de.

11. Luftverunreinigungen haben verschiedene Quellen.
Erstelle ein Mind-Map zu Luftschadstoffen und ihren Quellen. Nutze dazu die Seite 62 und das Register des Lehrbuchs.

12. Stimmt folgende Aussage: „Ohne grüne Pflanzen hätte die Luft eine andere Zusammensetzung“? Begründe deine Entscheidung.

2.2 Vom Atom zum Molekül

Leuchtende Gase

Leuchtstoffröhren sind einfach gebaut. Sie bestehen aus einer Glasröhre, die oft mit einem Edelgas gefüllt ist und die an den Enden Elektroden besitzt. Wird diese Röhre unter Hochspannung gesetzt, beginnt sie zu leuchten.

Wie funktioniert diese Lichtquelle? Warum leuchtet das Gas in der Röhre?

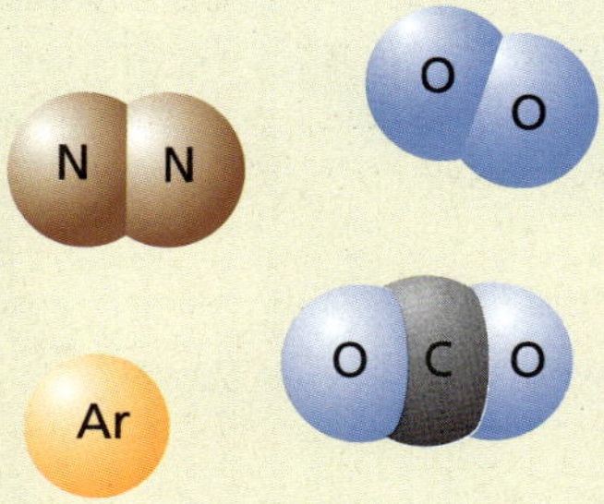

Teilchen in der Luft

Die verschiedenen Stoffe in der Luft weisen unterschiedliche Eigenschaften auf. So unterhält Sauerstoff die Verbrennung, Stickstoff wirkt erstickend und Edelgase sind besonders reaktionsträge.

Warum ist das so? Wie sehen die Teilchen der Stoffe aus, die so unterschiedliche Eigenschaften hervorrufen?

Atome – klein, aber nicht unteilbar

Atomkraftwerk, Atomeisbrecher, Atomunterseeboot und nicht zuletzt die Atombombe sind heute geläufige Begriffe. Der Atombegriff ist bereits 2500 Jahre alt. Die Modellvorstellungen, mit denen der Bau der Atome erklärt wird, haben sich im Laufe der Zeit jedoch stark gewandelt.

Wie sind Atome wirklich aufgebaut? Wie veränderten sich die Vorstellungen über den Aufbau der Atome im Laufe der Wissenschaftsgeschichte?

Vom Bau der Atome

Jeder Stoff ist aus ganz bestimmten Teilchen aufgebaut. Diese Teilchen sind jedoch winzig klein und nur mithilfe spezieller elektronischer Mikroskope zu erkennen. Daher wurde über die Art der Teilchen lange gerätselt und verschiedene **Modelle** entwickelt. Der griechische Philosoph DEMOKRIT (460 -380 v. Chr.) ging davon aus, dass die kleinsten Teilchen der Stoffe unteilbar sind und nannte diese **Atome** (s. S. 42).
Die Vorstellungen wurden erst um 1800 von JOHN DALTON (1766 - 1844) weiterentwickelt. Er nahm an, dass Atome winzige, chemisch unteilbare Kugeln mit einer bestimmten Masse sind, wobei die Atome einer Atomsorte die gleiche Masse aufweisen. Diese Kugeln könnten sich immer wieder neu miteinander verbinden und dadurch neue Stoffe bilden. Allerdings ließen sich nicht alle Phänomene bei chemischen Reaktionen durch dieses Modell erklären.
1911 leitete ERNEST RUTHERFORD (1871–1937) aus seinem berühmten Streuversuch (s. unten) das **Kern-Hülle-Modell** der Atome ab. Danach bestehen Atome aus einem sehr kleinen **Atomkern,** der fast die gesamte Masse des Atoms enthält, und der viel größeren nahezu massefreien **Atomhülle** (Abb. oben). Im Atomkern befinden sich die elektrisch einfach **positiv geladenen Protonen** (p^+). Innerhalb der Atomhülle bewegen sich die einfach elektrisch **negativ geladenen Elektronen** (e^-). Den Chemiker interessieren besonders die kernfernen Elektronen (Außenelektronen).
Bei jedem Atom ist die Anzahl der Protonen und Elektronen gleich, sodass Atome nach außen elektrisch neutral sind. Die Zahl der Protonen ist für eine Atomsorte charakteristisch (Abb. 1, S. 68).

Größenvergleich zwischen Atomkern und -hülle

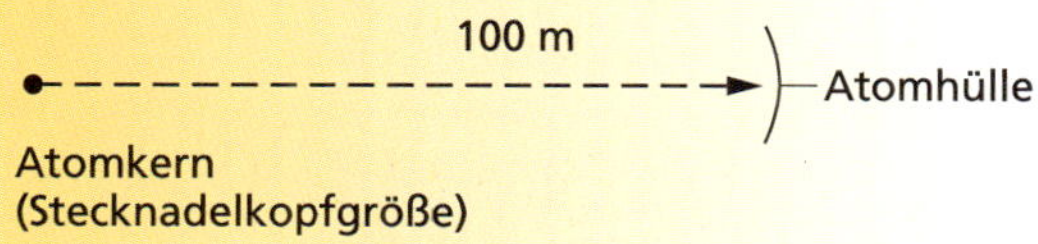

Atome bestehen aus dem positiv geladenen Atomkern mit den Protonen und der negativ geladenen Elektronenhülle mit den Elektronen. Atome sind elektrisch neutral.

Experiment

Atome im Test - ein historisches Experiment

RUTHERFORD beschoss eine dünne Goldfolie (ca. 2 000 Atomlagen) mit positiv geladenen Heliumteilchen (α-Teilchen). Nahezu alle α-Teilchen passierten die Folien, nur wenige wurden abgelenkt oder reflektiert.

Folglich müssen Masse und positive Ladung auf einen kleinen Bereich der Atome konzentriert sein. Der größte Teil muss fast massefrei sein und die positive Ladung des Kerns neutralisieren.

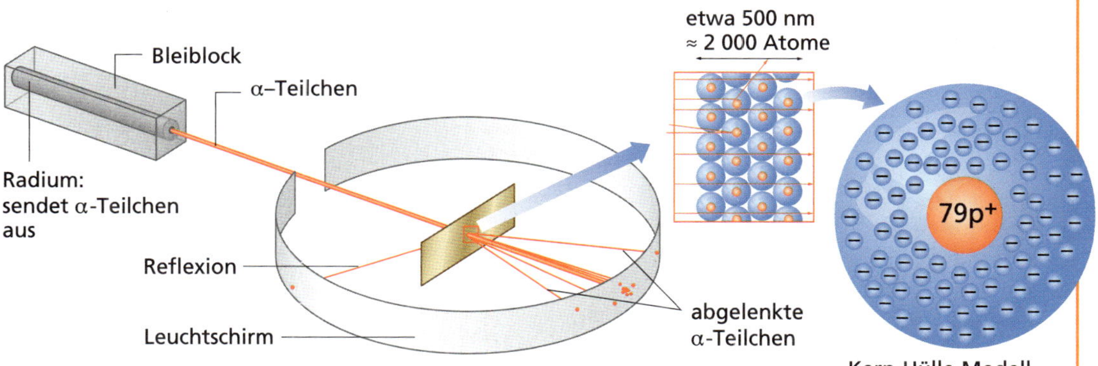

Kern-Hülle-Modell eines Goldatoms

Die Kenntnisse über den Atombau nutzt man auch zur Charakterisierung eines Elements. Ein **chemisches Element** ist nur aus Atomen aufgebaut, die die gleiche Anzahl von Protonen aufweisen. So enthalten Atome des Elements Sauerstoff acht Protonen im Kern (Abb. 1).
Stoffe, die nur aus Atomen eines Elements bestehen, also aus der gleichen Atomart zusammengesetzt sind, bezeichnet man als **Elementsubstanzen.** Sauerstoff, Stickstoff und die Edelgase gehören zu den Elementsubstanzen.

Chemische Elemente sind aus Atomen mit der gleichen Anzahl von Protonen aufgebaut.

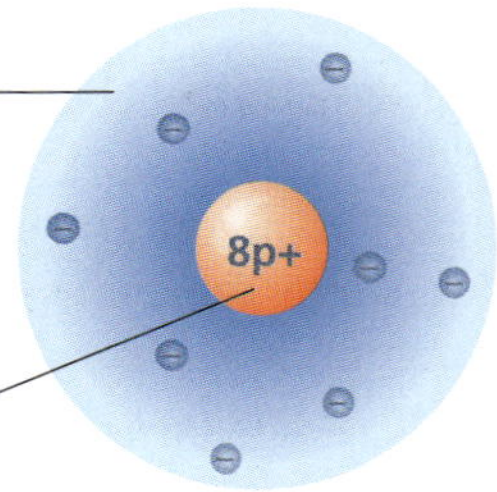

1 Kern-Hülle-Modell eines Sauerstoffatoms nach ERNEST RUTHERFORD

Aufgabe

Warum ist ein Atom nach außen elektrisch neutral, obwohl es geladene Elementarteilchen enthält?

Mosaik

Die Struktur der Atomhülle

Bei chemischen Reaktionen verändert sich der Atomkern nur in Ausnahmefällen. Chemische Veränderungen betreffen die Atomhülle und zwar insbesondere die kernfernen Elektronen. Weiterführende Untersuchungen zeigen, dass auch die Atomhülle in verschiedene Bereiche unterteilt ist. Diese werden u. a. im **Schalenmodell** berücksichtigt, das 1913 von NIELS BOHR (1885–1962) vorgestellt wurde. Danach bewegen sich die Elektronen in bestimmten Abständen um den Atomkern. Energiereiche Elektronen sind weiter vom Kern entfernt als energieärmere Elektronen. Die Elektronenbahnen („Schalen") entsprechen also bestimmten Energieniveaus.
Neuere Erkenntnisse beweisen, dass sich die Bahnkurven nicht genau berechnen lassen. Daher spricht man auch von Aufenthaltsräumen der Elektronen und stellt die Atome wie in der unten stehenden Abbildung dar.

Schalenmodell
(Sauerstoffatom)

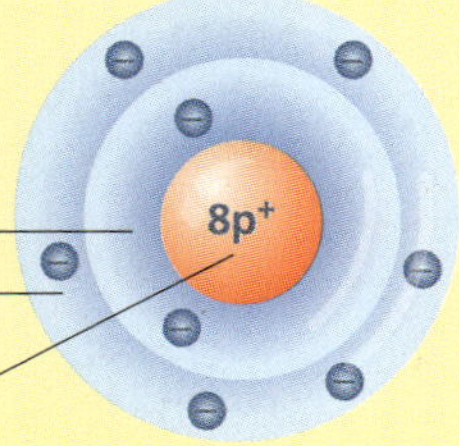

Es existieren sieben **Elektronenschalen,** die durchnummeriert oder mit den Buchstaben K bis Q gekennzeichnet werden. Sie können jeweils nur eine bestimmte Anzahl von Elektronen aufnehmen. Ihre maximale Besetzung lässt sich nach der Formel $2n^2$ berechnen (s. Tab.).

Die Schalen werden immer von innen nach außen besetzt. Demnach kann die innerste Schale zwei Elektronen aufnehmen, die zweite Schale ist mit 8 Elektronen voll besetzt. Ab der dritten Schale wird die Verteilung der Elektronen komplizierter. Atome sind besonders stabil, wenn alle Schalen vollständig besetzt sind. Speziell die **Achterschale** hat sich als sehr stabile Elektronenanordnung erwiesen. Die Elektronen auf der äußersten besetzten Schale bezeichnet man als **Außenelektronen** oder **Valenzelektronen.** Die unterschiedlichen chemischen Eigenschaften der Elemente werden maßgeblich durch die Zahl der Außenelektronen ihrer Atome bestimmt.

Maximale Anzahl der Elektronen pro Schale ($2n^2$)

Schale	K	L	M	N	O	P	Q
n	1	2	3	4	5	6	7
$2n^2$	2	8	18	32	50	72	98

Atom – Element – Symbol

Schon im Mittelalter benutzten Alchemisten bestimmte Zeichen für Stoffe, die jedoch oft ganz unterschiedlich waren (Abb. 1). Die unterschiedlichen **Symbole** erwiesen sich allerdings als ungeeignet, um sich damit untereinander zu verständigen.
Mit der weiteren Entwicklung der Naturwissenschaften wuchs jedoch das Bedürfnis nach einer einheitlichen **chemischen Zeichensprache.** Diese musste Atome bzw. Elemente in kurzer aber eindeutiger Form symbolisieren und in allen Ländern – unabhängig von der jeweiligen Sprache – verstanden werden.
JOHN DALTON (1766–1844) entwickelte um 1810 ein Zeichensystem für die Elemente, das sich jedoch nicht durchsetzte.
Der Chemiker JÖNS JACOB BERZELIUS (1797–1848) schlug ein System von chemischen Zeichen vor, das noch heute verwendet wird. Er bildete die Zeichen für ein Element aus einem oder zwei Buchstaben des griechischen oder lateinischen Namens und nannte sie Symbole (s. Tab.). Die Symbole aller heute bekannten Atome bzw. Elemente sind im Periodensystem der Elemente (s. S. 202) zusammengefasst.

Jedes Symbol hat mehrere Bedeutungen, z. B.:
1. **Es ist das chemische Zeichen für ein Element.**
2. **Es ist das Zeichen für ein Atom des Elements.**

Ar
Element Argon — 1 Argonatom

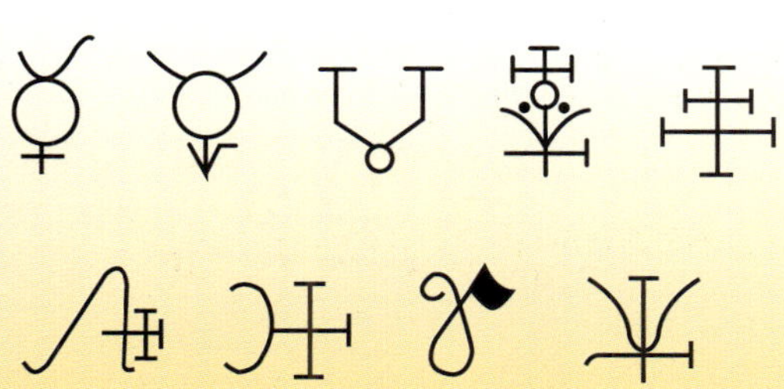

1 Alchemisten nutzten beispielsweise verschiedene Symbole für Quecksilber, um ihre Erkenntnisse geheim zu halten.

Aufgaben

1. Zeichne das rutherfordsche Kern-Hülle-Modell für ein Wasserstoffatom (1 Proton), ein Stickstoffatom (7 Protonen) und ein Aluminiumatom (13 Protonen).
2. Nenne die wesentlichen Aussagen des rutherfordschen Kern-Hülle-Modells. Erläutere, in welchen Punkten die Modellzeichnung auf keinen Fall mit der Realität übereinstimmen kann.
3. Erläutere den Begriff Außenelektronen.
4. Notiere die Bedeutung folgender chemischer Zeichen: 2 C, 5 Mg, H, N, 3 Au.
5. Definiere den Begriff „Element" und gib 10 Beispiele an, die nicht aus der Tabelle (unten) stammen. Notiere die Symbole.

Ableitung der chemischen Symbole nach BERZELIUS

deutsche Bezeichnung	englische Bezeichnung	lat. oder griech. Bezeichnung	Symbol
Argon	argon	**Ar**gon	Ar
Blei	lead	**P**lum**b**um	Pb
Eisen	iron	**Fe**rrum	Fe
Gold	gold	**Au**rum	Au
Helium	helium	**He**lium	He
Kohlenstoff	carbon	**C**arboneum	C
Quecksilber	mercury	**H**ydra**g**yrum	Hg
Sauerstoff	oxygen	**O**xygenium	O
Schwefel	sulphur	**S**ulfur	S
Stickstoff	nitrogen	**N**itrogenium	N
Wasserstoff	hydrogen	**H**ydrogenium	H
Zinn	tin	Stannum	Sn

Mosaik

Edles in der Luft – die Edelgase

„Das kann doch gar nicht sein!" verzweifelte 1894 der englische Physiker Lord John Rayleigh (1842-1919), als er die Dichte von Stickstoff bestimmte. Stammte der von ihm untersuchte Stickstoff aus der Luft, betrug seine Dichte 1,2572 g/l, stammte er dagegen aus einer chemischen Verbindung betrug sie nur 1,2505 g/l.
Sein Kollege, der Chemiker William Ramsey (1852–1916), vermutete, dass „Luftstickstoff" noch ein weiteres, bisher unbekanntes sehr reaktionsträges Gas enthalte.
Gemeinsam stellten sie Nachforschungen an und stießen dabei auf ein Experiment, dass der Chemiker Henry Cavendish (1732–1810) bereits 100 Jahre früher durchgeführt hatte: Er untersuchte Luft, die er zuerst mit einem Überschuss an Sauerstoff versetzte und dann mithilfe einer elektrischen Entladung zu Stickstoffoxid umwandelte. Trennte Cavendish den übrigen Sauerstoff und das Stickstoffoxid ab, blieb bei diesen Versuchen überraschenderweise immer noch eine kleine Gasblase – ungefähr 1/120 des ursprünglichen Volumens übrig. Für Ramsey war sofort klar, dass es sich dabei um das gesuchte Gas handeln müsse. Er wiederholte die alten Versuche, isolierte den unbekannten Stoff und bestimmte dessen Dichte mit 1,782 g/l. Das Rätsel war gelöst und ein weiterer Bestandteil der Luft war gefunden. Ramsey nannte das Gas **Argon** (griech.: *argos* = träge), da es so sehr reaktionsträge war.
Ramsey stellte eine größere Menge des Gases her, verflüssigte und destillierte es. Dabei fand er heraus, dass noch drei weitere Stoffe, Neon (griech.: *to neon* = das Neue), Krypton (griech.: *kryptos* = verborgen) und Xenon (griech.: *xenon* = fremd) in sehr kleinen Mengen in der Luft enthalten sind. Später entdeckte er auch noch das Helium (griech.: *helios* = Sonne) und Radon (lat: *radius* = Strahl) als Bestandteile der Luft (s. Tab S. 83).
All diese Elemente gehören zur Gruppe der **Edelgase,** die uns dann und wann auch im Alltag begegnen. So wird **Helium** aufgrund seiner geringen Dichte von nur 0,17 g/l als Füllgas für Wetterballons, Luftballons oder Luftschiffe (Zeppeline) verwendet. Das reaktionsträge Helium ersetzt den Wasserstoff als Ballongas, da Wasserstoff mit Luft explosive Gemische bildet (s. S. 98 ff.).
Eine ganz andere Eigenschaft des Heliums macht es zu einem idealen Zusatz für die Taucherluft. Tiefseetaucher atmen ein Gemisch aus 21 % Sauerstoff und 79 % Helium. Im Vergleich zum Stickstoff ist Helium in viel geringerem Maße in Blut löslich. Die gefürchtete Taucherkrankheit, die bei zu schnellem Auftauchen entsteht, kann dadurch vermieden werden. Würde der Taucher normale Pressluft atmen, würde sich der darin enthaltene Stickstoff ebenso wie der Sauerstoff im Blut lösen. Beim Auftauchen würde dann der Stickstoff – wie das Kohlendioxid aus einer geöffneten Mineralwasserflasche – aus dem Blut ausperlen und die Blutgefäße verstopfen.
Interessant ist auch die Wirkung des Heliums auf die Anregung der Stimmbänder: Atmet man Helium ein und spricht dann, so klingt die Stimme ungewöhnlich hoch, fast wie die einer Mickey Maus. Der hohe und quietschende Tonfall rührt daher, dass die Schallgeschwindigkeit in Helium fast doppelt so groß ist wie die in normaler Luft.

1 Edelgase begegnen dir im Alltag vor allem in Leuchststoffröhren.

2 Jeder Atemzug in 400 Meter Tiefe kostet den Taucher rund 2 €.

Aufgrund seines tiefen Siedepunktes von -268,9 °C wird Helium auch als **Kühlmittel** eingesetzt. Da das Gas viel teurer ist als Stickstoff, dessen Siedepunkt bei -196 °C liegt, wird es nur in den Fällen verwendet, wo man wirklich extrem tiefe Temperaturen benötigt (z. B. in der Medizin oder zur Kühlung von Supraleitern, die den elektrischen Strom widerstandsfrei leiten müssen).

Edelgase rufen interessante Lichteffekte hervor. So bestehen **Leuchtreklamen** häufig aus mit Edelgasen gefüllten Glasröhren. Meist spricht man von Neonröhren, obwohl mit **Neon** gefüllte Röhren nur rotes Licht liefern. Während Helium gelbes und Argon violettes Licht ergeben, erhält man mit Krypton gelb-grünes, mit Xenon blaugrünes Licht. Die Glasröhren bestehen aus einem dickwandigen Glas mit zwei eingeschmolzenen Metalldrähten.
Die luftleer gepumpte Röhre ist mit einer kleinen Menge des jeweiligen Edelgases befüllt, das durch eine Hochspannung zum Leuchten angeregt wird.
Auch in herkömmlichen Glühlampen ist ein Edelgas (85 % **Argon** im Gemisch mit 15 % Stickstoff) enthalten. Hier hat es die Aufgabe die Lebensdauer der Lampe zu verlängern, da es das Verdampfen des Wolframfadens verhindert.

Werden besonders hochwertige Schweißnähte benötigt, dann verwendet man Argon als **Schutzgas.** In einer Argonatmosphäre fehlt der Sauerstoff, der bei der hohen Temperatur der Schweißbrenner eine Oxidation der verschweißten Metalle bewirkt. Das führt zu einer geringeren Belastbarkeit der Schweißnähte.

Teurere Glühlampen und Taschenlampen enthalten als Füllgas **Krypton,** dessen schwerere Atome das Verdunsten von Wolfram noch besser verhindern und die auch die Wärme schlechter leiten. **Xenon** findet man in Lampen für Elektronenblitze oder Flutlichtanlagen (Abb. 2).

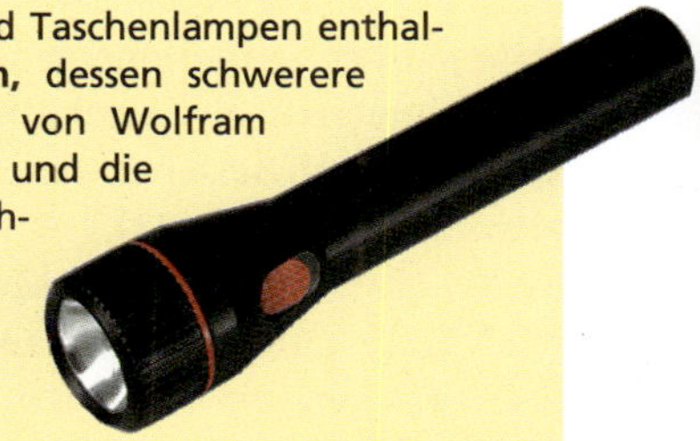

Die Edelgase können mithilfe des LINDE-Verfahrens (s. S. 58) aus der Luft gewonnnen werden. Helium gewinnt man dagegen überwiegend durch Destillation aus verflüssigtem Erdgas, das bis zu 10 % des Gases enthalten kann.
Allen Edelgasen ist eines gemeinsam: **Sie sind sehr reaktionsträge und treten in der Natur nur in Form einzelner Atome (einatomig) auf.** Daher, dass sie scheinbar zu edel sind, mit anderen Elementen zu reagieren, rührt auch die Bezeichnung Edelgase („noble gases"). Erst 1962 gelang es, eine Xenon-Fluor-Verbindung künstlich im Labor herzustellen. Ursache für die hohe chemische Beständigkeit ist der besonders stabile Aufbau der Edelgasatome. Bei den Edelgasatomen sind alle äußeren Elektronenschalen vollständig (Helium, Neon) oder mit acht Elektronen (Neon, Argon, Krypton etc.) besetzt. Die Anordnung als Elektronenoktett bzw. Achterschale ist aus energetischer Sicht außerordentlich günstig, sodass Edelgasatome nur in Ausnahmefällen Reaktionen mit anderen Atomen eingehen. Allgemein bezeichnet man eine derartige stabile Anordnung von Außenelektronen als **Edelgaskonfiguration.**

1 Helium wird auch als Kühlmittel für Magneten von Computertomografen in der Medizin eingesetzt.

2 Ohne Xenonlampen sähe die Zukunft von Hertha BSC ganz schön finster aus.

Von Molekülen und Formeln

Durch Untersuchungen weiß man, das Stickstoff und Sauerstoff nicht aus einzelnen Atomen bestehen, sondern dass bei ihnen immer zwei Atome miteinander verbunden sind. Solche Teilchen bezeichnet man als **Moleküle.** Innerhalb der Moleküle wirken zwischen den Atomen starke Anziehungskräfte (s. S. 73).
Stoffe, die aus solchen Molekülen aufgebaut sind, heißen **Molekülsubstanzen.** Sauerstoff und Stickstoff gehören dazu. Beide Stoffe sind unter Normbedingungen gasförmig, weil die Anziehungskräfte zwischen den jeweiligen Molekülen schwach sind. Daher sind die Abstände zwischen den Teilchen relativ groß, und eine ungleichmäßige freie Bewegung ist möglich. Moleküle können mithilfe der chemischen Zeichensprache durch Formeln beschrieben werden.
Die **Formeln** kennzeichnen sowohl die Molekülsubstanz als auch ein Molekül des jeweiligen Stoffes (Abb. 1).

Teilchen, die aus mindestens zwei Atomen bestehen, bezeichnet man als Moleküle. Stoffe, die aus Molekülen aufgebaut sind, heißen Molekülsubstanzen. Sie werden durch Formeln beschrieben.

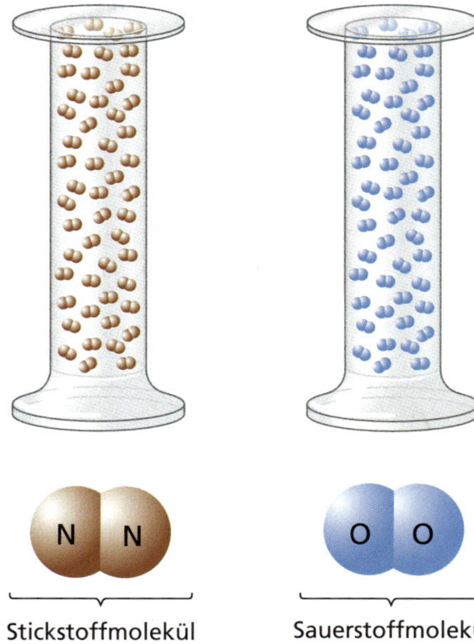

N_2 — Symbol: Element Stickstoff; tiefgestellte Zahl: 2 Atome sind im Molekül enthalten.

O_2 — Symbol: Element Sauerstoff; tiefgestellte Zahl: 2 Atome sind im Molekül enthalten.

1 Aus den Formeln kann man das Atomzahlverhältnis im Molekül und damit die Zusammensetzung der Molekülsubstanz ableiten.

Mosaik

Das Kohlenstoffdioxidmolekül

Das Gas Kohlenstoffdioxid wird von uns ausgeatmet und entsteht bei der Verbrennung fossiler Energieträger. Auch dieser Stoff ist aus Molekülen aufgebaut. Allerdings bestehen diese nicht nur aus einer Atomsorte. In Molekülen sind jeweils ein Kohlenstoffatom und zwei Sauerstoffatome miteinander verbunden.
Daraus ergibt sich die Formel CO_2. Stoffe, deren Teilchen aus mehreren Atomsorten bestehen, bezeichnet man als **Verbindungen.**

Das **Atomzahlverhältnis** in den Molekülen eines Stoffes ist konstant und entspricht der Zusammensetzung. Die chemische Formel gibt somit auch die Zusammensetzung von Verbindungen wieder.

Stoff: Kohlenstoffdioxid

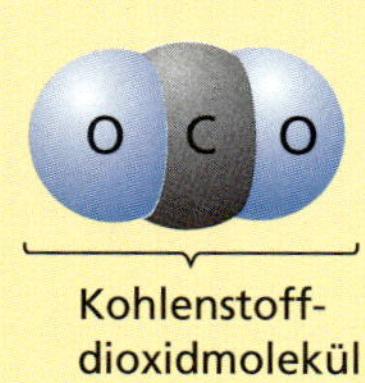

CO_2 — Element Kohlenstoff (1 Atom); Element Sauerstoff (2 Atome)

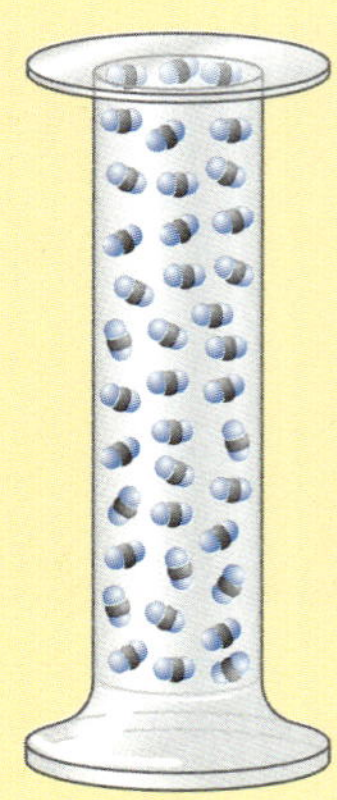

Drum prüfe, wer sich einfach bindet …

Ob sich Atome zu Molekülen verbinden, hängt von ihrer Elektronenanordnung, speziell der Zahl der **Außenelektronen** ab. Diese wird durch die **Elektronenschreibweise** verdeutlicht. Darin gibt man Außenelektronen durch Punkte an den Elementsymbolen an. Besitzt ein Atom mehr als vier Außenelektronen, werden die Elektronen paarweise durch Striche dargestellt.

Als einzelne Atome stabil sind nur die reaktionsträgen Edelgase. Die Elektronenanordnung mit zwei oder acht Außenelektronen stellt einen besonders energiearmen Zustand dar (s. Abb. 1 und 2). Deshalb streben auch die Atome der anderen Elemente danach, die **Edelgaskonfiguration** zu erreichen.

Eine Möglichkeit dazu besteht darin, sich mit anderen Atomen zu verbinden und die vorhandenen Elektronen gemeinsam zu nutzen. Das einfachste Atom, das Wasserstoffatom, enthält ein einziges Elektron. Dieser Zustand ist weniger stabil als der des Heliumatoms. Deshalb nähern sich zwei Wasserstoffatome einander so an, dass sich ihre Elektronenhüllen gegenseitig durchdringen. Durch die gemeinsame Nutzung der beiden Elektronen erreichen die Wasserstoffatome die Edelgaskonfiguration des Heliums. Die negativ geladenen Elektronen bewegen sich zwischen den positiv geladenen Atomkernen und bilden ein **gemeinsames Elektronenpaar** (Abb. 1). Es wird von beiden Atomkernen gleich stark angezogen und bewirkt die Bindung der Atome im Molekül. Man spricht deshalb auch von der **Atombindung** und dem **bindenden Elektronenpaar.** Es wird durch einen waagerechten Strich zwischen den Atomen symbolisiert.

Anders als Wasserstoffatome verfügen Stickstoffatome über 5 Außenelektronen. Um die stabile Anordnung des Neonatoms zu erreichen, müssen sogar drei gemeinsame Elektronenpaare gebildet werden (s. Abb. 2). Die drei Atombindungen führen dazu, dass Stickstoff ähnlich reaktionsträge ist wie die Edelgase.

Die Atombindung ist eine Art der chemischen Bindung, die auf der Anziehung zwischen gemeinsamen Elektronenpaaren (negativen Ladungen) und Atomkernen (positive Ladungen) beruht. Durch die Ausbildung eines oder mehrerer bindender Elektronenpaare wird eine stabile Elektronenanordnung erreicht.

Aufgabe

Begründe, warum zwischen zwei Sauerstoffatomen zwei gemeinsame Elektronenpaare ausgebildet werden.

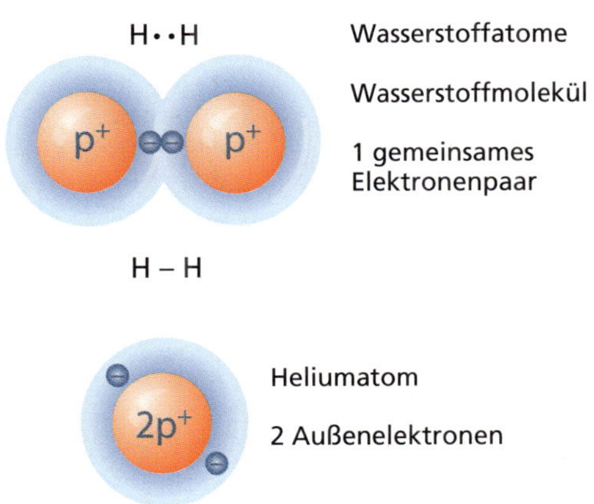

1 Im Wasserstoffmolekül nutzen beide Atome – ähnlich wie das Heliumatom - zwei Außenelektronen.

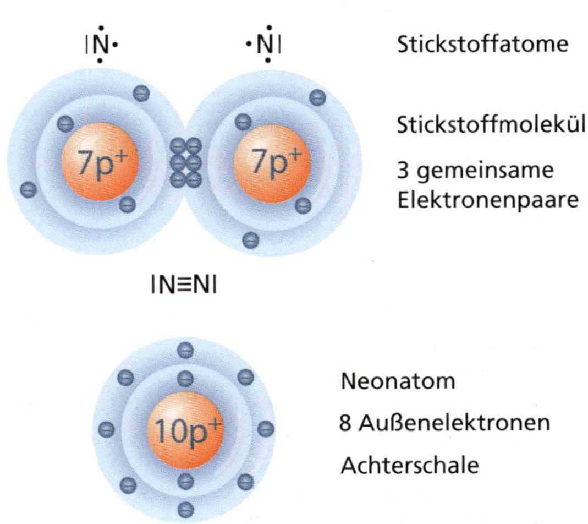

2 Im Stickstoffmolekül nutzen beide Atome – ähnlich wie das Neonatom – acht Außenelektronen.

Chemie im Kontext

Ozon – Fluch und Segen reaktiver Moleküle

In den Medien liest und hört man immer wieder vom Ozonloch, andererseits aber auch wieder von zu hohen Ozonwerten in der Luft. In der Tat ist **Ozon** in den niederen Schichten der Atmosphäre schädlich, während es in den höheren Schichten dagegen lebensnotwendig ist.
Beschreibe die Bildung und Eigenschaften von Ozon sowie die unterschiedliche Wirkung der Substanz in der Atmosphäre.

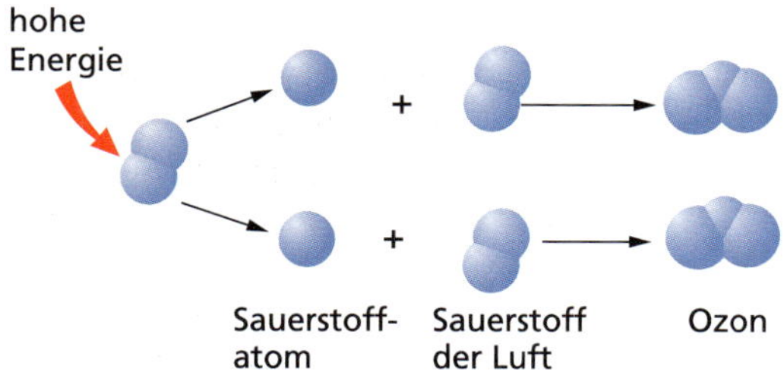

Durch elektrische Entladungen oder energiereiche Strahlung können zweiatomige Sauerstoffmoleküle in der Luft in einzelne Atome aufgespalten werden. Diese reagieren mit anderen Sauerstoffmolekülen zu **Ozonmolekülen,** die aus drei Sauerstoffatomen bestehen.
Ozon ist in reinem Zustand ein blassblaues, giftiges Gas mit charakteristischem Geruch. Es reagiert mit vielen Stoffen, die an Luft normalerweise stabil sind.

Infolge von Verbrennungsprozessen (Autos und Industrieprozesse) werden zunehmend Luftschadstoffe wie Stickstoffoxide an die Atmosphäre abgegeben. Aus Stickstoffoxiden und Luftsauerstoff entsteht besonders im Sommer unter Sonneneinstrahlung verstärkt Ozon (Abb. 1).
Durch hohe Ozonanteile in der Atemluft kann der Sauerstofftransport im Blut negativ beeinflusst werden, und es treten Reizungen der Schleimhäute auf. Ab einer Konzentration von 180 µg Ozon pro m^3 Luft wird deshalb **Ozonalarm** ausgelöst.

In den höheren Luftschichten (20 bis 35 km) erfüllt Ozon dagegen eine lebenswichtige Funktion. Durch Wechselwirkung von Sauerstoffmolekülen mit der UV-Strahlung der Sonne bildet sich in der Stratosphäre eine stabile Ozonschicht aus. Diese schützt die Lebewesen auf der Erdoberfläche vor der energiereichen UV-Strahlung.
Leider gelangen durch menschliche Aktivitäten Stickstoffoxide aus Flugzeugabgasen, Fluorchlorkohlenwasserstoffe (FCKW) und andere Schadstoffe in die Stratosphäre. Diese reagieren mit den Ozonmolekülen und bewirken dadurch einen Abbau der Ozonschicht. Unter bestimmten Bedingungen spricht man sogar von einem **Ozonloch.** Dadurch gelangt energiereiche Strahlung bis auf die Erdoberfläche und schädigt die Gesundheit der Erdbewohner.

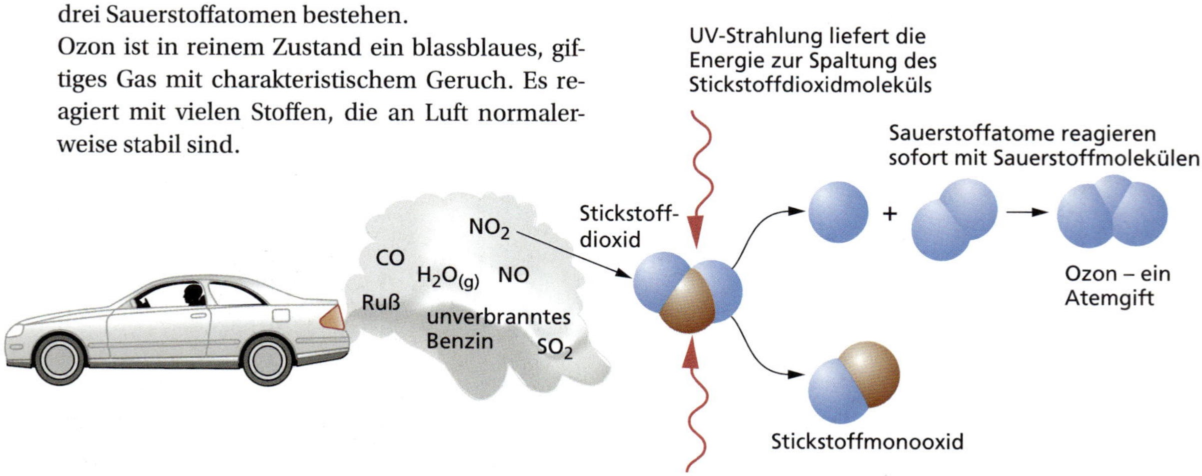

1 Sowohl die Stickstoffoxide als auch Ozon sind Atemgifte. Das Gemisch der Reizgase nennt man Sommersmog.

gewusst · gekonnt

1. Ergänze dein Glossar um folgende Begriffe:

Glossar

Atom
Atombindung
Außenelektron
Edelgaskonfiguration
Element
Formel
gemeinsames Elektronenpaar
Molekül
Symbol

2. Könnte man mit einem Ballon, der mit Sauerstoff (gleiche Temperatur wie die Luft der Umgebung) gefüllt ist, in die Atmosphäre aufsteigen? Begründe deine Antwort und gib an, welche anderen Gase sich als Ballongase eignen.

3. Begründe, warum ein Atom nach außen elektrisch neutral ist, obwohl es geladene Elementarteilchen enthält.

4. Erstelle eine Präsentation über die Entwicklung der Modellvorstellungen vom Bau der Atome.

5. Bringt man eine brennende Kerze in ein geschlossenes Gefäß, dann sind folgende Beobachtungen (s. Abb.) zu registrieren. Welche Schlussfolgerungen können aus diesen Beobachtungen gezogen werden?

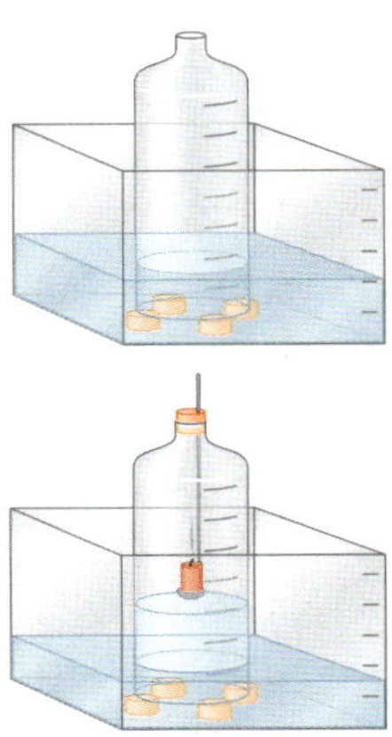

6. Neon gehört zu den Edelgasen.
   a) Erläutere den Begriff Edelgaskonfiguration.
   b) Erstelle eine tabellarische Übersicht zu den Anwendungen der Edelgase und gib an, auf welchen Eigenschaften die Anwendung beruht.

7. Interpretiere die Formeln folgender Molekülsubstanzen: Kohlenstoffmonooxid (CO), Schwefeldioxid (SO_2), Distickstoffmonooxid (N_2O), Bortrichlorid (BCl_3) und Ozon (O_3). Erläutere die Bedeutung der Silben mono, di, tri usw. Informiere dich, unter welchen Voraussetzungen man diese weglassen kann.

8. Beschreibe den Molekülbau des Stickstoffmoleküls, des Sauerstoffmoleküls und des Kohlenstoffmonooxidmoleküls. Leite jeweils die Formeln in Elektronenschreibweise ab.

9. Vergleiche den Bau eines Sauerstoffatoms mit dem Bau eines Argonatoms. Erkläre, warum Sauerstoff in der Natur molekular, Argon dagegen atomar vorkommt.

10. In den letzten Jahren ist immer wieder vom „Ozonloch" (siehe Abb.) die Rede.
Gib entsprechende Daten an. Nutze dazu z. B. das Internet.
Stelle in einer Übersicht Ursachen und Auswirkungen dieser Erscheinung zusammen.

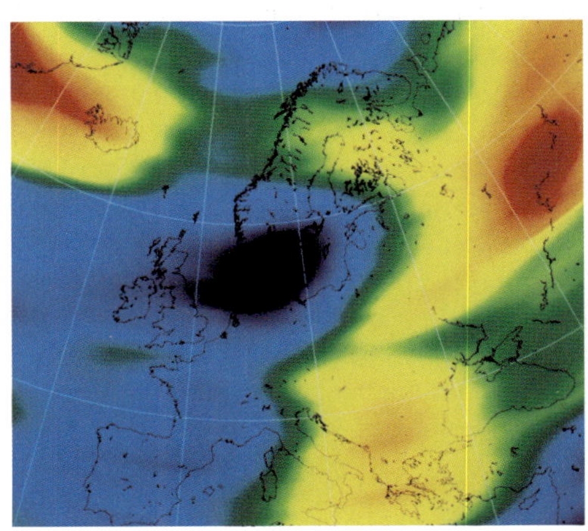

summa summarum

Luft – ein interessantes Stoffgemisch

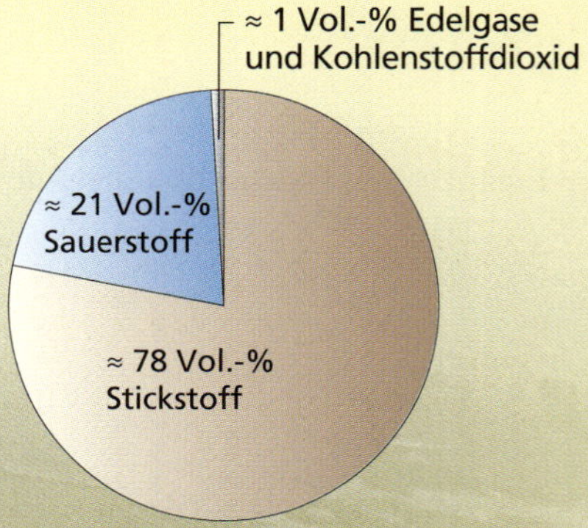

Luft
Luft ist ein Stoffgemisch aus verschiedenen Gasen. Die Hauptbestandteile der Luft sind Stickstoff und Sauerstoff. Stickstoff, Sauerstoff und die Edelgase sind Elementsubstanzen.

Vom Atom zum Molekül

Atome bestehen aus einem massereichen, positiv geladenen Atomkern und einer fast masselosen, negativ geladenen Atomhülle.
Die Elektronen sind auf bis zu **7 Elektronenschalen** verteilt.
Stoffe, die nur aus Atomen mit gleicher Protonenzahl bestehen, nennt man **Elemente.** Sie werden in der chemischen Zeichensprache durch **Symbole** dargestellt.

Schalenmodell
(Stickstoffatom)

Atomhülle
zwei besetzte Elektronenschalen:
K-Schale ($2\,e^-$)
L-Schale ($5\,e^-$)

Atomkern
mit 7 Protonen

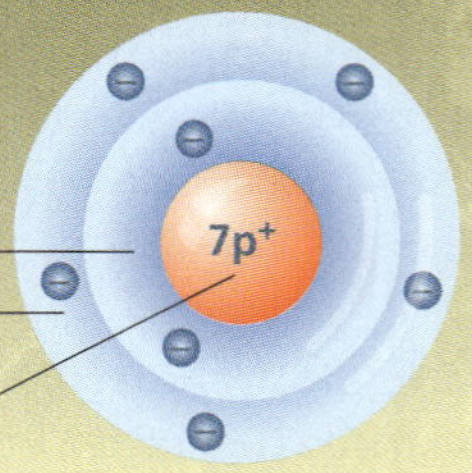

Moleküle bestehen aus zwei oder mehr Atomen, die durch Atombindung miteinander verknüpft sind.
Die **Atombindung** beruht auf der Ausbildung **gemeinsamer Elektronenpaare** und dem Bestreben der Atome, eine stabile Elektronenanordnung zu erreichen.
Durch chemische **Formeln** wird das konstante Atomzahlverhältnis in Molekülen wiedergegeben. Darüber hinaus kennzeichnet die Formel den jeweiligen Stoff und seine Zusammensetzung.

Sauerstoff

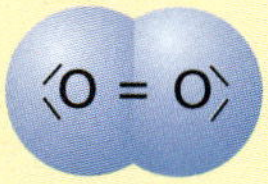

Sauerstoffmolekül

O_2 – Element Sauerstoff; 2 – 2 Atome sind im Molekül

Kohlenstoffdioxid

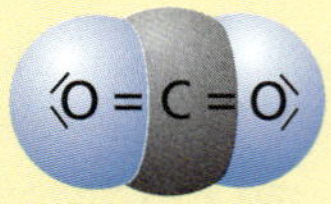

Kohlenstoffdioxidmolekül

CO_2 – C: Element Kohlenstoff (1 Atom); O_2: Element Sauerstoff (2 Atome)

Hinweise für die Arbeit in Projekten

Bei der Bearbeitung eines Themas in Form eines Projektes geht es darum, dass ihr ein Thema weitgehend selbstständig bearbeitet. Konkret heißt das:

- Ideen zum Thema zu entwickeln,
- Aufgaben zu stellen, die in Gruppen möglichst selbstständig bearbeitet werden können,
- das Thema von unterschiedlichen Seiten zu betrachten.

Damit das Projekt auch ein Erfolg wird, geht man am besten schrittweise vor.

1. Schritt

Ideenmarkt

Alles was zum Thema passt wird „auf den Tisch gepackt“. Aus der Fülle der Ideen werden die zu bearbeitenden Themenbereiche ausgewählt und der jeweiligen Gruppe zugeteilt.

2. Schritt

Arbeitsplan

Jede Gruppe stellt für sich einen Arbeitsplan auf. Dieser Arbeitsplan sollte folgende Punkte unbedingt enthalten:

- Welche Fragen sollen in der Gruppe zum ausgewählten Themenbereich beantwortet werden?
- Welche Materialien/Medien sollen genutzt werden?
- Welche Methoden sollen bei der Informationsbeschaffung angewendet werden?
- Welche Experimente möchte die Gruppe durchführen?
- Wer ist für welchen Bereich bzw. für welche Frage zuständig?
- Welcher zeitliche Rahmen steht zur Verfügung?
- Wie sollen die Ergebnisse dargestellt werden?

3. Schritt

Arbeit am Projekt

Setze den Arbeitsplan um. Wenn Fragen bei der Arbeit auftreten, versucht sie zunächst selbstständig zu lösen. Anderenfalls kann man sich an den Lehrer wenden.

4. Schritt

Ergebnispräsentation vor den Mitschülern

Hierbei muss man beachten, dass sich die Mitschüler mit anderen Fragestellungen beschäftigt haben.

Deshalb muss die Darstellung in kurzer und logischer Form erfolgen. Nur so können die anderen Mitschüler die Versuche und Ergebnisse verstehen und die gewonnenen Erkenntnisse nachvollziehen.

5. Schritt

Zum Abschluss des Projekts kann z. B. eine Wandzeitung angefertigt werden. Die anderen Schüler können dann sehen, womit sich die Klasse beschäftigt hat und zu welchen Ergebnissen sie gekommen ist.

Projektstruktur

Projektidee:
z. B. Luft – der Stoff, der uns umgibt

Projektplan:
z. B. Recherchieren, wie und wo Luft in der Natur, in der Technik und im Alltag eine Rolle spielt

Projektdurchführung:
z. B. Experimentieren, Expertenbefragung, Arbeit mit Nachschlagewerken. Surfen im Internet, Diskussion der Ergebnisse

Projektpräsentation:
z. B. Anfertigen einer Anschauungstafel oder eines Posters; Halten eines Vortrags (auch als Power-Point-Präsentation möglich)

Präsentieren von Informationen

Ergebnisse deiner Arbeit zu einem Thema oder Ergebnisse, die ihr in einer Gruppe erarbeitet habt, sollen allen Mitschülern vorgestellt werden. Das kann z. B. durch einen Vortrag, eine Wandzeitung oder eine Internetseite geschehen.

Vorbereiten und Halten eines Vortrags

Wenn du einen Vortrag halten oder als Teamsprecher die Ergebnisse der Gruppenarbeit vortragen sollst, sind folgende Tipps hilfreich.

1. Schritt

Vorbereiten eines Vortrags

- Überlege dir, was alles zum Thema gehört. Nutze dazu verschiedene Informationsquellen (s. unten).
- Gliedere den Vortrag in Abschnitte.
- Schreibe dir Schwerpunkte in Kurzform (in Stichwörtern) auf.
- Überlege dir, was du an die Tafel oder auf Folien schreibst.
- Bereite gegebenenfalls Versuchsaufbauten vor und stelle Geräte bereit.

2. Schritt

Halten eines Vortrags

- Nenne und zeige die Gliederung (Tafel, Folie).
- Wecke am Anfang des Vortrags Interesse und Neugier und nenne das Thema. (Beginne beispielsweise mit „Wusstet ihr überhaupt, dass ...?" oder „Hättet ihr gedacht, dass ...?")
- Leite neue Absätze deutlich ein, z. B. mit „Ein weiterer Punkt ist ..." oder „Als nächstes ...".
- Sprich in kurzen Sätzen.
- Verwende nur Fachbegriffe, die du auch selbst erklären kannst.
- Bemühe dich, laut, langsam und deutlich zu sprechen. Schaue deine Zuhörer an.
- Achte auf die Zeit. Schließe den Vortrag mit einer kurzen Zusammenfassung ab.

Der Treibhauseffekt

1. Einleitung
2. Natürlicher Treibhauseffekt
   - 2.1. Ursachen
   - 2.2. Wirkung
3. Anthropogener Treibhauseffekt
   - 3.1. Treibhausgase
   - 3.2. Anthropogene Quellen
   - 3.3 Maßnahmen zur Reduzierung des anthropogenen Treibhauseffekts
4. Auswirkungen des Treibhauseffektes auf das Klima
   - 4.1 Entwicklung der Erdatmosphäre
   - 4.2. mögliche zukünftige Szenarien
5. Zusammenfassung

Informationsquellen

- elektronische Medien: Film, Fernsehen, CD-ROMs
- Literatur: Lexika, Sachbücher, Zeitschriften
- Schulbücher: Lehrbücher, Tabellenwerke, Schülerlexika
- Internet: Suchmaschinen, Direktsuche, z.B. www.schuelerlexikon.de

Anfertigen eines Posters

Wandzeitungen oder Poster fallen auf. Sie sind geeignet, um sachliche Informationen, Versuchsergebnisse oder den Verlauf und die Ergebnisse eines Projekts darzustellen. Meist wählt man dafür den Fachraum oder den Schulflur. Damit man sofort erkennt, worum es geht, hier ein paar Tipps:

- Jedes Poster hat eine Überschrift, die sofort über den Inhalt informieren und Neugier beim Betrachter wecken soll.
- Verwende viele Abbildungen, einfache grafische Darstellungen und Skizzen, aber nur so viel Text wie nötig.
- Ordne die Inhalte übersichtlich an.
- Kennzeichne, was inhaltlich zusammengehört, mit gleichen Schriftarten, Farben und Formen.
  Achte jedoch darauf, dass das Poster nicht überladen wirkt.
- Nenne deine Informationsquellen.
- Teste die Lesbarkeit aus einer größeren Entfernung.

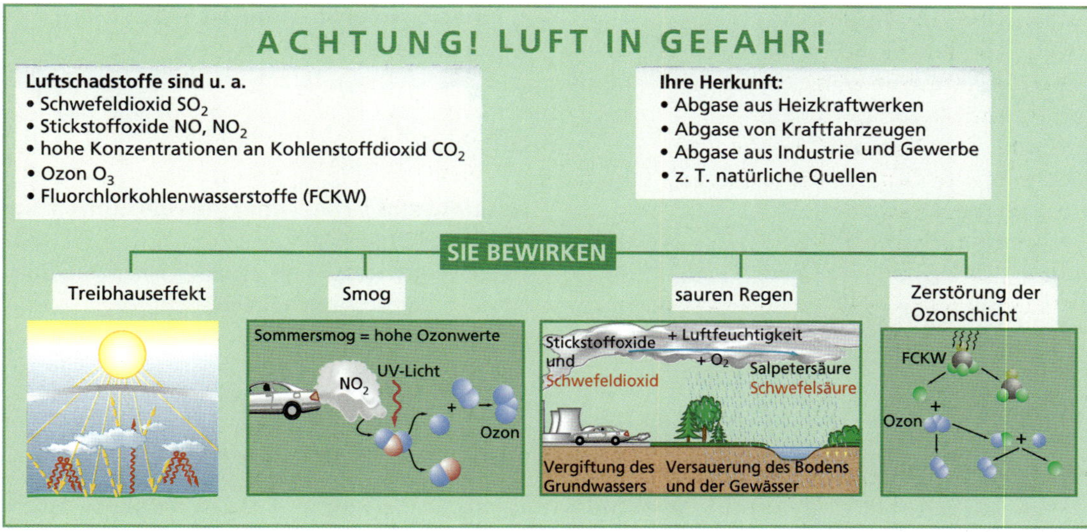

Präsentation mithilfe des Computers

Wenn du mit dem Computer arbeiten willst, so solltest du gefundenes Zahlenmaterial über ein Tabellenkalkulationsprogramm zusammenstellen und in Form von Diagrammen veranschaulichen. Mit Präsentationsprogrammen kann man einen Vortrag mit Folien, die – mit einem Rechner und Beamer projiziert – sogar schrittweise entstehen können, optisch begleiten.

Besitzt die Schule eine eigene Homepage, können die Ergebnisse auch dort präsentiert werden. Für die Gestaltung von Webseiten gelten die gleichen Hinweise wie für die Anfertigung eines Posters. Vorteil beim Web: Es können Animationen, Videos oder Audios eingebaut werden.

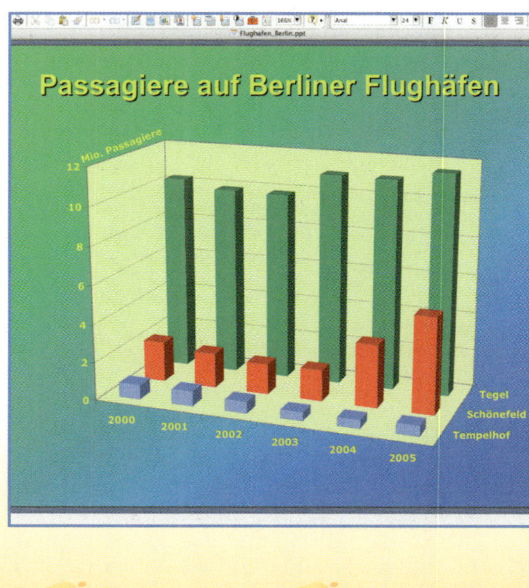

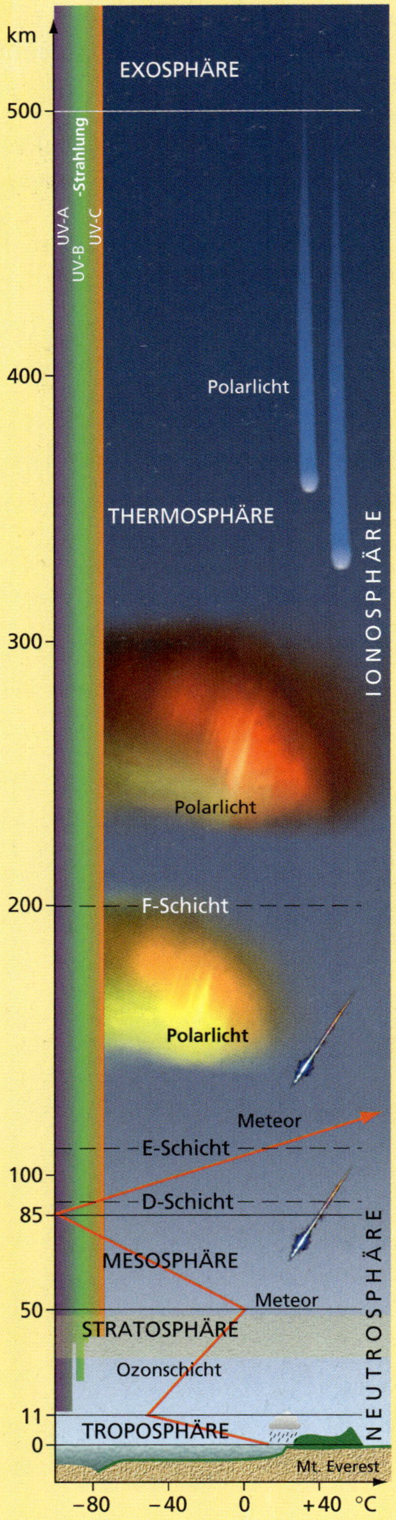

Luft – der Stoff, der uns umgibt

Obwohl man Luft weder sehen, riechen, fühlen, noch schmecken kann, weiß jeder, dass ein Leben ohne dieses Stoffgemisch auf der Erde nicht denkbar ist. Die Lufthülle unserer Erde heißt **Atmosphäre** und besteht aus mehreren Schichten. Allerdings sind 75 % der Luftmassen in einer ca. 11 km dicken Schicht über dem Boden enthalten. In dieser Troposphäre (s. Abb. links) spielt sich das gesamte Wettergeschehen ab.

1. *Informiere dich über die Bedeutung der Ozonschicht in der Stratosphäre für das Leben auf der Erde.*

Luftdruck

Der **Luftdruck** ist der Druck, den die Atmosphäre auf unsere Erde ausübt.
Die Eigenschaft der Luft, Druck auszuüben, führt zu vielen interessanten Erscheinungen.

S Experiment:

Aufgabe:
Teste, ob es möglich ist, eine Plastflasche zu zerdrücken, ohne direkt mechanisch auf sie einzuwirken.
Vorbereitung:
Geräte: Plastflasche mit Schraubdeckel
Chemikalien: warmes Wasser
Durchführung:
Fülle warmes Wasser in die Flasche. Fühle, ob die Flasche warm geworden ist. Gieße das Wasser aus und schraube den Deckel sofort zu.
Beobachtung und Auswertung:
Beobachte, während die Flasche abkühlt.
Notiere und erkläre die Beobachtungen.

Der Luftdruck ist messbar und wird mit einem Barometer bestimmt. Er spielt für Wettervoraussagen eine wesentliche Rolle.

2. *Informiere dich über den Zusammenhang von Luftdruck und Wetter und stelle ihn mithilfe geeigneter Abbildungen und Skizzen dar.*

Zusammensetzung der Luft

Die **Zusammensetzung** des Stoffgemischs Luft ergibt sich aus dem Zusammenwirken biologischer und chemischer Prozesse auf der Erde. Im Laufe der Jahrmillionen dauernden Entwicklung unseres Planeten veränderte sich die Zusammensetzung mehrfach.
Für die Menschheit ist es jedoch wichtig, dass die Konzentrationen der Luftbestandteile in der Atmosphäre weitgehend konstant bleiben.

Mittlere Zusammensetzung von trockener Luft in der Troposphäre (Volumenanteile in Prozent)

Stickstoff	78,08
Sauerstoff	20,95
Argon	0,933
Neon	0,001 8
Helium	0,000 5
Krypton	0,000 1
Xenon	0,000 009
Kohlenstoffdioxid	0,036
Methan	0,000 17
Distickstoffmonooxid	0,000 03
Kohlenstoffmonooxid	0,000 02
Ozon	0,000 001

1. *Erstelle ein Säulendiagramm, das den Anteil der vier wichtigsten Bestandteile der Luft widerspiegelt.*
2. *Informiere dich über die Veränderung des Kohlenstoffdioxidgehalts innerhalb der letzten 200 Jahre in der Atmosphäre. Erstelle eine Präsentation zum Treibhauseffekt in der Atmosphäre.*

Luftfeuchtigkeit

Neben den genannten Gasen sind in der Atmosphäre wechselnde Mengen Wasserdampf enthalten. Er wird als **Luftfeuchtigkeit** bezeichnet. Die maximale Menge an Wasserdampf, die in Abhängigkeit von der jeweiligen Temperatur aufgenommen werden kann, nennt man maximale Luftfeuchtigkeit.

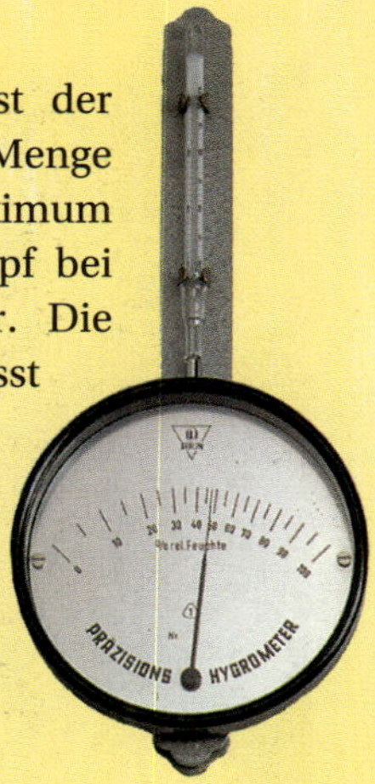

Die relative Luftfeuchtigkeit ist der Quotient aus der vorhandenen Menge an Wasserdampf und dem Maximum an aufnehmbarem Wasserdampf bei einer bestimmten Temperatur. Die (relative) Luftfeuchtigkeit misst man mit einem Hygrometer. In ihm verändert ein Haar durch den Einfluss von Feuchtigkeit seine Länge. Dieser Vorgang wird über Feder und Zeiger auf die Skala übertragen.

1. *Informiere dich in der Tageszeitung, in Reisekatalogen oder im Internet über die Werte relativer Luftfeuchtigkeit in deiner Region und in tropischen Gebieten in den unterschiedlichen Jahreszeiten.*
2. *Begründe anhand des Baus des Wassermoleküls, warum man Wasser ebenfalls zu den Treibhausgasen in der Atmosphäre zählt.*

Luftschadstoffe

Die Luft, durch die wir existieren, unterliegt in ihrer Zusammensetzung Schwankungen.
Durch die Verbrennung von Erdöl, Erdgas und Kohle, durch Auto- und Flugzeugabgase und die zunehmende Industrialisierung werden Schadstoffe an die Atmosphäre abgegeben. Weitere anthropogene Quellen von Luftschadstoffen sind die Massentierhaltung und die Verwendung von Chemikalien. Aber auch natürliche Quellen tragen zur Belastung bei. Bei jedem Gewitter oder Waldbrand entstehen ebenfalls **Schadstoffe.** Der Anteil an solchen Schadstoffen wird regelmäßig gemessen und bewertet.

1. *Befrage örtliche Behörden über die Luftqualität in deinem Bundesland und in deinem Heimatort. Informiere dich über die Ursachen der Verschmutzungen und über die Wirkung von Luftschadstoffen auf Organismen und auf Gebäude. Nutze dazu das Internet, z. B. www.schuelerlexikon.de.*

1 Welche Staubbelastung gibt es auf dem Schulhof und im Schulumfeld

Staub stellt eine Belastung der Luft dar. Als Staub bezeichnet man in der Luft schwebende feste Bestandteile. Sie müssen nicht immer sichtbar sein.

S Experiment:

Aufgabe:
Stelle eine Staubkarte (Grundriss-Skizze des Untersuchungsgebietes mit Legende) her.
Vorbereitung:
Materialien: Glasband, Glasgefäß (Durchmesser kleiner 10 cm), Lupe, Millimeterpapier
Durchführung:
Bespanne das Glasgefäß mit Glasband so, dass der Klebeteil nach oben zeigt.
Stelle mehrere so präparierte Gläser an verschiedenen Stellen der Stadt auf (Verweildauer der Proben am Messort = 24 h). Klebe dann den Glasbandstreifen mit Staub auf Millimeterpapier und zähle die Staubpartikel pro Quadratzentimeter mithilfe der Lupe aus.
Beobachtung und Auswertung:
a) Fasse ähnliche Werte zu Gruppen zusammen (z. B. geringe Staubbelastung, mittlere Staubbelastung, hohe Staubbelastung).
Ordne den Werten Farben zu und zeichne die Ergebnisse in eine Karte ein.
b) Überlege, ob solche Staubmessungen in der Schule oder im schulischen Umfeld praktische Bedeutung haben könnten.

Einer der häufigsten Luftschadstoffe ist **Schwefeldioxid,** das in großen Mengen als Nebenprodukt bei Verbrennungsprozessen anfällt.

L Experiment:

Aufgabe:
Beobachte die Wirkung von Schwefeldioxid auf Pflanzen.
Vorbereitung:
Geräte und Chemikalien: 2 Zimmergewächshäuser, Verbrennungslöffel, Schwefel, Pflanzenmaterial
Durchführung:
Bringe verschiedene Pflanzen (Salat, Rettich, Kresse usw.) zur Keimung und setze sie auf die beiden Zimmergewächshäuser verteilt ein.
Ein Verbrennungslöffel mit brennendem Schwefel wird fünf Sekunden lang in einen der Behälter gehalten. (Vorsicht! Unter dem Abzug arbeiten!)
Das Einbringen des Schwefeldioxides wird nach fünf Tagen wiederholt.
Beobachtung und Auswertung:
Führe Protokoll! Notiere in einer Tabelle, welche Pflanzen verwendet worden sind.
Beobachte die Entwicklung der Pflanzen in beiden Gewächshäusern täglich und beschreibe die Veränderungen.

Neben dem Schwefeldioxid sind die Stickstoffoxide wesentliche Luftschadstoffe. Hauptquellen sind auch hier Kraftwerke, Flugzeuge und der Autoverkehr.

S Experiment:

Ermittle mithilfe eines Gasspürgerätes die Belastung der Luft durch Schwefeldioxid, Stickstoffoxide und Ozon.
Wähle dazu geeignete Standorte aus.

2. *Erarbeitet in der Arbeitsgruppe einen Fragebogen, mit dem ihr ermitteln könnt, welche Verkehrsmittel von den Schülern eurer Schule in der Freizeit am häufigsten genutzt werden und wertet ihn aus.*

3 Wasser – Element oder Verbindung?

3.1 Wasser – Quelle des Lebens

Lebensraum Wasser

Ein sauberes Gewässer bietet immer unterschiedlichen Pflanzen und Tieren einen Lebensraum. Beobachtet man einen See oder Teich im Sommer, kann man z. B. Frösche entdecken. Im Winter, wenn das Gewässer zugefroren ist, sind diese Tiere nicht zu sehen. Einige Arten überwintern am Gewässergrund.
Warum können Frösche im Wasser den Winter überleben?

Unser blauer Planet

Der Blick aus dem Weltraum auf unsere Erde zeigt, dass drei Viertel unseres Planeten von Wasser bedeckt sind. Trotzdem gibt es Gebiete, in denen Wassermangel herrscht. Wasser ist jedoch für alle Organismen der Erde lebenswichtig. Der Mensch muss täglich zwei bis drei Liter Trinkwasser zu sich nehmen.
Warum ist das so wichtig? Welche Funktionen hat Wasser?

Ein kristallklares Lebensmittel

Das Wasser, das für die Trinkwasserversorgung aus Brunnen gefördert wird, erscheint uns als kristallklare, geruchs- und geschmackfreie Flüssigkeit. Dennoch wird die Qualität in den Wasserwerken regelmäßig überprüft.
Warum darf anscheinend sauberes Wasser nicht ohne Kontrolle getrunken werden?

Multitalent Wasser

Ein Blick auf den Globus zeigt, dass auf der Erde riesige Wassermengen existieren. Aber nicht nur die Ozeane und Eisflächen der Pole enthalten **Wasser.** Auch in der Atmosphäre, in Flüssen, Seen und sogar unterhalb der Erdoberfläche findet man das kostbare Nass.
Zwischen den Bereichen wird ständig Wasser ausgetauscht. In diesen Kreislauf des Wassers (s. S. 91) ist auch das Wasser in den Lebewesen mit einbezogen.
Wasser ist nicht nur ein wichtiger Lebensraum vieler Organismen, sondern für viele biochemische Vorgänge unverzichtbar (Abb. 1).
Deshalb besteht der Körper des Menschen zu ca. zwei Dritteln aus Wasser. Mit der Nahrung nehmen wir täglich bis zu drei Liter Wasser auf, um den Verlust durch Schweiß und Urin auszugleichen. Für Hygiene und Reinigungszwecke verbraucht ein Bundesbürger sogar über 100 Liter Wasser pro Tag (s. Tab.).
Auch für alle anderen Lebewesen ist Wasser ein lebensnotwendiger Stoff (s. Exp., Abb. 1). Ohne Wasser hätte sich die Erde völlig anders entwickelt und wäre unbewohnbar.

In der Natur wird Wasser als Lebensraum für Organismen, Löse- und Transportmittel, Ausgangsstoff für chemische Reaktionen und als Quellungsmittel genutzt.

Noch mehr Wasser verbraucht der Mensch in der **Industrie** und **Landwirtschaft.** Im Produktionsprozess dient Wasser ebenfalls als Ausgangsstoff, aber auch als Hilfsstoff oder Kühlmittel. So sind für die Erzeugung einer Tonne Stahl über 200 m^3 Wasser erforderlich, für eine Tonne weißes Papier sogar bis zu 1000 m^3.
In der Technik nutzt man jedoch meist kein Trinkwasser, sondern preiswerteres Brauchwasser, an das weniger hohe Anforderungen gestellt werden.
Trotzdem fallen in Haushalten und in der Industrie große Mengen an Abwasser an. Diese müssen aufwändig gereinigt werden, bevor sie wieder in die Umwelt gelangen.

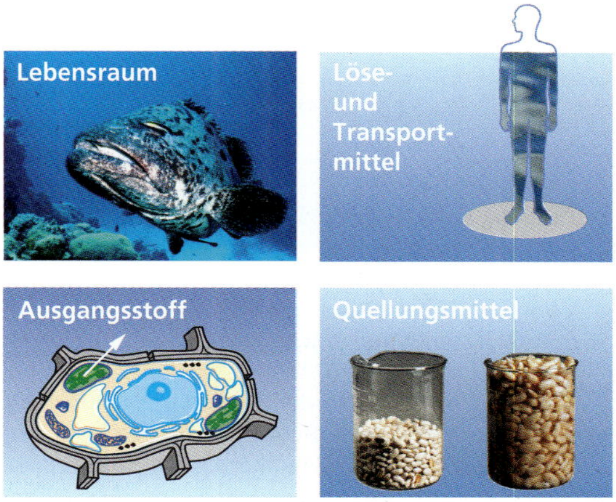

Durchschnittlicher Wasserverbrauch im Haushalt	
Verwendung	**täglicher Verbrauch pro Person**
persönliche Hygiene	61 l
WC-Spülung	34 l
Geschirrspülen	8 l
Reinigung der Wohnung, Auto, Garten	8 l
Speisen- und Getränkezubereitung	8 l
Sonstiges	9 l

S Experiment

Aufgabe:
Führe das in der Abbildung dargestellte Experiment selbständig durch. Fordere *Geräte* und *Chemikalien* beim Lehrer an.

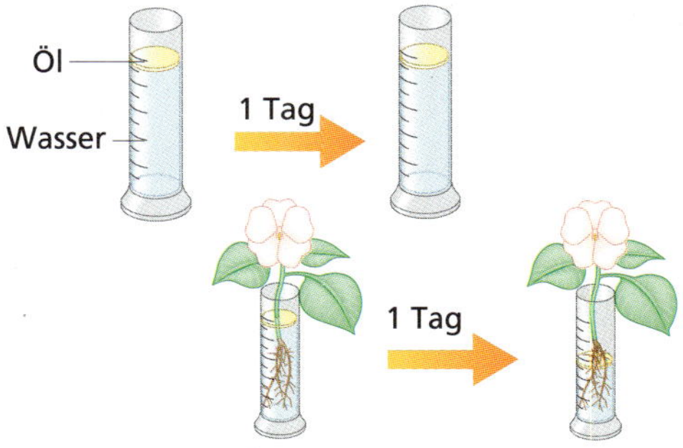

Beobachtung und Auswertung:
Notiere deine Beobachtungen. Wie nehmen Pflanzen Wasser auf?

Mosaik

Trinkwasser und Abwasser

Obwohl auf der Erde fast 1,5 Mrd. km^3 Wasser vorhanden sind, ist **Trinkwasser** ein kostbares Gut. Über 97 % des Wassers sind nämlich Salzwasser. Vom Süßwasser ist der größte Teil im Polareis gebunden, sodass nur ungefähr 0,5 % als Trinkwasser nutzbar sind.

Da Trinkwasser unser wichtigstes Lebensmittel ist, werden daran ganz besondere Anforderungen gestellt. Es soll klar, geruchlos und geschmackfrei sein und darf keine Krankheitskeime enthalten. Ebenso dürfen bestimmte Grenzwerte an gelösten Stoffen nicht überschritten werden (z. B. nicht mehr als 50 mg Nitrat oder 0,4 mg Blei pro Liter). Schon etwa 1 cm^3 Mineralöl kann 1 m^3 Wasser so schwer belasten, dass es als Trinkwasser unbrauchbar ist. Deshalb wird die Qualität des Wassers, das als Trinkwasser verwendet werden soll, regelmäßig kontrolliert.

In Deutschland erfolgt die Trinkwassergewinnung aus dem Grundwasser (Abb. 1) oder in einem etwas aufwendigeren Prozess aus Flüssen und Seen (ohne Abb.).

1. Aus dem Grundwasser

Tiefbrunnen: Bohrungen dringen bis zu den Grundwasserschichten vor.

Kiesfilter: Wasser aus den Tiefbrunnen wird durch Kies filtriert, um Verunreinigungen zu entfernen.

Aktivkohlefilter: Wasser aus dem Kiesfilter wird von den eventuell vorhandenen feinsten Verunreinigungen befreit.

2. Aus Flüssen und Seen

Niederschlagswasser füllt als Oberflächenwasser Seen und Flüsse.

Absetzbecken: Unlösliche Verunreinigungen setzen sich als Schlamm ab.

Sickerbecken: Wasser aus dem Absetzbecken sickert durch den Grund des Sickerbeckens bis in das Grundwasser. Es wird dabei durch Gesteins-, Sand- und Kiesschichten gereinigt.

Sammelrohre: Sie fangen das Grundwasser auf und führen es dem Tiefbrunnen zu.

Tiefbrunnen: Pumpen befördern das Wasser in das Wasserwerk.

Desinfektionsbecken: Durch Zusatz von Chlorverbindungen bzw. Ozon werden die im Wasser enthaltenen Mikroorganismen abgetötet.

Flockungsbecken: Dem Wasser werden Chemikalien zugesetzt, die mit den Schadstoffen unlösliche Reaktionsprodukte bilden. Diese setzen sich auf dem Grund des Beckens ab.

Kiesfilter: Wasser aus dem Flockungsbecken wird durch Kies filtriert.

Aktivkohlefilter: Wasser aus dem Kiesfilter wird von weiteren Verunreinigungen befreit.

Der größte Teil des Trinkwassers wird in Haushalten nicht als Nahrungsmittel sondern für Reinigungszwecke verbraucht (s. Tab. S. 85). Dabei kommt es darauf an, den kostbaren Stoff so sparsam wie möglich zu verbrauchen, z. B. durch Nutzung Wasser sparender Waschmaschinen oder Spülstopps von Toilettenspülungen.

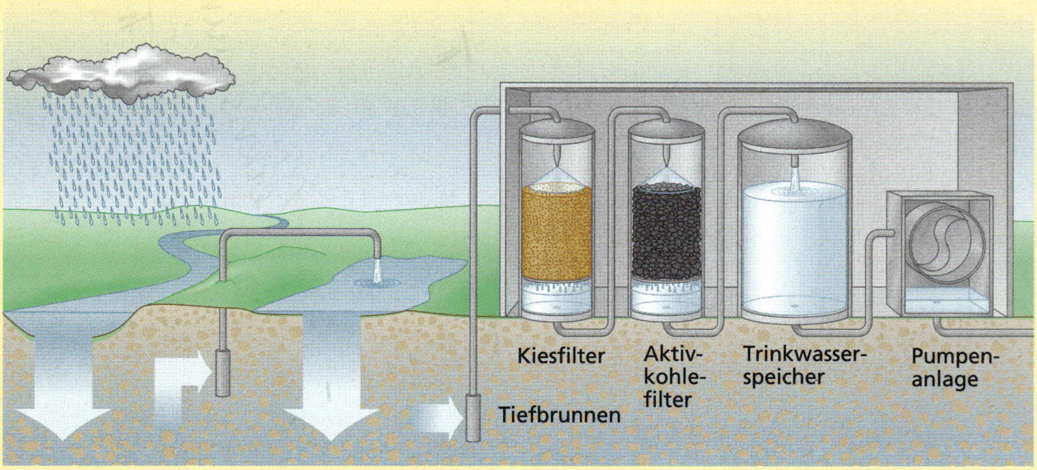

1 Trinkwassergewinnung aus dem Grundwasser

Mosaik

Wasser, das im Haushalt, in der Industrie und in der Landwirtschaft genutzt wurde, wird durch Verunreinigungen zu **Abwasser.**
Geht man von einem durchschnittlichen Verbrauch von 128 l pro Person und Tag aus, würden allein bei einer Stadt von 100 000 Einwohnern ca. 12,8 Millionen Liter Abwasser pro Tag anfallen. Hinzu kommen noch beträchtliche Mengen aus Industrie und Wirtschaft.
Zum **Schutz unserer Gewässer** muss Abwasser in Kläranlagen so behandelt werden, dass es in das Oberflächenwasser zurückgelangen kann, ohne dort das biologische Gleichgewicht zu stören. Durch Verbesserung der Aufbereitungsverfahren und den Anschluss fast aller Haushalte an Kläranlagen gelingt es mehr und mehr, die Qualität des Oberflächen- und Grundwassers zu erhöhen.
Haushaltsabwässer sind hauptsächlich durch Speisereste, Wasch- und Spülmittel, Fäkalien sowie andere Schmutzteilchen verunreinigt. Diese Verunreinigungen werden in kommunalen Kläranlagen (Abb.) in drei Reinigungsstufen aus dem Abwasser entfernt.

1. Mechanische Reinigung
Abwasserzufluss mit Rechen: Grobe Verunreinigungen werden zurückgehalten.
Sandfang: Abwasser fließt langsam durch das Becken, erdige Bestandteile setzen sich ab.
Absetzbecken: Auch die feinsten unlöslichen Verunreinigungen setzen sich als Schlamm ab.
Der Schlamm wird in den *Faulbehälter* gepumpt. Das sich dort bildende Biogas wird in Gasometern gesammelt.

2. Biologische Reinigung
Belebtbecken: Darin leben angereichert Mikroorganismen, die die gelösten Verunreinigungen als Nahrung verbrauchen. Mit entsprechenden Einrichtungen wird das Wasser gut durchlüftet.
Tropfkörper: Betonkessel sind mit feinkörnigem Gestein gefüllt, auf dem sich Mikroorganismen ansiedeln. Von oben wird Abwasser auf die Steine versprüht und von unten Luft eingeleitet.
Nachklärbecken: Zusammen mit dem gebildeten Schlamm setzen sich die Mikroorganismen ab. Aus dem Schlamm wird im Faulbehälter Biogas gewonnen.

3. Chemische Reinigung
Rührkessel: Dem Abwasser mit gelösten Schadstoffen werden Chemikalien zugesetzt, die in einer chemischen Reaktion mit den Schadstoffen unlösliche Reaktionsprodukte bilden.
Nachklärbecken: Die unlöslichen Reaktionsprodukte setzen sich im Becken als Schlamm ab und werden gegebenenfalls auf einer Sonderdeponie gelagert.

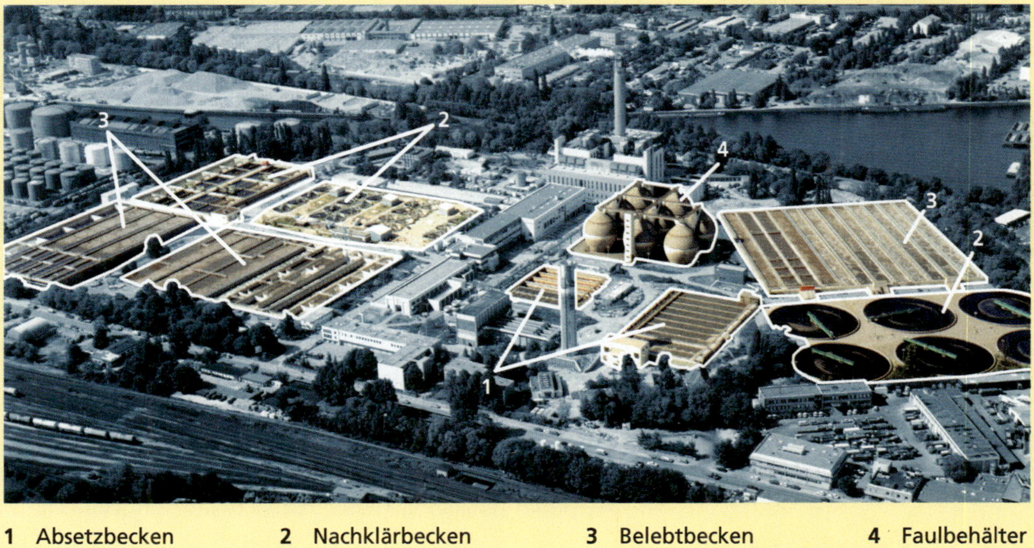

1 Absetzbecken **2** Nachklärbecken **3** Belebtbecken **4** Faulbehälter

Wasser – ein ganz besonderer Stoff

Die herausragende Bedeutung des Wassers in Natur und Technik beruht auf den besonderen **Eigenschaften** dieses außergewöhnlichen Stoffes. Dazu zählen beispielsweise der flüssige Aggregatzustand zwischen 0 und 100 °C und die ungewöhnlich hohe spezifische Wärmekapazität des Wassers.
Anders als andere Stoffe dehnt sich Wasser beim Erstarren aus. Durch die Volumenzunahme von ca. 9 % kann gefrierendes Wasser Glasflaschen (Abb. 1), Rohrleitungen und sogar Steine sprengen. Wasser besitzt bei 4 °C die größte Dichte und dehnt sich erst oberhalb dieser Temperatur beim Erwärmen aus (Tab.). Diese besonderen Eigenschaften fasst man unter dem Begriff **Anomalie des Wassers** (s. S. 90) zusammen.

1 Wasser dehnt sich beim Gefrieren aus.

2 Wasser ist für viele Stoffe ein ausgezeichnetes Lösemittel.

STECKBRIEF: Wasser

Eigenschaften:
farblose, geruchlose und geschmackfreie Flüssigkeit, nicht brennbar, gutes Lösemittel

Schmelztemperatur: 0 ° C
Siedetemperatur: 100 ° C

Dichte des Wassers

Temperatur	0 °C	4 °C	5 °C	10 °C
Dichte in $g \cdot cm^{-3}$	0,99987	1,00000	0,99999	0,99973

Lösemittel Wasser

Ebenso wichtig ist die Fähigkeit des Wassers, eine Vielzahl von Stoffen zu lösen. Feststoffe wie Zucker (Abb. 2) und Salz sind sehr gut in Wasser löslich. Viele Menschen süßen beispielsweise ihren Tee mit Zucker. Auch andere Getränke enthalten gelösten Zucker (Cola, Limonade, Fruchtsäfte).
Salzlösungen sind eine alltägliche Sache. Sollen beispielsweise Kartoffeln oder Gemüse gekocht werden, stellt man solch eine Lösung her. Jedoch gibt man niemals die Menge an Kochsalz ins Wasser, die sich maximal in ihm lösen würde. Man stellt **ungesättigte Lösungen** her.

Doch die Löslichkeit von Kochsalz in Wasser ist begrenzt. Ist im Wasser die höchstmögliche Masse an Kochsalz gelöst, spricht man von einer **gesättigten Lösung.** Der Anteil von Kochsalz in einer gesättigten Lösung beträgt ca. 26,4 %.
Wird eine größere Masse Salz in das Lösemittel gegeben, dann löst sich nur ein Teil. Der Rest bleibt als fester Bodensatz ungelöst (Abb. 1, S. 89).

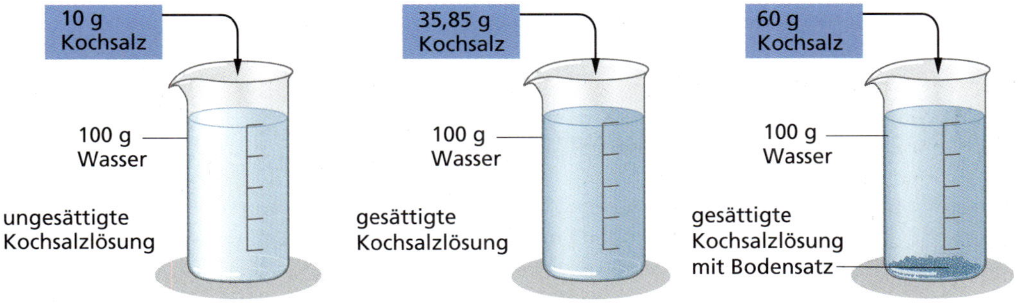

1 Unterschiedlich gesättigte Kochsalzlösungen (bei 20 °C und 101,3 kPa)

Neben Feststoffen werden auch Gase und Flüssigkeiten in Wasser gelöst. Weil das Gas Sauerstoff ebenfalls gelöst wird, können Fische mithilfe ihrer Kiemen im Wasser atmen. Natürlich ist auch Sauerstoff nicht unbegrenzt löslich. Bei 10 °C und Normaldruck (p = 101,3 kPa) können maximal 53,7 mg des Gases in 1 l Wasser enthalten sein. Wird die Lösung erwärmt, nimmt die Löslichkeit des Gases ab. Bei Kohlenstoffdioxid und anderen Gasen nimmt die Löslichkeit ebenfalls mit steigender Temperatur ab.
Die Löslichkeit der meisten Feststoffe (z. B. Zucker oder Kochsalz) steigt jedoch mit zunehmender Temperatur.
Die Vorgänge beim Lösen können mit dem **Teilchenmodell** der Stoffe erklärt werden (Abb. 2).
Stoffe lösen sich in einem Lösemittel auf, wenn die Anziehungskräfte zwischen den Teilchen des zu lösenden Stoffes durch das Lösemittel aufgehoben werden. Dies ist der Fall, wenn zwischen Lösemittelteilchen und gelösten Teilchen stärkere Kräfte wirken als zwischen den Teilchen des zu lösenden Stoffes. Dadurch wird ein energetisch stabilerer Zustand erreicht. Weil viele Stoffe im Wasser gelöst werden, existiert in der Natur kein reines Wasser.
Sowohl das Oberflächenwasser als auch Grund- und Quellwasser enthalten immer gelöste Stoffe. Allerdings kann Wasser durch sein gutes Lösungsvermögen auch leicht verunreinigt werden, z. B. durch Rückstände von Pflanzen und Tieren, Sickerwasser von Deponien, Abwässer aus Industrie, Landwirtschaft und Haushalten, Mineralöle u. a.
Reines Wasser gewinnt man u. a. durch Destillation. Es wird beispielsweise im Chemielabor oder zur Herstellung von Arzneimitteln benötigt.

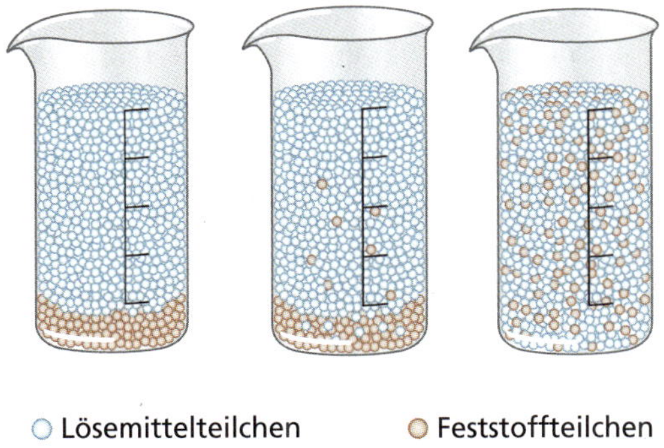

2 Lösung eines festen Stoffes (Teilchenmodell)

Die Löslichkeit der Stoffe in Wasser ist unterschiedlich. Sie hängt von der Temperatur und vom Stoff selbst ab.
In Abhängigkeit von der Menge des gelösten Stoffes unterscheidet man gesättigte und ungesättigte Lösungen.

Aufgaben

1. Erläutere an drei Beispielen die Bedeutung von Wasser für das Leben auf der Erde.

2. Erkläre, warum die Trinkwasserqualität regelmäßig überprüft werden muss.

3. Erstelle eine tabellarische Übersicht über Verunreinigungen im Abwasser und deren Herkunft.

Thema

Anomalie des Wassers

Die Bedeutung des Wassers für das Leben auf der Erde hat ihre Ursache in den Eigenschaften von Wasser. Einige dieser Eigenschaften sind außergewöhnlich und werden unter dem Stichwort **Anomalie des Wassers** zusammengefasst.
So schwimmt Eis auf flüssigem Wasser, obwohl sonst alle festen Stoffe in ihren Schmelzen untergehen. Die Bilder schwimmender Eisberge im Polarmeer sind bekannt und nicht erst seit dem Untergang der Titanic auch als Gefahr erkannt. Trotzdem hat diese sonderbare Eigenschaft Bedeutung für das Überleben von Wasserorganismen im Winter. Die Gewässer frieren niemals von unten nach oben zu, sondern immer von oben nach unten. Hat das Gewässer eine bestimmte Tiefe, so bildet sich am Gewässergrund eine Wasserschicht, die eine konstante Temperatur von 4 °C hat. Wasser weist eine **Dichteanomalie** auf. Es hat bei 4 °C sein kleinstes Volumen und damit seine größte Dichte. Wird es im Herbst kalt, sinkt z. B. das an der Oberfläche abgekühlte Wasser nach unten, und das auf 0 °C abgekühlte Wasser erstarrt an der Oberfläche. Aufgrund der Dichtedifferenz zwischen Eis und Meerwasser sind nur ca. 12 % eines schwimmenden Eisbergs sichtbar. Das macht ihn so gefährlich.

Ein Stahldraht, welcher über einen Eisblock gelegt und mit einem Gewicht beschwert wird, zerteilt den Eisblock mit der Zeit. Denselben Effekt nutzen wir auf Kufen, die über das Eis gleiten. Vielleicht hat sich jeder schon einmal gefragt, warum man auf einer glatten Betonfläche nicht Schlittschuh laufen kann, sondern immer eine Eisbahn benötigt. Die Ursache ist die **Erniedrigung des Schmelzpunktes von Wasser bei erhöhtem Druck.** Durch das Körpergewicht wird über schmale Kufen Druck auf das Eis ausgeübt und es schmilzt. (Zum Teil spielt auch die beim Gleiten auf dem Eis erzeugte Reibungswärme eine Rolle.)

Nicht zuletzt sind die **Verdampfungswärme** von Wasser und seine **spezifische Wärmekapazität** viel größer als bei anderen Stoffen. Ersteres spielt bei der Temperaturregulation unseres Körpers eine Rolle, bei dem sich der Körper durch Schwitzen vor Überhitzung schützt. Letzteres ist sogar für die „Temperaturregelung" unseres Planeten wesentlich: Große Meeresströmungen, z. B. der Golfstrom, beeinflussen das Klima in vielen Ländern.

... und mehr

Informiere dich auch unter: *Wasserkreislauf, Warmwasserheizung, Wasser – Wärme – Klima, Wasser – ein ganz besonderer Stoff*

Chemie im Kontext

Wassertröpfchens große Reise

Wasser ist in vielen Bereichen der Umwelt vorhanden. Zwischen diesen Bereichen findet ein ständiger Austausch von Wasser statt.
Beschreibe den Wasserkreislauf in der Natur und den Einfluss des Menschen auf den natürlichen Wasserkreislauf.

Die meisten Wasserteilchen befinden sich in ständiger Bewegung. Flüssiges Wasser verdunstet, kondensiert in kälteren Luftschichten zu winzigen Wassertröpfchen oder erstarrt zu Eis.
In Form von Niederschlägen gelangt das Wasser wieder zur Erde zurück. Dort fließt es oberirdisch über Flüsse und Seen ins Meer oder versickert ins Grundwasser. Ein weiterer Teil wird von den Pflanzen und Tieren aufgenommen, die es für verschiedene Stoffwechselprozesse benötigen. Dieser Teil des Wassers gelangt relativ schnell wieder in den Wasserkreislauf zurück. Dagegen bleibt das im Polareis und in Gletschern gefrorene Wasser dem Kreislauf für lange Zeit entzogen.
Der Mensch benötigt zusätzlich Wasser, z. B. als Waschwasser oder für technische Prozesse, und greift so in den natürlichen Kreislauf ein. Die Wasserentnahme und Rückführung des Wassers muss kontrolliert erfolgen, um Umweltschäden zu vermeiden.
Allerdings gelangen z. B. durch Überdüngung der Böden in der Landwirtschaft gesundheitsschädigende Stoffe ins Grundwasser. Auch industrielle Abfallprodukte wie Schwermetallsalze können die Lebensbedingungen der Organismen in Gewässern beeinträchtigen. Durch diese und andere **Wasserschadstoffe** werden auch Trinkwasserquellen verunreinigt und die Trinkwasseraufbereitung erschwert.

Methode

Beschreiben

Beim Beschreiben wird dargestellt, wie ein Gegenstand oder eine Erscheinung in der Natur beschaffen ist, welche Eigenschaften ein Körper oder ein Stoff besitzt, wie ein Prozess abläuft oder wie ein technisches Gerät aufgebaut ist. Dabei geht man in der Regel auf äußerlich wahrnehmbare Eigenschaften ein.
Wichtig ist, die einzelnen Punkte sprachlich zusammenhängend und geordnet darzulegen.
Im Zusammenhang mit der Erklärung einer Erscheinung beschränkt man sich bei der Beschreibung häufig auf die Darstellung ihrer wesentlichen Seiten.

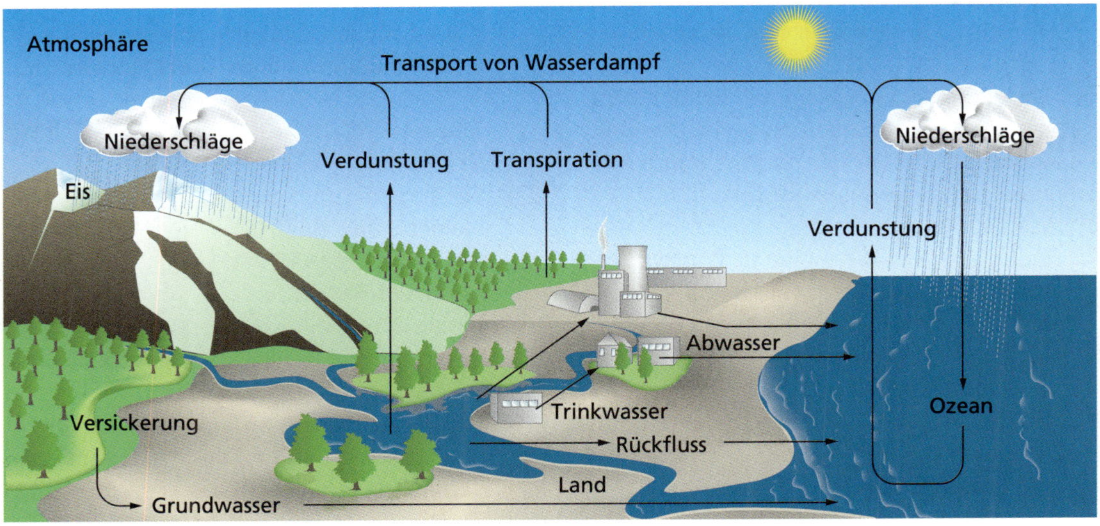

1 Kreislauf des Wassers in Europa

gewusst · gekonnt

1. Ergänze dein Glossar.

Glossar

Abwasser
Anomalie des Wassers
Lösemittel
Löslichkeit
– gesättigte Lösung
– ungesättigte Lösung
Trinkwasser
Wasserkreislauf

2. Erstelle ein Mind Map zur Bedeutung des Wassers in der Natur und Technik. Nutze dazu die Seiten 62 und 63 im Lehrbuch.

3. Führe Gründe an, die zur Erhöhung des Wasserbedarfs der Haushalte in den letzten 100 Jahren führten.

4. Wasser ist eine notwendige Voraussetzung für die meisten Bereiche der Industrie. Belege diese Aussage mit Beispielen.

5. Wäre Wasser kein Lösemittel, so könnte im Wasser keinerlei Leben existieren. Handelt es sich bei diesem Satz um eine wahre Aussage? Begründe deine Antwort.

6. Leitungswasser kann zwar als Trinkwasser genutzt werden, aber es handelt sich dabei nicht um einen Reinstoff.
   a) Nenne drei verschiedene Stoffe, die in Leitungswasser enthalten sind.
   b) Beschreibe ein Stofftrennungsverfahren, durch das es gelingt, reines Wasser herzustellen.
   c) Informiere dich über die Verwendung von reinem Wasser in Alltag und Technik.

7. Erläutere die Begriffe „ungesättigte“ und „gesättigte“ Lösung an einem selbst gewählten Beispiel.

8. Überlege dir ein Experiment, mit dem du die Temperaturabhängigkeit der Löslichkeit von Salzen (z. B. Kaliumchlorid) untersuchen kannst. Stelle eine Vermutung auf und überprüfe sie experimentell.

9. Die Wasserqualität der Seen und Flüsse wird ständig überprüft. Bei der Probenentnahme in einem See stellte man im November einen höheren Sauerstoffgehalt als im Juli fest. Nenne eine der möglichen Ursachen und erläutere sie.

10. Beschreibe das Prinzip der
   a) mechanischen Abwasserreinigung,
   b) biologischen Abwasserreinigung,
   c) chemischen Abwasserreinigung.

11. Informiere dich im Wasserwerk oder in geeigneten Quellen, welche Stoffe in deinem Heimatort bei der Trinkwasseraufbereitung die größten Probleme bereiten und wie sie aus dem Trinkwasser entfernt werden.

12. Vor Beginn der Frostperiode werden in Gartenanlagen Wasserbehälter geleert und das Wasser aus den Leitungen abgelassen. Begründe die Notwendigkeit der Maßnahmen.

13. Informiere dich darüber, welche Rolle Wasser bei der Verwitterung von Steinen spielt. Beurteile die Wichtigkeit der Anomalie des Wassers für die Entwicklung des Lebens auf der Erde.

14. Erstelle zusammen mit einem Mitschüler ein Poster zum Wasserkreislauf. Diskutiert darin auch den Einfluss des Menschen auf die Wasserqualität des Grund- und Oberflächenwassers.

3.2 Die Chemie des Wassers

Element oder Verbindung?

Im Altertum wurde Wasser neben Luft, Feuer und Erde als eines der vier Elemente angesehen, aus denen die Welt besteht. Auch heute verwendet man diesen Begriff für Wasser manchmal noch im Alltag, z. B. wenn man von einem sehr guten Schwimmer behauptet, das Wasser wäre „sein Element“.
Handelt es sich bei Wasser um ein Element?
Wie sind die Teilchen des Wassers aufgebaut?

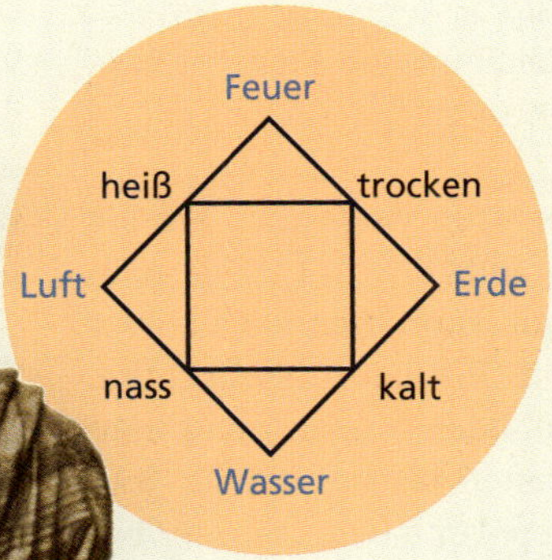

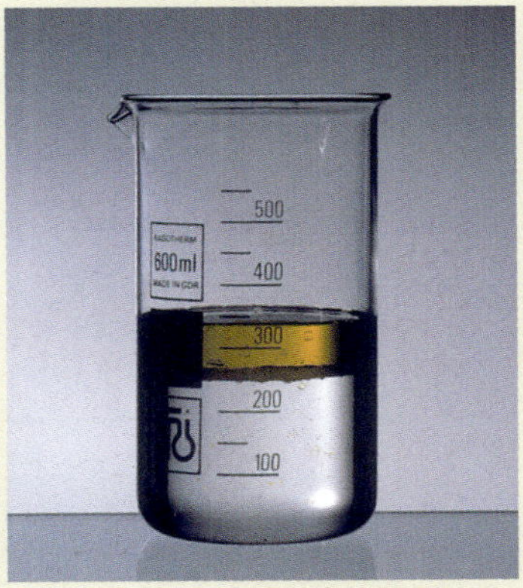

Wasserstoff als Treibstoff?

Wasserstoff wird häufig zusammen mit Sauerstoff als Treibstoff für Raketen eingesetzt. Auch für Autos ist er als ein möglicher Treibstoff der Zukunft im Gespräch. Er hätte den Vorteil, dass bei seiner Nutzung keine giftigen Abfallstoffe entstehen, wie sie bei der Verbrennung von Benzin gebildet werden. Außerdem kann man Wasserstoff aus Wasser gewinnen.
Welche chemische Reaktion führt zur Bildung von Wasserstoff aus Wasser?

Wasser löst nicht alles?

Wasser löst zwar Kochsalz und Zucker ganz hervorragend, kann aber keine Fettflecken beseitigen. Mit Speiseöl, Benzin, Flüssigkleber und vielen anderen Stoffen ist Wasser so gut wie gar nicht mischbar.
Wie sind diese Beobachtungen zu erklären? Welcher Zusammenhang besteht zwischen dem Bau der Wasserteilchen und den Eigenschaften des Wassers?

Zerlegung und Bildung von Wasser

Im Altertum galt Wasser als eines der vier Elemente. Ob es sich wirklich um ein Element handelt, lässt sich durch eine experimentelle Analyse feststellen.
In der Elektrolyseapparatur wird dem Wasser elektrische Energie zugeführt (Abb.1). Legt man eine **Gleichspannung** an, kann man nach kurzer Zeit das Aufsteigen von Gasblasen beobachten. Untersucht man die gebildeten Gase, stellt man ganz andere Eigenschaften als bei Wasser fest. Das Gas, das am Minuspol entsteht, ist brennbar und verbrennt mit einem pfeifenden Geräusch. Es handelt sich um **Wasserstoff.**
Das Gas, das am Pluspol entsteht, fördert die Verbrennung. Es handelt sich um **Sauerstoff.**

Wasser ⟶ Wasserstoff + Sauerstoff

Wasser wird durch das Anlegen einer Gleichspannung in die Elemente Wasserstoff und Sauerstoff zerlegt. Folglich ist Wasser kein chemisches Element.

Wasserstoff ist ein brennbares Gas, das mit Sauerstoff zur Reaktion gebracht werden kann. Untersucht man den bei der stark exothermen Verbrennung (**Knallgasreaktion** s. S. 98) entstandenen Stoff, stellt man fest, dass es sich um reines Wasser handelt. Wasser ist ein Oxid des Wasserstoffs, es besteht aus verschiedenen Elementen und ist damit eine **chemische Verbindung.**

Wasserstoff + Sauerstoff ⟶ Wasser

Das Reaktionsprodukt Wasser kann mit entwässertem Kupfersulfat nachgewiesen werden. In Gegenwart von Wasser färbt sich das Salz blau.

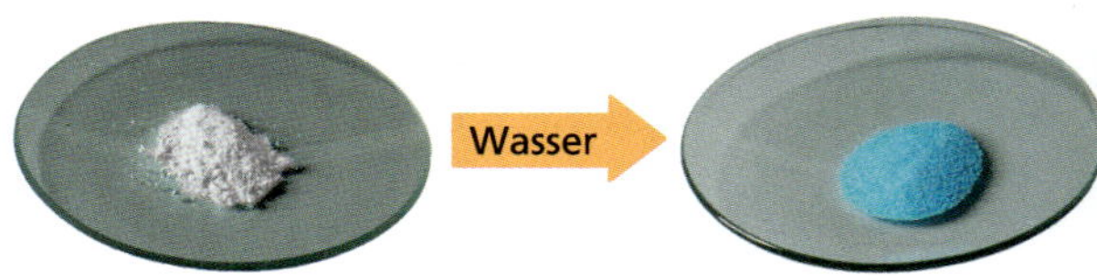

Wasserstoff und Sauerstoff reagieren unter Abgabe von Energie zu Wasser. Die Bildung von Wasser aus den Elementen ist die Umkehrung der Zerlegung.

S Experiment

Aufgabe:
Untersuche die Zusammensetzung von Wasser.

Vorbereitung:
Geräte und Chemikalien: Elektrolyseapparatur (s. Abb.), pneumatische Wanne, 2 Reagenzgläser, Wasser mit einigen Tropfen Schwefelsäure versetzt

Durchführung:
Baue entsprechend der Abbildung auf. Führe die Elektrolyse bei ca. 6 V und 2 A durch, bis ein Kolbenprober zur Hälfte mit Gas gefüllt ist. Ermittle das Volumenverhältnis der beiden gebildeten Gase.
Überführe die Gase pneumatisch in zwei Reagenzgläser. Prüfe die Brennbarkeit (Vorsicht!) und führe die Spanprobe durch.

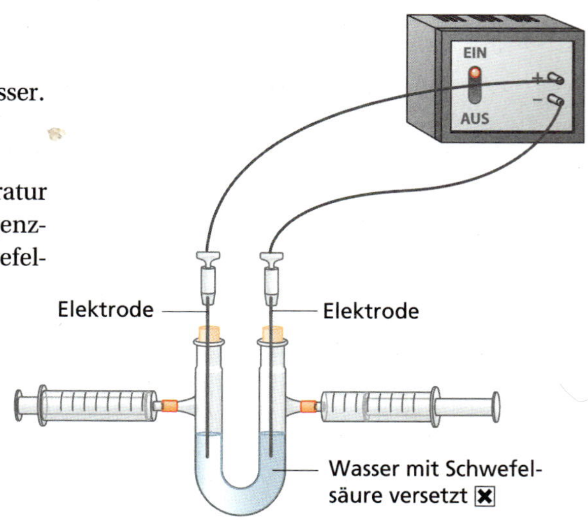

Beobachtung und Auswertung:
Notiere deine Beobachtungen. Leite daraus ab, welche Gase entstanden sind und welche Zusammensetzung Wasser aufweist.

Die Volumenmessung hat ergeben, dass bei der Elektrolyse doppelt so viel Wasserstoff wie Sauerstoff entsteht. Offenbar enthalten die Wasserteilchen Sauerstoff und Wasserstoff im Verhältnis 2 : 1. Weiterführende Untersuchungen zum Bau der Wasserteilchen zeigen, dass Wasser aus **Molekülen** besteht. Die Moleküle sind aus je zwei Wasserstoffatomen und einem Sauerstoff-atom aufgebaut. Diese Zusammensetzung wird durch die Formel H_2O beschrieben.

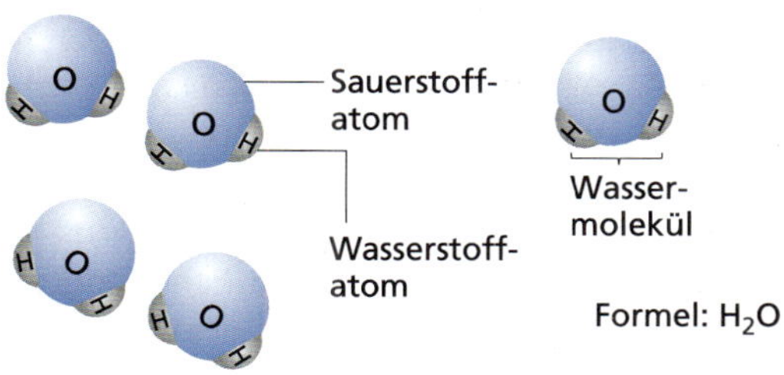

Wasser ist eine chemische Verbindung, die aus Molekülen besteht. Verbindungen sind reine Stoffe, deren Teilchen mindestens zwei verschiedene Atomsorten enthalten.

Aus der Wortgleichung einer chemischen Reaktion kann man nur ablesen, welche Ausgangsstoffe zu welchen Reaktionsprodukten umgesetzt wurden. Um darzustellen, in welchem Verhältnis die Teilchen reagieren und welche Zusammensetzung sie aufweisen, stellt man die **chemische Reaktionsgleichung** auf.

$$2\,H_2 + O_2 \longrightarrow 2\,H_2O$$

In der chemischen Reaktionsgleichung werden die reagierenden Stoffe durch Symbole und Formeln angegeben. Mithilfe der Faktoren wird deutlich, in welchem Verhältnis die Stoffe miteinander reagieren.

Aufgaben

1. Welche Aussagen kannst du aus diesen Formeln ableiten: N_2O, NO, H_2O_2?
2. Entwickle die Reaktionsgleichungen zur Synthese der folgenden Verbindungen aus den Elementen: CO, CO_2, SO_3?

Methode

Algorithmus zum Aufstellen von Reaktionsgleichungen

1. Aufstellen der Wortgleichung

Wasserstoff + Sauerstoff ⟶ Wasser

2. Einsetzen der Symbole und Formeln

$H_2 + O_2 \; (\longrightarrow) \; H_2O$

3. Ermitteln der Faktoren (Stöchiometriezahlen) mithilfe des kleinsten gemeinsamen Vielfachen (k. g. V.)

$H_2 + O_2 \; (\longrightarrow) \; H_2O_{(1)}$

Element Sauerstoff: $1 \cdot 2 = 2$ | $1 \cdot 1 = 1$ | k.g.V. = 2

$$\text{Faktor} = \frac{\text{k.g.V.}}{\text{Anzahl der vorhandenen Atome (auf ein Element bezogen)}}$$

$H_2 + O_2 \; (\longrightarrow) \; 2\,H_2O$

Element Wasserstoff: $1 \cdot 2 = 2$ | $2 \cdot 2 = 4$ | k.g.V. = 4

4. Kontrolle: Vergleich der Atomzahlen bei Ausgangsstoffen und Reaktionsprodukten jeweils auf ein Element bezogen

$2\,H_2 + O_2 \longrightarrow 2\,H_2O$

4 Atome Wasserstoff, 2 Atome Sauerstoff = 4 Atome Wasserrstoff, 2 Atome Sauerstoff

Warum Wassermoleküle Dipole sind

Sowohl Wasser als auch Sauerstoff sind Molekülsubstanzen. Trotzdem unterscheiden sie sich erheblich in ihren Eigenschaften. Die teilweise außergewöhnlichen Eigenschaften des Wassers sind auf die Bindungsverhältnisse und die Molekülstruktur zurückzuführen.

Im **Wassermolekül** sind anders als im Sauerstoffmolekül verschiedenartige Atome durch Atombindung verbunden. Unterschiedliche Atome ziehen gemeinsame Elektronenpaare in der Regel unterschiedlich stark an. Das liegt daran, dass die positive Ladung des Kerns, die sich aus der Protonenzahl ergibt, unterschiedlich stark von den kernnahen Elektronen abgeschirmt wird. Um diese Fähigkeit abschätzen zu können, hat der amerikanische Chemiker LINUS PAULING 1932 die **Elektronegativität** *(EN)* definiert.

Sauerstoff besitzt eine höhere Elektronegativität als Wasserstoff. Dadurch wird das bindende Elektronenpaar im Wassermolekül stärker zum Sauerstoffatom hingezogen.

Die Elektronegativität *(EN)* ist ein Maß für die Fähigkeit der Atome eines Elements, gemeinsame Elektronenpaare in einer Atombindung anzuziehen.

Infolge der Verschiebung der gemeinsamen Elektronen lässt sich am Sauerstoffatom eine negative **Partialladung** (δ^-) nachweisen. Demgegenüber ist das Wasserstoffatom aufgrund der Elektronenverschiebung schwach positiv geladen (δ^+). Aus diesem Grund nennt man die Bindung **polare Atombindung.**

Atome unterschiedlicher Elektronegativität im Molekül sind durch polare Atombindung miteinander verbunden.

Am Sauerstoffatom befinden sich außerdem noch zwei nicht bindende Elektronenpaare, die mehr Platz beanspruchen als die Wasserstoffatome. Aus diesem Grund besitzt das Wasserstoffmolekül eine gewinkelte **räumliche Struktur** (s. Abb. 1c). Daraus und aus der negativen Partialladung des Sauerstoffatoms ergibt sich ein negativer Ladungsschwerpunkt auf dessen Seite im Molekül. Die Partialladungen der Wasserstoffatome bilden dagegen gemeinsam einen positiven Ladungsschwerpunkt auf der anderen Molekülseite. Solche Teilchen nennt man **Dipole** bzw. **Dipolmoleküle** (s. Abb. 1d + e).

Zwischen den Dipolen wirken zwischenmolekulare Kräfte, die maßgeblich die Stoffeigenschaften des Wassers bestimmen.

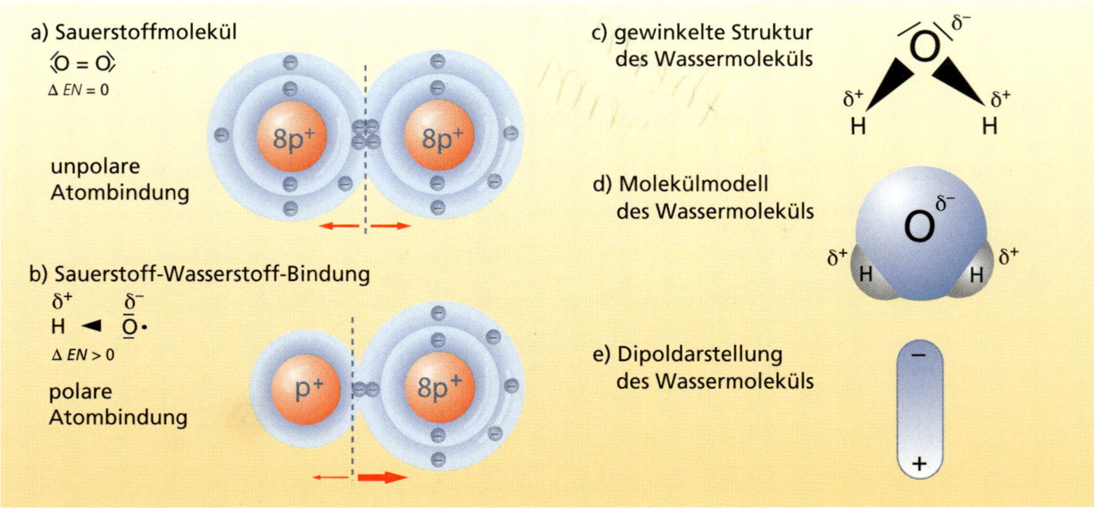

1 Die Ladungsverschiebung innerhalb einer Bindung wird durch Partialladungen (Abb. 1b–d) angegeben. Die Dipolstruktur des Wassermoleküls lässt sich mit unterschiedlichen Modellen (Abb. 1d+e) darstellen.

Struktur-Eigenschafts-Konzept (Molekülsubstanzen)

Die Eigenschaften eines Stoffes, z. B. einer Molekülsubstanz, werden von der Art, der Anordnung und den Wechselwirkungen zwischen den Teilchen des Stoffes bestimmt.

1. Art der Teilchen: Die Atome der Elemente unterscheiden sich in der Anzahl der Protonen im Kern und der Anzahl der Elektronen in der Hülle. Moleküle können aus gleichartigen (Elemente) oder verschiedenen Atomen (Verbindungen) aufgebaut sein.

2. Anordnung der Teilchen: Innerhalb der Moleküle sind die Atome durch Atombindungen verbunden. Aus der Anzahl der Atome pro Molekül sowie den gemeinsamen und freien Elektronenpaaren ergibt sich die räumliche Anordnung der Atome, die Molekülstruktur.

3. Wechselwirkungen zwischen den Teilchen: Neben der Bindung innerhalb der Moleküle bestimmen zwischenmolekulare Wechselwirkungen, z. B. Anziehungskräfte zwischen Dipolen, die Stoffeigenschaften. Je stärker diese Wechselwirkungen sind, desto größer ist ihr Einfluss (s. Abb.).

Struktur des Wassermoleküls

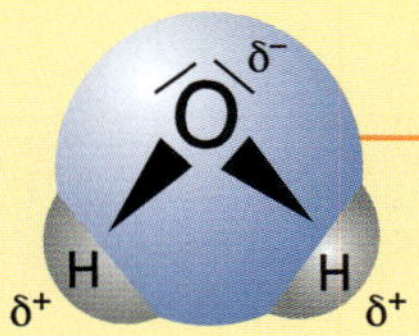

Wasser ist flüssig und nicht gasförmig, weil durch die relativ starken Wechselwirkungen zwischen den Dipolmolekülen der Übergang der Moleküle in den gasförmigen Aggregatzustand erschwert wird.

In der Nähe eines geladenen Kunststoffstabs wird ein Wasserstrahl abgelenkt. Ursache ist die Ausrichtung der Dipolmoleküle im elektrischen Feld bzw. in der Nähe einer Ladungsquelle.

Wasser löst nur Stoffe, deren Teilchen ebenfalls eine polare Struktur aufweisen, gut. Ursache sind die Wechselwirkungen zwischen den verschiedenen polaren Teilchen des Lösemittels und des gelösten Stoffes.

Beschreibe die Struktur des Stickstoffmoleküls. Leite daraus Schlussfolgerungen zu den Stoffeigenschaften ab.

STECKBRIEF: Wasserstoff

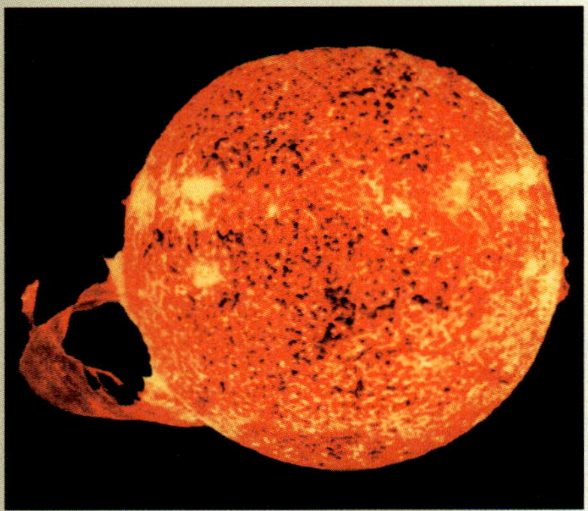

Eigenschaften:
farbloses, geruchloses Gas, brennt mit blauer Flamme, bildet mit Luft bzw. Sauerstoff explosive Gemische (Knallgas), schlecht in Wasser löslich

Dichte:	$0{,}089\ g \cdot l^{-1}$
Schmelztemperatur:	–251,1 °C
Siedetemperatur:	–252,5 °C

Entdeckung:
1766 von HENRY CAVENDISH bei der chemischen Reaktion von unedlen Metallen mit Säuren entdeckt und als „brennbare Luft" bezeichnet.

Wasserstoff – ein Stoff mit Zukunft

Wasserstoff ist das häufigste Element im Universum und dient zur Energieerzeugung im Inneren unserer Sonne. Auf der Erde kommt reiner Wasserstoff nur in geringen Mengen vor. Er ist jedoch in chemisch gebundener Form im Wasser enthalten, das große Teile der Erdoberfläche bedeckt und als Wasserdampf in der Luft vorhanden ist. Das **Element Wasserstoff** ist wesentlich am Aufbau aller organischen Stoffe beteiligt.

In der Technik wird Wasserstoff zum größten Teil aus Wasser, Erdöl oder Erdgas gewonnen. Wasser kann mithilfe des elektrischen Stromes in Wasserstoff und Sauerstoff zerlegt werden (s. S. 94). Im Labor stellt man Wasserstoff häufig durch chemische Reaktionen von Zink und verdünnter Salzsäure her (Abb. 1).

Bei Experimenten muss geprüft werden, ob kein gefährliches Wasserstoff-Luft-Gemisch (Knallgas) vorliegt. Wasserstoff reagiert am heftigsten, wenn er mit Sauerstoff in einem Volumenverhältnis von 2 : 1 vorliegt. Bei einem Wasserstoffanteil unter 4 % tritt keine Explosion ein, ab einem Anteil von 75 % Wasserstoff brennt das Gemisch mit schwach blauer Flamme langsam ab. Die **Knallgasprobe** (Abb. 2) dient unter bestimmten Bedingungen zum Nachweis von Wasserstoff, ist aber nicht eindeutig.

L Experiment

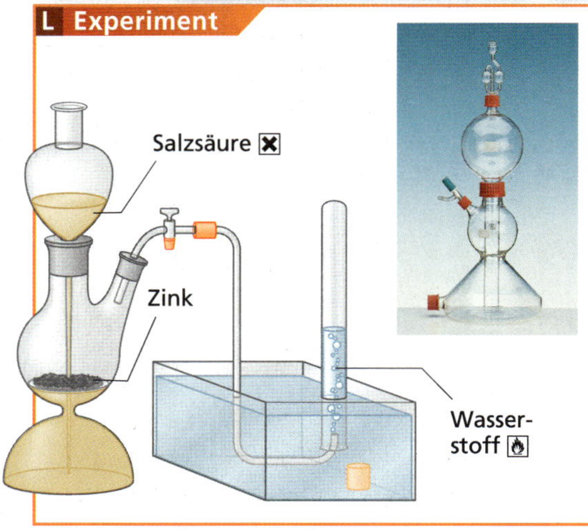

1 Im kippschen Gasentwickler entsteht durch die Reaktion von Zink mit verdünnter Salzsäure Wasserstoff.

S Experiment

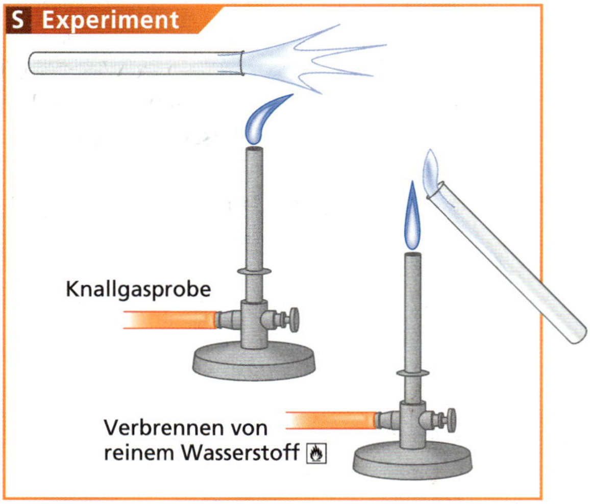

2 Fast reiner Wasserstoff verbrennt mit einem leichten Verpuffen, Knallgas mit einem pfeifenden Knall.

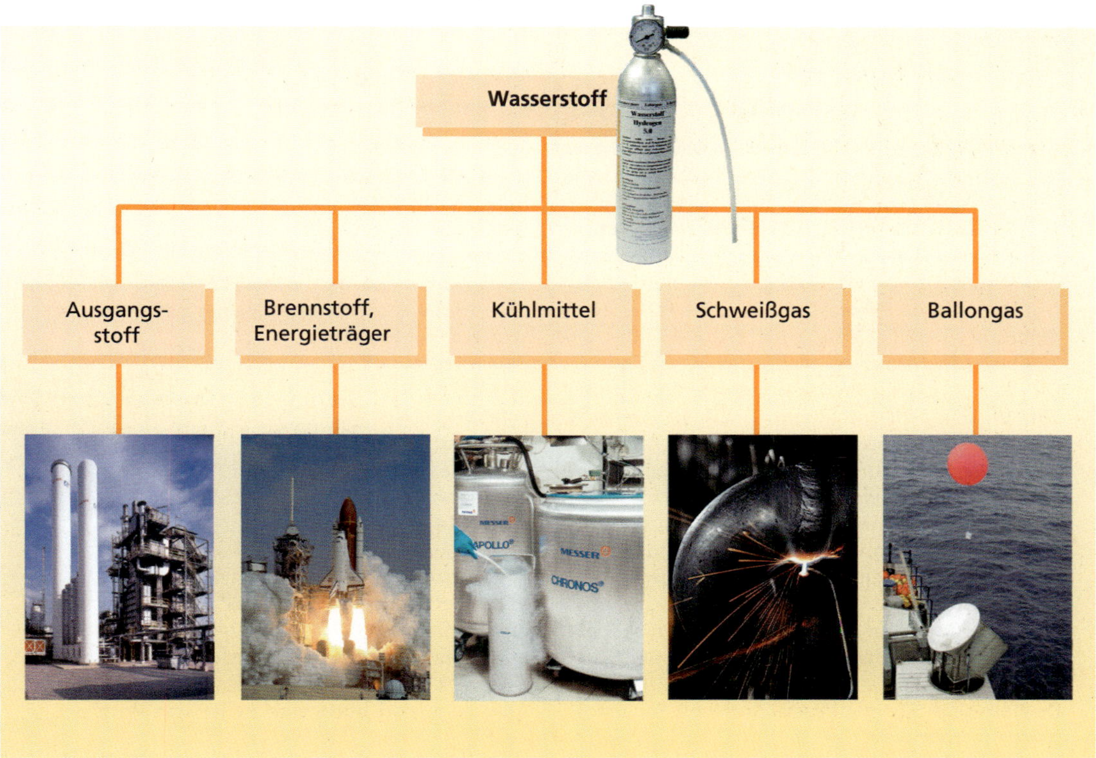

1 Aufgrund seiner besonderen Eigenschaften ist Wasserstoff ein vielseitig einsetzbarer Stoff.

Trotzdem ist Wasserstoff bei Raumtemperatur relativ stabil. Selbst die stark exotherme Knallgasreaktion läuft nur ab, wenn den Ausgangsstoffen genügend Aktivierungsenergie zugeführt wurde.
Bei höheren Temperaturen reagiert Wasserstoff jedoch mit vielen anderen Stoffen und ist deshalb ein wichtiger **Ausgangsstoff in der chemischen Industrie.** Er wird für die Herstellung von Ammoniak, Düngemitteln, Kunststoffen und organischen Verbindungen benötigt. Die stark exotherme Reaktion zwischen Sauerstoff und Wasserstoff nutzt man auch zur **Energieerzeugung** (s. S. 100). Voraussetzung ist allerdings, dass vor allem die dabei auftretenden Sicherheitsprobleme gelöst werden.
Außerdem eignet sich flüssiger Wasserstoff wegen seiner hohen Wärmekapazität hervorragend als **Kühlmittel.** Der Stoff wird unter anderem in Kraftwerken zur effektiven Kühlung spezieller Aggregate eingesetzt.

Das Wasserstoffatom enthält nur ein Proton im Kern, sodass das Gas Wasserstoff 15 mal leichter als Luft ist. Früher wurde der extrem leichte Wasserstoff auch zum Füllen von Luftschiffen verwendet. Die leichte Brennbarkeit des Wasserstoffs führte jedoch zu verheerenden Unfällen.
Deshalb wird heute Wasserstoff nur zur **Füllung von Wetterballons** eingesetzt.

Wasserstoff ist farb- und geruchlos, brennbar und bildet mit Luft oder Sauerstoff explosive Gemische. Wasserstoff kann mithilfe der Knallgasprobe nachgewiesen werden.

Aufgabe

Wasserstoff ist ein wichtiger Ausgangsstoff für die chemische Industrie. Informiere dich, für welche Produkte Wasserstoff benötigt wird und erstelle dazu eine Präsentation.

Mosaik

Wasserstoff – Energieträger von morgen?

Bereits seit dem 19. Jh. versuchen Wissenschaftler, Wasserstoff als Energieträger nutzbar zu machen. Allerdings waren die Ingenieure lange Zeit nicht in der Lage, die Sicherheit bei der Handhabung des explosiven Wasserstoffs zuverlässig zu gewährleisten. Immer wieder kam es zu Katastrophen wie der Explosion des Luftschiffs „Hindenburg" 1937 in New York, bei der mehr als 100 Menschen starben.

Da Wasserstoff als Energieträger aber eine Reihe von Vorteilen bietet (Punkt 1. bis 4.), versucht man, die Sicherheitsrisiken zu minimieren.

1. Bei der Umsetzung von Wasserstoff mit Sauerstoff wird sehr viel Energie frei.
2. Beim eigentlichen Verbrennungsprozess entstehen keine umweltschädigenden Stoffe.
3. Flüssiger Wasserstoff lässt sich in Druckgas- oder Flüssiggasbehältern speichern.
4. Wasserstoff kann aus Wasser gewonnen werden, das in großen Mengen zur Verfügung steht.

Deshalb sind flüssiger Wasserstoff und Sauerstoff heute als **Raketentreibstoffe** erste Wahl, da sie bei geringem Gewicht eine extrem hohe Schubkraft liefern (s. Abb.). Auch in der Fahrzeugtechnik versucht man intensiv, die **Wasserstofftechnologie** zu vervollkommnen, um den umweltfreundlichen Treibstoff nutzen zu können. Eine Variante ist der Antrieb mit einem **Wasserstoffverbrennungsmotor.**

Seit 2004 werden bei der BVG in Berlin Omnibusse getestet, die mit Wasserstoffverbrennungsmotoren ausgerüstet sind. Hier wird flüssiger Wasserstoff mit Luft ähnlich wie Benzin verbrannt. Da die Verbrennungstemperaturen jedoch viel höher sind, werden an den Wasserstoffmotor viel höhere Materialanforderungen gestellt als an herkömmliche Motoren.

Eine interessante Alternative sind Fahrzeuge mit Brennstoffzellenantrieb. In der **Brennstoffzelle** (s. S. 193) wird Wasserstoff mit Sauerstoff elektrochemisch umgesetzt. Die dabei frei werdende Elektroenergie treibt den Elektromotor des Autos an.

Allerdings sind noch eine Reihe von Problemen zu lösen, bevor die Wasserstofftechnologie serienmäßig genutzt werden kann. Aufgrund der hohen Sicherheits- und Materialanforderungen sind die Kosten noch sehr hoch. Zudem verdampft der Wasserstoff selbst aus geschlossenen Tanks und die Reichweite der Fahrzeuge ist relativ gering. Schließlich muss auch noch ein Tankstellennetz für flüssigen Wasserstoff aufgebaut werden, bevor man mit einem Brennstoffzellenauto quer durch Deutschland fahren kann.

Chemie im Kontext

Der gekrümmte Wasserstrahl

Reibt man einen Kunststoffstab an einem Woll-Lappen und hält ihn dann in die Nähe eines dünnen Wasserstrahls, wird dieser Wasserstrahl abgelenkt.
Wie ist das verblüffende Phänomen zu erklären?

Beim Reiben des Stabes am Lappen erfolgt eine Ladungstrennung. Der Kunststoffstab wird negativ aufgeladen.
Die Ablenkung des Wasserstrahls durch den Stab ist durch den **Bau der Wassermoleküle** zu erklären. Sauerstoffatom und Wasserstoffatome sind durch polare Atombindungen miteinander verbunden (s. S. 98). Die bindenden Elektronenpaare sind stärker zum elektronegativeren Sauerstoffatom verschoben, sodass innerhalb des Moleküls eine Ladungsverschiebung erfolgt.
Infolge der Tatsache, dass das Wassermolekül eine gewinkelte Struktur aufweist, heben sich die unterschiedlichen Ladungen nicht gegenseitig auf. Es ergibt sich ein Dipolmolekül mit einem positiven und einem negativen Ladungsschwerpunkt.
Hält man den negativ aufgeladenen Kunststoffstab an den Wasserstrahl, werden die positiven Ladungsschwerpunkte der Dipolmoleküle angezogen. Dadurch wird der Wasserstrahl abgelenkt (Abb.).

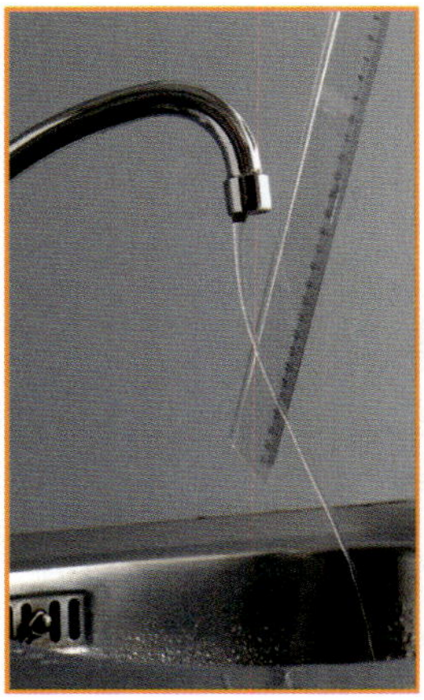

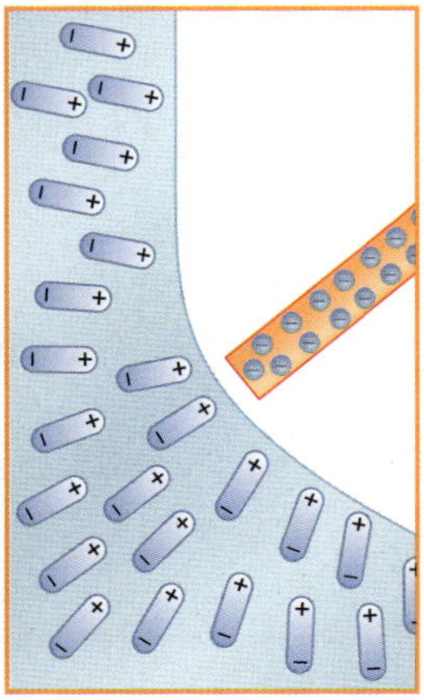

Das Geheimnis der Schneeflocke

Betrachtet man **Schneeflocken** unter dem Mikroskop, findet man, dass keine Schneeflocke einer anderen gleicht. Trotzdem gibt es eine verblüffende Gemeinsamkeit: man kann jeden Schneekristall um 60° drehen und erhält dabei wieder das gleiche Bild (Abb.).
Erläutere die Bildung von Schneeflocken und erkläre die ähnliche Symmetrie der Schneekristalle.

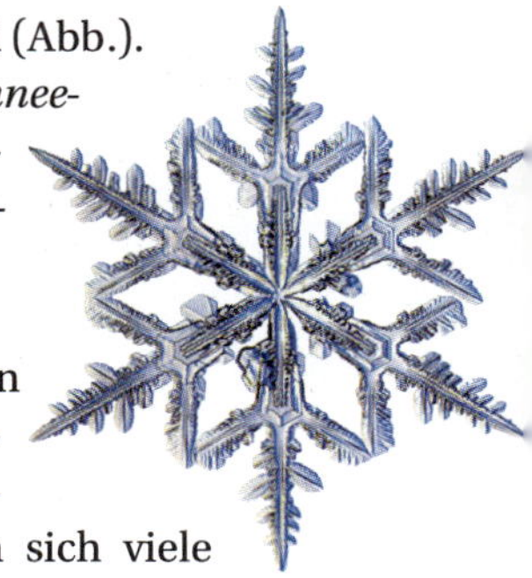

Schnee wird durch Gefrieren von Wasser bei Temperaturen unter 0 °C in den Wolken gebildet. Dabei ordnen sich viele Wassermoleküle geometrisch regelmäßig zu einem oder mehreren Schneekristallen an. Die Kristallisation hängt von mehreren Faktoren ab. Temperatur, Luftfeuchte und Wind beeinflussen die Größe und Form der Schneekristalle. Staubpartikel können kleine Risse verursachen und so das Schmelzen der Flocke beschleunigen. Aufgrund der vielen Einflussfaktoren unterscheiden sich alle Schneeflocken geringfügig voneinander. Gemeinsam ist allen Kristallen jedoch, dass sie aus Wassermolekülen bestehen, die sich beim Gefrieren immer auf die gleiche Weise räumlich anordnen. Zwischen den Wassermolekülen wirken besondere Anziehungskräfte, die im festen Zustand stärker als die thermische Bewegung der Moleküle sind. Am stärksten sind die Anziehungskräfte, wenn sich die Wassermoleküle in einer sogenannten **hexagonalen Struktur** anordnen (Abb.). Auf dieser geometrischen Anordnung basiert die Form aller Schneekristalle. Die Tatsache, dass sich diese wabenartige Eisstruktur durch Drehungen um 60° immer wieder in sich selbst überführen lässt, ist die Ursache dafür, dass alle Schneeflocken eine ähnliche Symmetrie aufweisen.

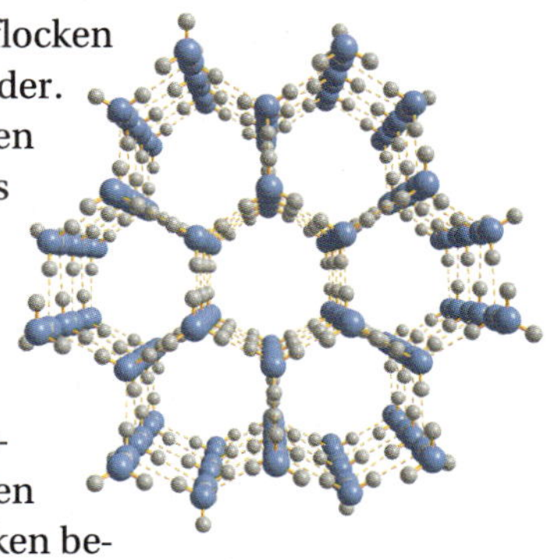

Wie können Fische im Winter überleben?

Im Winter gefriert Wasser bei Temperaturen unter 0 °C zu Eis. Dabei frieren Gewässer von oben nach unten zu, ohne dass die Organismen in Seen Schaden nehmen.

Stelle den Zusammenhang zwischen der Dichteanomalie und der Teilchenstruktur des Wassers dar und erläutere ihre Bedeutung für das Leben der Wasserorganismen.

Wassermoleküle sind Dipole, zwischen denen besondere **zwischenmolekulare Kräfte** wirken. Die positiven und negativen Ladungsschwerpunkte der Dipole ziehen sich gegenseitig an, sodass sich mehrere Moleküle zusammenlagern können. Mit sinkender Temperatur wird die brownsche Molekularbewegung immer schwächer und es bilden sich im flüssigen Aggregatzustand sogenannte „Cluster“ von Wassermolekülen. Die kleinen Cluster sind ineinander verschachtelt, sodass sie nur ein geringes Volumen einnehmen und Wasser bei 4 °C seine größte Dichte aufweist. Bei weiter sinkender Temperatur nehmen die besonderen Wechselwirkungen zwischen den Dipolen zu. Dadurch werden die Molekülcluster größer und sperriger. Sie sind nicht mehr so stark ineinander verschachtelt und nehmen mehr Volumen ein.

Beim Erstarren richten sich die Wassermoleküle infolge der zwischenmolekularen Kräfte so aus, dass die hexagonale Struktur des Eises (s. S. 101) entsteht. Aufgrund der Hohlräume in der Struktur ist die Dichte des Eises kleiner als die des Wassers. Diese **Dichteanomalie** ist für das Überleben der Wasserorganismen im Winter und ihre Sauerstoffversorgung im ganzen Jahr von herausragender Bedeutung.

Im Herbst kühlt sich das sauerstoffreiche Wasser an der Oberfläche allmählich ab. Wenn es eine Temperatur von 4 °C erreicht hat, ist es schwerer als die tieferen Wasserschichten. Das kalte Wasser sinkt nach unten, während das leichtere Wasser an die Oberfläche aufsteigt. Dort kühlt es ab und reichert sich mit Sauerstoff an. Auf diese Weise erfolgt im Herbst eine Durchmischung, durch die Sauerstoff und Nährstoffe in die tieferen Gewässerschichten transportiert werden.

Wenn im Winter das Wasser gefriert, schwimmt das leichtere Eis auf dem kalten Wasser. Dadurch frieren die Gewässer immer von oben nach unten zu. Am Grund des Gewässers bleibt im Normalfall eine eisfreie Wasserschicht. In dieser Region können die Fische die kalte Jahreszeit überleben.

Im Frühjahr erwärmt die Wasseroberfläche allmählich auf 4 °C. Ähnlich wie im Herbst durchmischt sich das Seewasser wieder, sodass sich die Temperatur und der Sauerstoffgehalt angleichen.

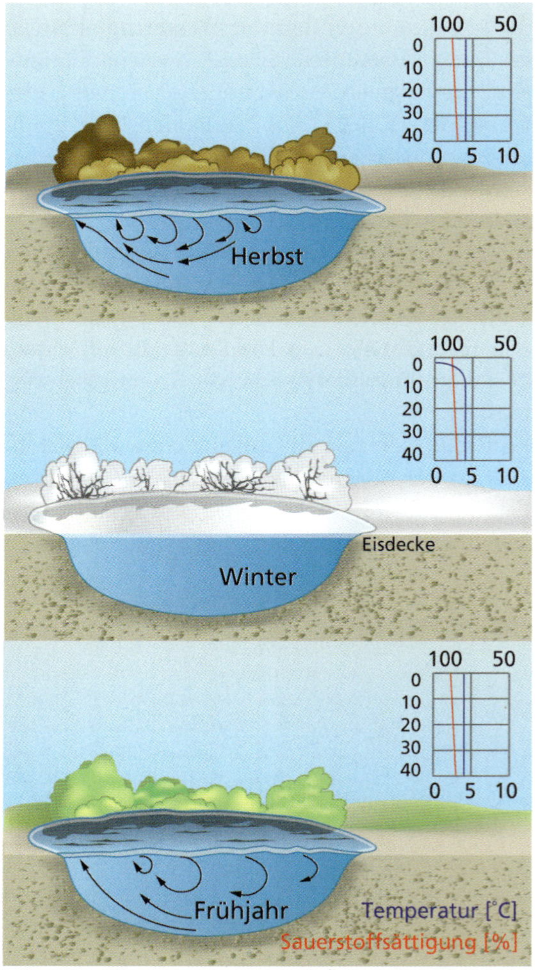

1 Temperaturverteilung und Sauerstoffsättigung eines Sees im Verlauf eines Jahres

gewusst · gekonnt

1. Vervollständige dein Glossar.

Glossar

chemische Reaktionsgleichung
Elektronegativität
Knallgasprobe
polare Atombindung
Verbindung

2. Haucht man auf eine kalte Glasscheibe, so beschlägt sie. Es ist zu vermuten, dass Wasser entstanden ist. Überprüfe die Vermutung experimentell.

3. Eine brennende Kerze wird erst an die Öffnung des Zylinders mit Wasserstoff gehalten, dann zügig hineingeführt. Was wird passieren? Begründe deine Vermutung.

4. Interpretiere das folgende Versuchsergebnis.

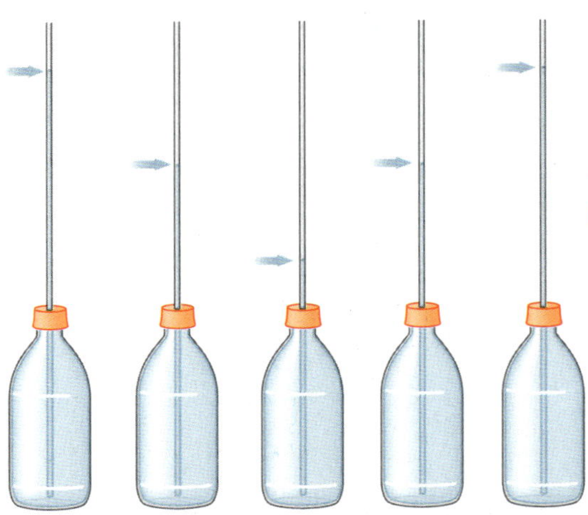

5. Wasserstoff wird heute nur noch zum Füllen von Wetterballons verwendet. Begründe diese Tatsache mithilfe der Eigenschaften des Gases.

6. Wasserstoff und Luft sind in je einem verschlossenen Reagenzglas enthalten. Entwickle ein Experiment, mit dem du feststellen kannst, in welchem Reagenzglas welches Gas enthalten ist und führe Protokoll.

7. Erläutere den Begriff „Verbindung" am Beispiel des Wassers.

8. Fülle ein Gefäß bis zum Rand mit Wasser und Eiswürfeln. Was wird passieren, wenn das Eis schmilzt? Begründe deine Voraussage.

9. In den Medien hört man immer wieder, dass durch die Klimaerwärmung die Polkappen abschmelzen würden. Infolge des Anstiegs der Meeresspiegel würden Städte wie New Orleans nicht mehr bewohnbar sein. Suche nach Informationen zu diesem Thema und bewerte die Aussage.

10. Stelle die Formeln für folgende Molekülsubstanzen auf: Wasserstoff, Kohlenstoffmonooxid, Stickstoff und Chlorwasserstoff.
   a) Welche Aussagen kannst du aus den Formeln ableiten?
   b) Charakterisiere die chemische Bindung in den Molekülen.
   c) Welches der Moleküle könnte ein Dipolmolekül sein?

11. Das Kohlenstoffdioxidmolekül ist im Gegensatz zum Wassermolekül nicht gewinkelt, sondern linear aufgebaut.

$\langle O = C = O \rangle$

   a) Erkläre, warum das Kohlenstoffdioxidmolekül kein Dipol ist.
   b) Leite aus der Molekülstruktur zwei Eigenschaften des Kohlenstoffdioxids ab.

Wasser und Wasserstoff

Wasser befindet sich in der Natur in einem ständigen Kreislauf. Dem Wasserkreislauf entnehmen wir unser Trink- und Brauchwasser. Genutztes Wasser wird zu Abwasser. Bevor es wieder in den Wasserkreislauf zurückgelangt, muss es gereinigt werden. So werden Gewässer nicht belastet.

Zerlegung von Wasser

$$\text{Wasser} \longrightarrow \text{Wasserstoff} + \text{Sauerstoff}$$
$$2\,H_2O \longrightarrow 2\,H_2 + O_2$$

Durch elektrischen Strom kann Wasser in seine elementaren Bestandteile zerlegt werden.

Bildung von Wasser

$$\text{Wasserstoff} + \text{Sauerstoff} \longrightarrow \text{Wasser}$$
$$2\,H_2 + O_2 \longrightarrow 2\,H_2O$$

Wasser ist ein Oxid des Wasserstoffs.

Stoff	Wasser	Wasserstoff
Eigenschaften	– geruchlos, farblos, flüssig – Schmelztemperatur: 0 °C – Siedetemperatur: 100 °C – sehr gutes Lösungsmittel für viele Stoffe – größte Dichte bei 4 °C (Dichteanomalie)	– geruchlos, farblos, gasförmig, brennbar, Wasserstoff-Luft-Gemische sind explosiv – Schmelztemperatur: –259,1 °C – Siedetemperatur: –252,5 °C – schlecht in Wasser löslich
Nachweis	wasserfreies weißes Kupfer(II)-sulfat färbt sich blau 	Knallgasprobe 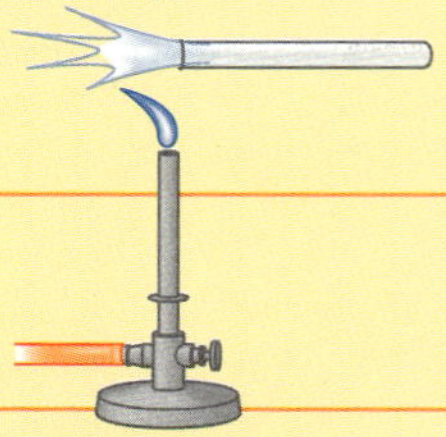
Verwendung/ Bedeutung	– Lösemittel – Transportmittel – Ausgangsstoff – Nährstoff – Lebensraum	– Ausgangsstoff der chemischen Industrie – Brennstoff – Füllgas für Wetterballons – Treibstoff
Bau	– Verbindung – Moleküle aus zwei Atomen Wasserstoff und einem Atom Sauerstoff 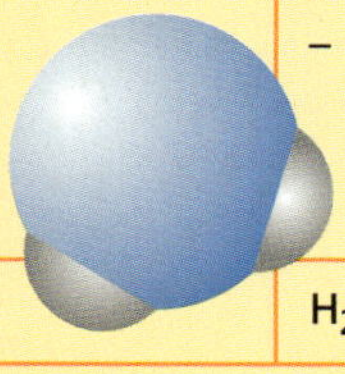	– Elementsubstanz – unpolare Moleküle aus zwei Atomen Wasserstoff 
Formel	H_2O	H_2

Projekt: Ohne Wasser kein Leben

Wasser in Natur und Haushalt

Unsere Erde wird nicht nur wegen ihrer blau schimmernden Lufthülle als blauer Planet bezeichnet, sondern auch wegen der Weltmeere, die weite Teile der Erdoberfläche bedecken.

Doch nicht nur dort sind riesige Wassermengen gespeichert. Die gesamte Wassermenge auf der Erde wird mit einem Wert von ca. 1,5 Mrd. km^3 angegeben. Trotzdem ist **Wasser** kostbar, weil nur ca. 2,5 % davon als **Süßwasser** vorkommen. In einigen Ländern stellt Wassermangel ein schwer wiegendes Problem dar.

1. *Interpretiere dazu folgende Grafik.*

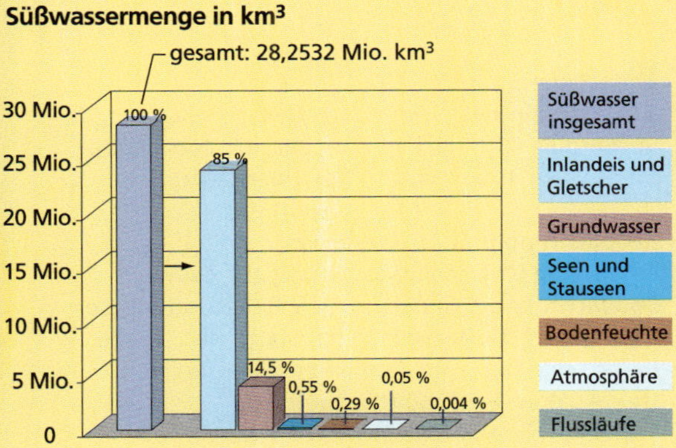

2. *Informiere dich über die Versorgung mit Trinkwasser in verschiedenen Regionen unserer Erde.*

Erstaunlich ist die Tatsache, dass auch in der Bundesrepublik Deutschland Wasser nicht in unbegrenzter Menge zur Verfügung steht und die Bereitstellung von **Trinkwasser,** besonders im Sommer, Probleme bereitet.
Trotzdem ist der Wasserverbrauch in Deutschland vergleichsweise hoch.

3. *Informiere dich über Möglichkeiten, Regenwasser zu nutzen (s. Abb. oben rechts).*

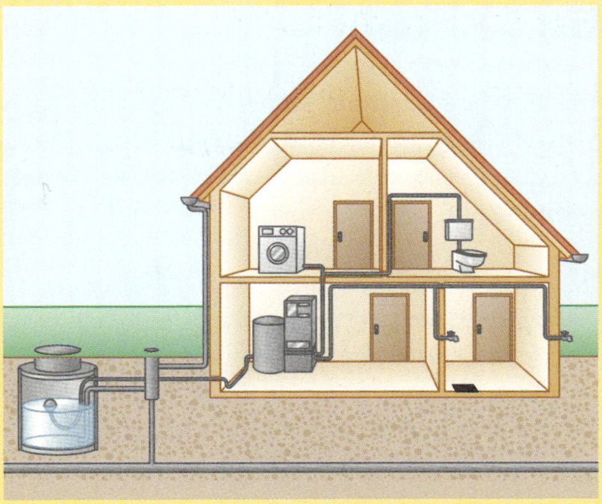

1 Regenwasser kann u. a. als Wasch- und Gartenwasser genutzt werden.

4. *Informiere dich im Internet über den durchschnittlichen Wasserverbrauch in Deutschland und in anderen Ländern. Notiere einen Tag lang, wie viel Wasser du verbraucht hast, und ziehe persönliche Schlussfolgerungen.*

S Experiment:

Aufgabe:
Verunreinige eine Wasserprobe (z. B. durch Bodenproben, Farbstoffe, Papier) und versuche, sie wieder zu reinigen.

Durchführung:

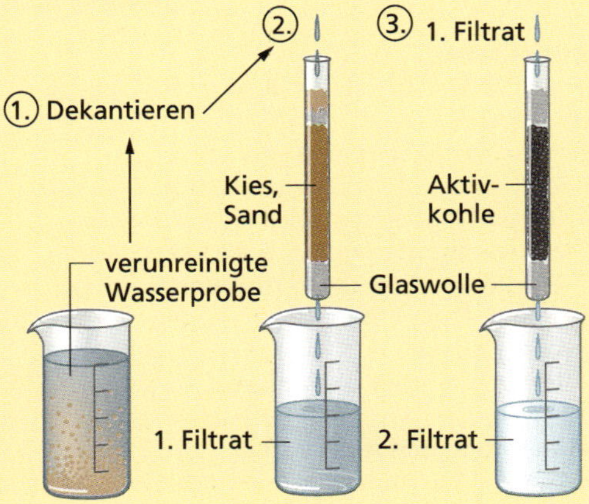

Vergleiche die Trübung und die Färbung nach dem Dekantieren und ersten und zweiten Filtrieren. Ziehe Schlussfolgerungen für die Aufbereitung von Abwässern.

Wasser und Leben

Bei einem gesunden Menschen gleichen sich Wasseraufnahme und Wasserabgabe aus. Einen Teil der Flüssigkeit nimmt man mit der festen Nahrung auf.

1. *Notiere einen Tag lang, wie viel Wasser du durch Essen und Trinken zu dir nimmst. Schätze dazu den Wassergehalt der festen Nahrung bzw. nutze ein Tafelwerk. Ermittle für einige ausgewählte Lebensmittel den Wassergehalt experimentell.*

Nahrungsmittel	**Wassergehalt in g (berechnet auf 100 g)**
Kartoffeln	79,8
Karotten	88,6
Schweinekotelett	53,9
Butter	17,4
Hühnerei	74,0
Roggenbrot	38,5
Karpfen	75,8

S Experiment:

Bestimme von Brot, Fleisch und Kartoffeln die Trockensubstanz und berechne, wie viel Prozent Wasser die untersuchten Lebensmittel enthalten.

Vorbereitung:
Geräte: Reibschale mit Pistill, Waage, Wägegläser, Trockenschrank
Chemikalien: Lebensmittelproben
a) Zerkleinere die Lebensmittel! Wäge die drei leeren Wägegläser. Überführe je 3 g der Nahrungsmittelproben in die Wägegläser. Trockne die Proben im Trockenschrank bei 110 °C etwa 1 Stunde.
b) Wäge erneut.
Bestimme den Masseverlust.

Beobachtung und Auswertung:
Berechne den Wassergehalt der Lebensmittel in Prozent. Wie viele Liter Wasser sind z. B. in 10 kg Kartoffeln enthalten? (1 l Wasser = 1 kg)
Vergleiche mit dem Wert aus der Tabelle. Nenne Ursachen für eventuelle Unterschiede.

Erstaunliche Eigenschaften

Wasser zeigt in der Nähe des Gefrierpunktes ein außergewöhnliches (unnormales = anormales) Verhalten. Das hat Folgen.

Aufgabe:
Ermittle mithilfe von drei Experimenten, welche Eigenschaft Wasser im Bereich des Gefrierpunktes zeigt.

S 1. Experiment:
Fülle Wasser und kleine Eisstücke in ein Reagenzglas. In ein zweites Reagenzglas wird flüssiges Paraffin gefüllt. Markiere die Füllstände. Kühle nun beide Reagenzgläser mit einer Eis-Kochsalz-Mischung unter 0 °C ab.

S 2. Experiment:
Fülle ein gläsernes Medizinfläschchen mit Wasser, verschließe es, umwickele es mit einem Lappen und lege es 4 Stunden in den Gefrierschrank. (Vorsicht bei der Kontrolle!)

S 3. Experiment:
Gib Eis in ein mit Wasser von 10 °C gefülltes Becherglas. Miss nach einiger Zeit die Wassertemperatur am Boden und an der Oberfläche.

Beobachtung und Auswertung:
Formuliere eine Schlussfolgerung aus deinen Beobachtungen. Gib an, welche Bedeutung diese Eigenschaft des Wassers in der Natur hat. Denke daran, was passieren kann, wenn Wasser in Gesteinsspalten eindringt und gefriert.
Pfützen, Flüsse und Seen frieren stets von oben nach unten zu. Warum ist das so? Welche Folgen hätte es in der Natur, wenn diese Gewässer von unten nach oben zufrieren würden?

1 Durch die Oberflächenspannung hat ein Tropfen die bekannte Gestalt.

Wasser hat eine Haut

Als eure Urgroßeltern schwimmen lernten, gab es ein erstaunliches Hilfsmittel. Man stellte aus dünnem Leinen ein Schwimmkissen her und feuchtete es an. Nun konnte es je nach Bedarf aufgeblasen werden. Wie war das möglich?

1. *Nimm ein feines Kaffeesieb und tauche es in Wasser. Was beobachtest du? Beschreibe die Beobachtung.*

Anziehungskräfte zwischen den Teilchen des Wassers bedingen den Zusammenhalt der Flüssigkeit. Infolgedessen ist Wasser bestrebt, eine möglichst kleine Oberfläche einzunehmen. Dadurch kommt es zur Oberflächenspannung des Wassers (Abb. 1).
Diese „gespannte" Grenzfläche zwischen Wasser und Luft wird von vielen Organismen als Lebensraum genutzt (Abb. 2).

2 Der Wasserläufer bewegt sich auf der Wasseroberfläche, als wäre es fester Boden.

3 Beim Füllen eines Aquariums steigt das Wasser im Schlauch zuerst nach oben.

2. *Begründe, warum ein Aquarianer sein Becken wie in Abb. 3 über einen Schlauch füllen kann, obwohl das Wasser erst ein Stück nach oben steigen muss.*

3. *Informiere dich darüber, welche Organismen die „gespannte Wasserhaut" als Lebensraum nutzen.*

Wasser als Lösemittel

Jeden Tag nutzt du die Eigenschaft des Wassers, dass sich bestimmte Stoffe gut in Wasser lösen. Zu nennen sind da Seifen, Zucker, Waschpulver, Essigsäure, Speisesalz und viele andere Stoffe. Der Lösungsvorgang wird oftmals von erstaunlichen Effekten begleitet.

S **1. Experiment:**

Löse in je 10 ml Wasser jeweils 5 g Kaliumchlorid bzw. Ammoniumchlorid ☒ (Bestandteile von Düngemitteln) und miss die Temperatur vor und nach dem Lösen des Stoffes.

S **2. Experiment:**

Stelle eine Kältemischung her. Vermische dazu etwa 100 g Eis mit 30 g Kochsalz oder 30 g Ammoniumchlorid ☒.
Ermittle wiederum die Temperatur.

Beobachtung und Auswertung:
Leite eine Schlussfolgerung aus den Temperaturveränderungen ab.

Das Trinkwasser aus der Wasserleitung oder aus einem Brunnen, das Regenwasser oder das Wasser unserer Flüsse und Seen ist kein reines Wasser. In diesem Wasser sind verschiedene Stoffe gelöst, z. B. Salze, Gase und Flüssigkeiten.

S Experiment:

Aufgabe:

Ermittle den Rückstand verschiedener Wasserproben (Regenwasser, Brunnenwasser, Leitungswasser) durch Eindampfen.

Vorbereitung und Durchführung:

Chemikalien: Wasserproben laut Aufgabenstellung, Haushaltsessig
Geräte: Brenner, Schale, Dreifuß

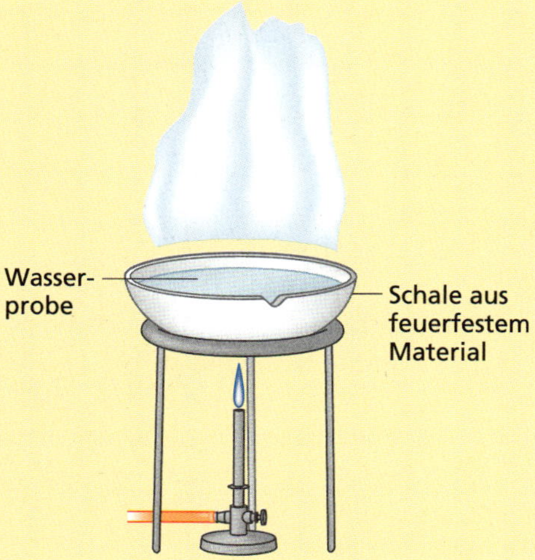

Beobachtung und Auswertung:

Betrachte die Schale nach dem Eindampfen und beschreibe das Ergebnis. Überprüfe den Rückstand auf seine Löslichkeit in Wasser und Haushaltsessig. Leite eine Schlussfolgerung ab.

Wasseruntersuchung

Seit den 80er Jahren des letzten Jahrhunderts kennt man das Problem des sauren Regens und seiner Folgen für die Umwelt.

1. *Recherchiere, was die Bezeichnung „sauer" in diesem Zusammenhang bedeutet.*

S Experiment:

Überprüfe, ob der Regen wirklich „sauer" ist. Teste dazu Regenwasserproben mit einer Testlösung oder einem pH-Meter.

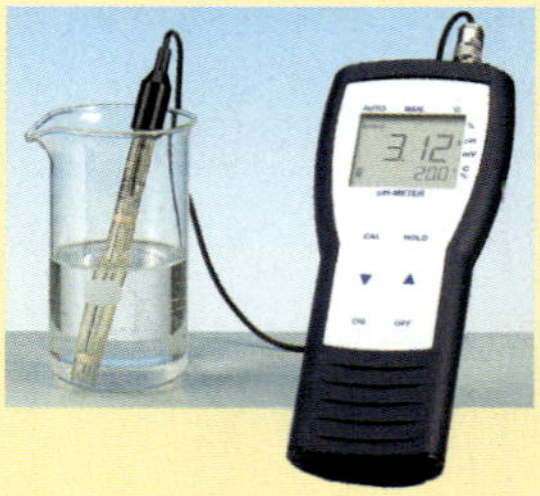

Durch Auswaschung aus dem Boden oder durch direkte Verunreinigungen kann es zur Schadstoffbelastung der Gewässer kommen. Eine bedeutende Rolle für die Wasserqualität spielt der Nährstoffgehalt.

S Experiment:

Entnimm Gewässerproben an unterschiedlichen Untersuchungsstandorten.
Überprüfe mit geeigneten Testsets, ob in diesen Wasserproben Phosphate und Nitrate in erhöhten Mengen enthalten sind.

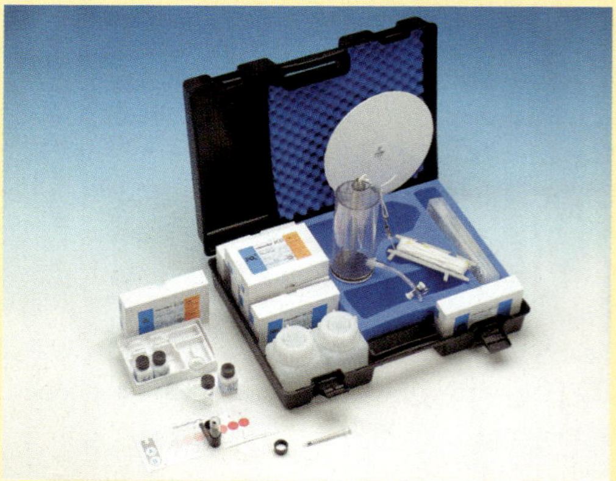

2. *Stelle in einer Wandzeitung Informationen zur Wasserqualität zusammen. Gehe dazu auf die Güteklassen der Gewässer sowie Ursachen und Quellen möglicher Belastungen ein.*

3. *Beschäftigt euch in einer Arbeitsgruppe mit der Bestimmung der Gewässergüte eines stehenden Gewässers. Stellt in einer Präsentation Kriterien zusammen, die untersucht werden müssen.*

4 Schätze der Erde

4.1 Metalle und Legierungen

Metalle – wichtige Werkstoffe

Viele Teile an Fahrzeugen, Brücken, Maschinen, aber auch Essbestecke, wichtige Teile an Fernsehgeräten und Kühlschränken bestehen aus Metallen. Viele Dinge, die wir im Alltag benötigen, sind zumindest teilweise aus Metallen gefertigt.
Was sind Metalle?
Welche Eigenschaften von Metallen machen diese so vielseitig einsetzbar?

Euromünzen

Die 10-, 20- und 50-Cent-Münzen haben eine auffallende Farbe. Daher wird das Material, aus denen sie bestehen, auch als „Nordisches Gold“ bezeichnet. Dabei handelt es sich um eine Kupfer-Aluminium-Zink-Zinn-Legierung.
Was ist eine Legierung?

Metalle am Fahrrad

Zur Herstellung von Fahrradteilen benutzt man hauptsächlich Stahl, Aluminium, Chrom und andere Metalle.
Warum verwendet man unterschiedliche Metalle? Welche Vorteile bieten Legierungen?

Eigenschaften und Verwendung der Metalle

Einige **Metalle** sind seit etwa 7000 Jahren bekannt, z. B. Gold und Kupfer. Um 3000 v. Chr. wurden erste **Legierungen** (spezielle Gemische von Metallen, s. S. 114 f.) verwendet. Ohne Metalle und ihre Legierungen ist unser Leben nicht mehr denkbar. Die Möglichkeiten ihrer Verwendung nehmen ständig zu (s. S. 115).

Gold wurde von den Menschen zuerst verwendet, später Silber und Kupfer. Diese Metalle kamen in der Natur gediegen (als reines Metall) vor oder waren leicht zu gewinnen. Über Jahrtausende entwickelte man Arbeitstechniken zur Gewinnung der Metalle aus ihren Erzen. Die Herstellung und Bearbeitung bestimmter Metalle prägte ganze Entwicklungsepochen, z. B. die Bronzezeit (ca. 2000 v. Chr.) oder die Eisenzeit (ca. 1000 v. Chr.).

Metalle sind durch eine Reihe gemeinsamer Eigenschaften charakterisiert. Mit Ausnahme des Quecksilbers sind sie bei Raumtemperatur fest, relativ einfach verformbar und glänzen charakteristisch. Außerdem weisen sie eine sehr gute elektrische und Wärmeleitfähigkeit auf (s. Experiment). Diese Kombination von Eigenschaften nennt man deshalb **metallische Eigenschaften.**

Die Vielfalt der Verwendungsmöglichkeiten beruht jedoch darauf, dass sich die Eigenschaften teilweise erheblich unterscheiden können. So ist das **Leichtmetall** Magnesium mehr als zehnmal leichter als das **Schwermetall** Gold. Wegen seines geringen Gewichts wird Magnesium ebenso wie Aluminium zunehmend im Karosseriebau verarbeitet. Das edle Gold nutzt man dagegen zur Schmuckherstellung und wegen seiner selbst für Metalle hervorragenden Leitfähigkeit in der Elektroindustrie.

Zinn ist wegen seines relativ niedrigen Schmelzpunktes als Lötzinn (Abb.) geeignet. Die extrem harten Metalle Chrom und Wolfram werden dagegen zum Veredeln von Oberflächen verwendet.

S Experiment

Aufgabe:
Vergleiche die Wärmeleitfähigkeit von Metallen und anderen Materialien.

Vorbereitung:
Geräte: laut Abbildung und Stoppuhr
Chemikalien: Drähte oder Stäbe aus Eisen, Kupfer, Silber, Aluminium, Glas, Kunststoff, Kerzenwachs

Durchführung:
Baue die Apparatur entsprechend der Abb. auf. Erwärme die Stoffprobe lokal und miss die Zeit bis zum Schmelzen der Wachskugel.

Beobachtung und Auswertung:
Notiere deine Beobachtungen. Stelle eine begründete Vermutung auf, warum sich Metalle in ihren Eigenschaften ähneln.

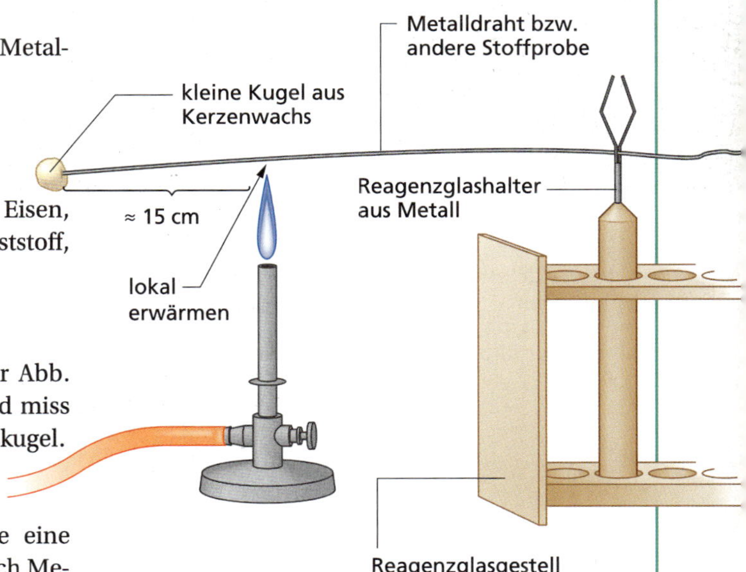

Metall	Eigenschaften	Verwendung
Eisen	legierbar, Legierungen zugfest und korrosionsbeständig	Stahl für Brücken, Maschinenteile
Kupfer	geringer spezifischer Widerstand, gute elektrische Leitfähigkeit	Elektrotechnik, Kabel, Leiterelemente
Aluminium, Magnesium	legierbar, geringe Dichte	für den Bau von Flugzeugen, Fahrzeugteilen
Zink	bildet an der Luft eine Schutzschicht	Überzüge als Schutz vor Korrosion, Legierungen
Gold	beständig, glänzend, gut elektrisch leitfähig	Schmuckgegenstände, Gerätebau, Zahnfüllungen

Letztlich bedingt die Kombination mehrerer Eigenschaften (s. Tab.), darunter auch das chemische Reaktionsverhalten (s. S. 125) und die Verfügbarkeit der Rohstoffe für die Metallgewinnung die Verwendung.
Das häufigste Gebrauchsmetall ist Eisen mit einer Weltjahresproduktion von 600 Mio. Tonnen. Leider korrodiert reines Eisen wie kaum ein anderes Metall und ist zudem relativ schwer, sodass der Anwendung Grenzen gesetzt sind.

Metalle sind Stoffe, die durch eine typische Kombination von Eigenschaften charakterisiert sind. Dazu zählen der metallische Glanz, die plastische Verformbarkeit und die hohe elektrische und Wärmeleitfähigkeit der Feststoffe.

Aufgabe

Stelle mithilfe geeigneter Nachschlagewerke die Steckbriefe für Eisen und Magnesium nach dem Muster auf S. 113 zusammen.

Schmelz- und Siedetemperaturen
- sehr unterschiedliche Schmelz- und Siedetemperaturen (Natrium: ϑ_s = 98 °C, ϑ_v = 892 °C; Wolfram: ϑ_s = 3 410 °C, ϑ_v = 5 500 °C)
- bei Raumtemperatur fest (Ausnahme: Quecksilber)

Verformbarkeit
- alle Metalle plastisch verformbar
- einige Metalle bzw. ihre Legierungen (Stahl) elastisch verformbar

metallischer Glanz
- glatte metallische Oberflächen reflektieren das Licht
- silbrig oder farbig glänzend

Dichte
- Dichte kleiner als 5 g · cm^{-3}: Leichtmetall (z. B. Aluminium)
- Dichte größer als 5 g · cm^{-3}: Schwermetall (z. B. Eisen)

Leitfähigkeit
- alle Metalle elektrisch leitfähig und wärmeleitfähig, jedoch unterschiedlich gut

Härte
- sehr unterschiedliche Härte (Ritzhärte nach MOHS: Blei 1,5; Eisen 4,5; Chrom 9)

Steckbriefe für ausgewählte Metalle

STECKBRIEF: Aluminium

Eigenschaften: silber glänzendes, weiches Metall, sehr guter elektrischer und Wärmeleiter, sehr gut legierbar (Duraluminium)
Dichte: 2,7 g · cm^{-3} (Leichtmetall)
Schmelztemperatur: 660 °C
Siedetemperatur: 2 447 °C

Vorkommen: in der Natur nie gediegen, meist chemisch gebunden als Bauxit, Bestandteil einiger Edelsteine (Rubine, Saphire)

Verwendung: Fenster- und Türrahmen, Verpackungsmaterial, Fahrzeugbau, Flugzeugbau

Besonderheit: sehr spät entdeckt, noch im 19. Jahrhundert wegen seiner Seltenheit teurer als Silber

STECKBRIEF: Gold

Eigenschaften: gelb glänzendes, weiches Metall, polierfähig, sehr dehnbar, sehr guter elektrischer und Wärmeleiter, wenig reaktionsfähig
Dichte: 19,32 g · cm^{-3} (Schwermetall)
Schmelztemperatur: 1 063 °C
Siedetemperatur: 2 972 °C

Vorkommen: gediegen (z. B. Goldnuggets)

Verwendung: Goldschmuck (standardisierte Legierungen: 333er, 585er, 750er und 900er Gold), Zahnmedizin, Elektronik

Besonderheit: Gold lässt sich zu Blattgold von $\frac{1}{6}$ mm Dicke ausschlagen. Aus 1 g Gold kann ein Draht von 3 km Länge gezogen werden.

STECKBRIEF: Blei

Eigenschaften: mattgraues, sehr weiches, giftiges Metall, geringe elektrische und geringe Wärmeleitfähigkeit
Dichte: 11,35 g · cm^{-3} (Schwermetall)
Schmelztemperatur: 327 °C
Siedetemperatur: 1 740 °C

Vorkommen: selten gediegen, meist als Bleiglanz (sulfidisches Erz)

Verwendung: wichtiger Bestandteil in einigen Akkumulatoren (u. a. Autobatterie), Bleiplatten als Schutz vor radioaktiver Strahlung, als Senkblei oder Lot

Besonderheit: Das Metall ist so weich, dass es auf Papier einen grauen Abrieb hinterlässt.

STECKBRIEF: Quecksilber

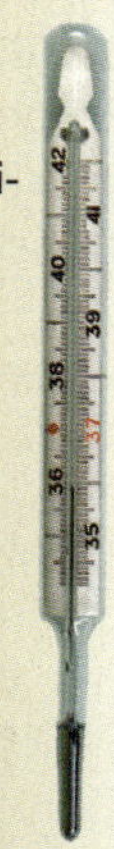

Eigenschaften: silber glänzendes, flüssiges, sehr giftiges Metall, geringe elektrische Leitfähigkeit, schlechter Wärmeleiter, dehnt sich bei Temperaturerhöhung merklich aus, sehr gut legierbar (Amalgam)
Dichte: 13,53 g · cm^{-3} (Schwermetall)
Schmelztemperatur: – 38,9 °C
Siedetemperatur: 356,6 °C

Vorkommen: selten gediegen, häufig als Zinnober (Quecksilbersulfid)

Verwendung: Füllung von Thermometern, Barometern, Manometern, Quecksilberdampf in Höhensonnen

Besonderheit: im Mittelalter *„argentum vivium"* = „lebendes Silber" genannt. Der Name lässt sich von „quick" (schnell) ableiten.

Der Bau der Metalle – Metallbindung

Die Ursache für die gemeinsamen Eigenschaften der Metalle (s. S. 111) liegen in ihrem Bau, d. h. in der Anordnung der Teilchen und der zwischen ihnen wirkenden Kräfte.

Feste Metalle bilden kristalline Strukturen, weil ihre kleinsten Teilchen, die **Metallatome,** geometrisch regelmäßig in einem dreidimensionalen **Metallgitter** angeordnet sind.

Metallatome besitzen nur ein bis drei Außenelektronen. Diese befinden sich weit vom Kern entfernt und können leicht abgegeben werden. Sie sind in der Gitterstruktur **frei beweglich** und bilden das sogenannte **Elektronengas.** Nach der Elektronenabgabe stimmt die Zahl der Protonen und Elektronen in den Atomen nicht mehr überein. Aus den neutralen Atomen entstehen am selben Gitterplatz positiv geladene Atomrümpfe. Durch Aufnahme und Abgabe von Elektronen findet ein ständiger (dynamischer) Wechsel zwischen neutralen Atomen und positiven Rümpfen statt.

Zwischen den positiv geladenen Atomrümpfen und den frei beweglichen elektrisch negativ geladenen Elektronen wirken relativ starke elektrische Anziehungskräfte. Diese bewirken den Zusammenhalt im Kristall. Die Art der Bindung bezeichnet man als **Metallbindung.** Dieses Modell vom Aufbau der Metalle bezeichnet man als **Elektronengasmodell.**

Die Metallbindung wird durch die Anziehung zwischen den positiv geladenen Metall-Ionen (Atomrümpfen) und den negativ geladenen, frei beweglichen Elektronen bewirkt.

Mit dem Elektronengasmodell lassen sich viele Eigenschaften der Metalle gut erklären. Da sich die Metallatome bzw. die Atomrümpfe auf festen Gitterplätzen befinden, weisen die Metalle im Allgemeinen den **festen Aggregatzustand** auf.

Bei ausreichender Wärmezufuhr beginnen die Teilchen jedoch stärker zu schwingen. Wird die Schmelztemperatur des jeweiligen Metalls erreicht, werden die Schwingungen der Teilchen so stark, dass sie die Anziehungskräfte im Metallkristall überwinden und ihre festen Gitterplätze verlassen. Das Metall schmilzt und geht in den flüssigen Aggregatzustand über. Die dafür notwendige Energie ist sehr hoch. Bei weiterer Energiezufuhr wird der gasförmige Aggregatzustand erreicht.

Dadurch, dass das Metallgitter aus gleichartigen oder ähnlichen Atomen besteht, können die Atomschichten relativ leicht durch mechanische Krafteinwirkung gegeneinander verschoben werden. Dabei bilden sich die gleichen Bindungen aus und die Metallatome verbleiben in der neuen Position. Deshalb sind Metalle meist gut **plastisch verformbar**.

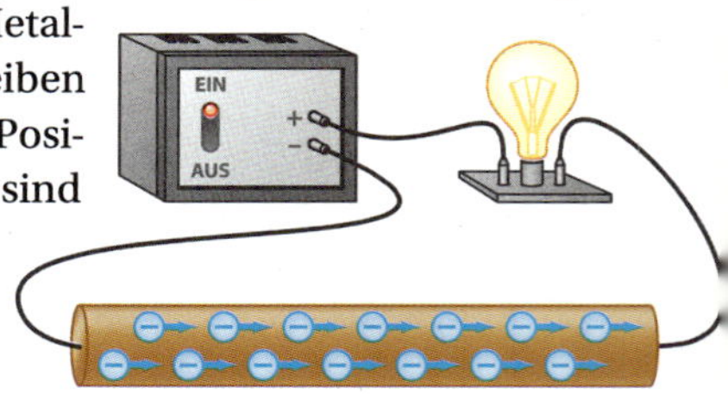

Mithilfe des Baus lässt sich auch die **elektrische Leitfähigkeit** erklären. Sie beruht auf den frei beweglichen Elektronen, die im Metallkristall vorhanden sind. Unter dem Einfluss einer Gleichspannung bewegen sie sich gerichtet, sodass es zu einem Ladungstransport kommt.

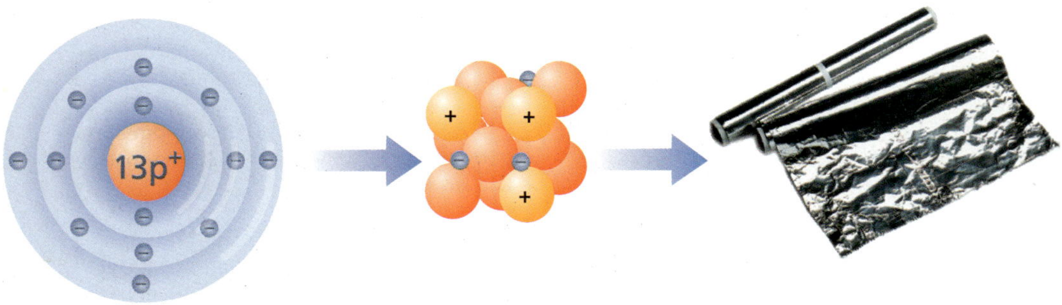

1 Der innere Aufbau der Metallatome erlaubt die dreidimensionale Anordnung im Metallgitter. Diese bedingt die metallischen Eigenschaften.

Struktur-Eigenschafts-Konzept (Metalle)

Die typischen Eigenschaften von Metallen und Legierungen ergeben sich aus der Art, Anordnung und Wechselwirkung zwischen den Teilchen der Metalle.

1. Art der Teilchen: Metallatome besitzen nur wenige Außenelektronen, die relativ schwach an den Atomkern gebunden sind und daher leicht abgegeben werden können. Dabei entstehen positiv geladene Atomrümpfe und frei bewegliche Elektronen, das Elektronengas.

2. Anordnung der Teilchen: Die Metallatome sind regelmäßig in einem dreidimensionalen Metallgitter angeordnet. Durch ständige Aufnahme und Abgabe von Elektronen findet ein dynamischer Wechsel zwischen neutralen Atomen und positiven Rümpfen statt.

3. Wechselwirkungen zwischen den Teilchen: Zwischen den ungeladenen Atomen wirken nur schwache Kräfte. Der starke Zusammenhalt im Metallgitter ist auf die Anziehungskräfte zwischen den positiven Atomrümpfen und den negativen, frei beweglichen Elektronen zurückzuführen.

Metalle sind bei Raumtemperatur fest, da zwischen Atomrümpfen und Elektronen relativ starke Anziehungskräfte wirken und stabile Gitterstrukturen gebildet werden.

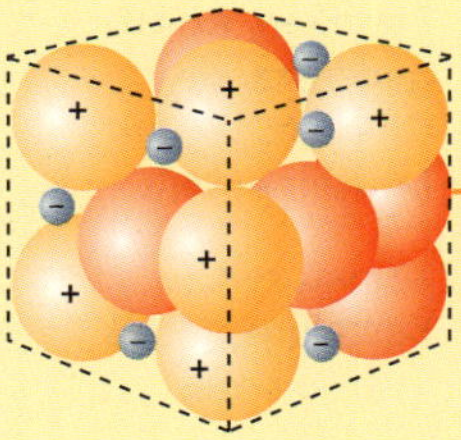

Metallgitter

Metalle sind plastisch verformbar, weil sich aus der Verschiebung der Atomschichten keine wesentlichen Änderungen der Kräfte zwischen den Teilchen ergeben.

Metalle weisen eine gute Leitfähigkeit auf, weil mit dem Elektronengas frei bewegliche Ladungsträger in großer Anzahl zur Verfügung stehen.

Erkläre, warum Legierungen ebenfalls typisch metallische Eigenschaften aufweisen.

Mosaik

Legierungen – Stoffgemische der besonderen Art

Viele elementare Metalle besitzen für die technischen Anwendungen nicht die notwendige Härte, chemische Beständigkeit oder andere spezielle Eigenschaft. Mit der Herstellung von **Legierungen** kann dieses Problem gelöst werden.
Durch das Zusammenschmelzen verschiedener Metalle, mitunter auch durch den Zusatz geringer Mengen an Nichtmetallen (z. B. Kohlenstoff), entstehen Stoffgemische der besonderen Art.
Reine Metalle bestehen aus regelmäßigen dreidimensionale Anordnungen von gleichartigen Metallatomen, den **Metallgittern** (s. S. 116). Bei Legierungen können Fremdatome auf verschiedene Weise in das Gitter eingebaut sein.
Wenn die Atomgröße und der Gittertyp der Legierungspartner annähernd übereinstimmen, werden Metallatome durch andere Metallatome ersetzt (s. Abb. 1a). Eine andere Möglichkeit besteht darin, dass sich kleinere Fremdatome in die Lücken zwischen großen Metallatomen einlagern (Abb. 1b).
Legierungen sind demnach Gemische von zwei oder mehr Elementen, von denen mindestens eines ein Metall ist.

a)

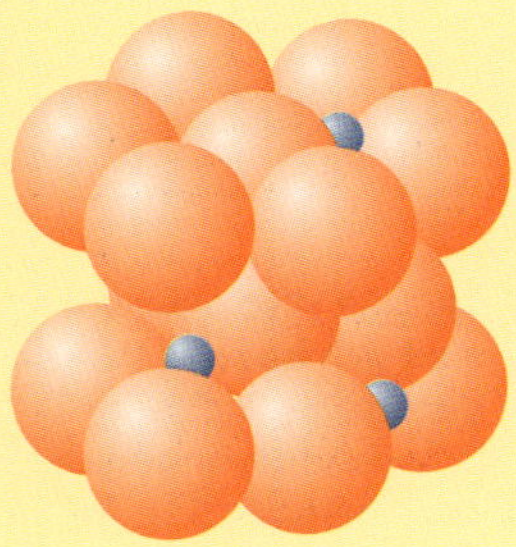

b)

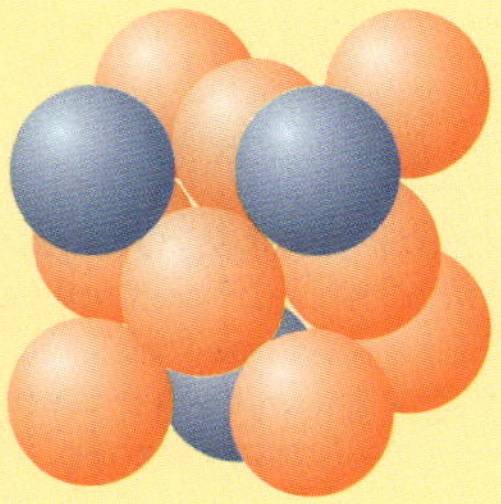

1 Bei Legierungen befinden sich zwischen den Metallatomen kleinere Atome (oben), bzw. Metallatome werden durch andere Atome ersetzt (unten).

Legierungen können durchaus andere Eigenschaften aufweisen als ihre elementaren Bestandteile. Beispielsweise ist Eisen relativ weich und rostet an der Luft sehr schnell.
Die Eisenlegierung **Stahl** (s. S. 128) ist härter, schlagfester und oft beständiger als Eisen. Einfacher Stahl enthält maximal 1,6 % Kohlenstoff. Durch Zusätze von Nickel, Chrom, Wolfram und anderen Elementen erhält man neue Spezialstähle. In der Industrie und im Bauwesen wird hauptsächlich Stahl und kaum Eisen verwendet.

Die Legierung **Bronze** enthält mindestens 60 % Kupfer und als zweiten Hauptbestandteil Zinn. Während die Reinstoffe Kupfer und Zinn relativ weich sind, erreicht die Legierung eine wesentlich größere Härte.
Das wurde bereits in der vorgeschichtlichen Bronzezeit erkannt, obwohl es vielleicht dem zufälligen gemeinsamen Schmelzen von Kupfer- und Zinnerzen zu verdanken ist, dass die Bronze so frühzeitig in der Geschichte der Menschheit (ca. 4000 v. Chr.) gefunden wurde.

Verschiedene Legierungen von Metallen

Legierung	Bestandteile	Verwendung
Bronze	Zinn (25 %) Kupfer (75 %)	Plastiken, Kunstgegenstände, Glocken, Maschinenteile
Messing	Zink (30 %) Kupfer (70 %)	Armaturen, Beschläge, Musikinstrumente
Neusilber	Zink (25 %) Kupfer (50 %) Nickel (25 %)	Besteck, Modeschmuck
V2A-Stahl	Chrom (18 %) Nickel (8 %) Eisen (ca. 73 %)	Haushaltsgegenstände, Reaktoren in der chemischen Industrie
Duraluminium	Aluminium (95 %) Kupfer (3 %) Magnesium (1 %) Mangan (1 %)	Fahrzeug- und Flugzeugbau, Profile

Thema

1 Die Legierung Bronze ist seit 4000 v. Chr. bekannt.

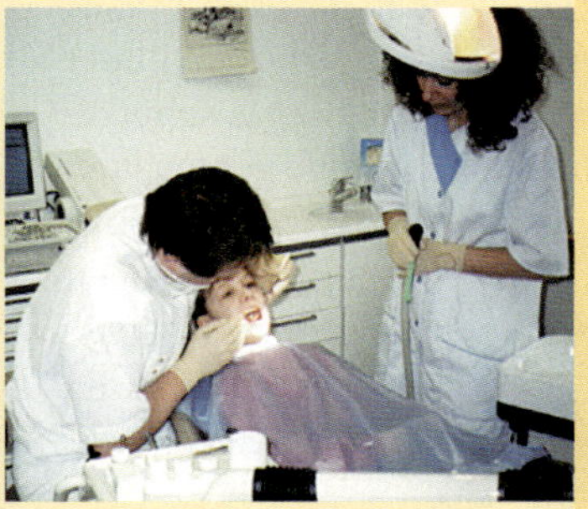

2 Heute verwenden Zahnärzte kaum Plomben aus Amalgam.

3 Früher wurden Kuppeln feuervergoldet.

Spezielle Legierungen im Alltag

Metalle und Metall-Legierungen

Viele Metalle sind aufgrund ihres Baus in der Lage, Legierungen zu bilden.
Durch das Legieren werden die Eigenschaften der Komponenten, insbesondere die des Grundmetalls, verändert und so den verschiedensten Beanspruchungen angepasst. Neben den weit verbreiteten Legierungen Stahl und Messing begegnen uns im Alltag eine Reihe spezieller Materialien, die uns das Leben erleichtern.

Memory-Legierungen

Unter einer Memory-Legierung bzw. einem Memory-Metall versteht man Metall-Legierungen (z. B. Nickel-Titan-Basis), die ihre ursprüngliche Form „speichern" können. Werden Bauteile aus solchen Legierungen nun bei niedrigen Temperaturen in eine bestimmte Form gebracht, erfolgt nur scheinbar eine plastische Verformung. Wiederum über eine kritische Temperatur erwärmt, nehmen sie ihre frühere Form wieder an. Anwendungsbeispiele sind Ver- und Entriegelungen, Schalter etc.

Amalgame

Große Bedeutung haben Amalgame in der Zahnmedizin. Jeder kennt das Problem der Zahnfüllung durch Amalgam. Seit 150 Jahren werden kariöse Zähne mit Plomben aus Amalgam versorgt. Diese Legierung gilt als preisgünstiger, verhältnismäßig einfach zu verarbeitender und dauerhafter Füllwerkstoff. Durch mechanische Beanspruchung und elektrochemische Vorgänge kann Quecksilber austreten. Daher ist dieses Material in der Diskussion, die Legierung in der Zahnmedizin sehr umstritten.
Die Legierungsbildung von Quecksilber mit Gold (Goldamalgam) erfolgt ebenfalls sehr leicht. Goldamalgam kann auf Gegenstände gut aufgetragen werden. Durch Erhitzen verdampft das Quecksilber und eine dünne Goldschicht verbleibt auf dem Gegenstand. Früher wurden durch dieses Feuervergolden Kuppeln und Dächer mit einer Goldschicht bedeckt. Da Quecksilberdämpfe aber giftig sind, ist dieses Verfahren außerordentlich gesundheitsschädlich und findet heute nur noch in der Schmuckindustrie Anwendung.

... und mehr

Informiere dich auch unter: *Chemie im Altertum, Edelmetall Gold, Stahl*

Chemie im Kontext

Kupfer in modernen Haushalten

Kupfer hat für Leitungen, Kabel und Wicklungen in der Elektrotechnik eine große Bedeutung. Auch die Rohrleitungen von Heizungsanlagen bestehen oft aus Kupfer.
Welche Eigenschaften machen es für diesen Verwendungszweck geeignet?

Durch Rohre aus Kupfer fließt warmes und kaltes Wasser. Kupfer ist beständig gegen Brauchwasser und bewahrt auch bei tieferen Temperaturen seine Festigkeit. Durch die gute Verformbarkeit lassen sich Kupferrohre leicht verlegen.
Mit dem Löten, einem Verfahren zum Verbinden von metallischen Werkstoffen, können die Rohre relativ einfach und dicht verbunden werden. Zum Löten wird Weichlot (96 % Sn, 4 % Ag – Schmelzpunkt ca. 220 °C) oder Hartlot (5 % Sn, 56 % Ag, 22 % Cu, 17 % Zn – Schmelzpunkt ca. 500 °C) verwendet, die gut zu verarbeiten sind und die Kupferrohre fest verbinden.

Stahl – ein weit verbreiteter Werkstoff

Roheisen aus dem Hochofenprozess wird nicht zu reinem Eisen weiterverarbeitet, sondern zu Stahl veredelt (s. S. 128 f.). Bestimmte Stahlsorten verwendet man in großem Maßstab zum Brückenbau oder für Stadiondächer.
Begründe, warum man für solche Konstruktionen Stahl verwendet und nicht reines Eisen.

Reines Eisen besitzt nicht die für Konstruktionen erforderlichen Werkstoffeigenschaften, denn es ist relativ weich (4,5 nach der Härteskala von MOHS) und rostet an feuchter Luft rasch. Es würde der Belastung einer Brücke nicht standhalten. Verschiedene Stahlsorten, die großtechnisch hergestellt werden, sind dagegen hart und zugfest und, wenn sie außer Kohlenstoff andere Elemente wie Mangan, Chrom, Nickel enthalten, auch relativ korrosionsbeständig. Stahlkonstruktionen von Brücken werden darüber hinaus durch spezielle Anstriche, durch Verzinken oder Einbetten in Beton vor dem Verrosten geschützt. Wegen seiner schlechteren Werkstoffeigenschaften wird reines Eisen nur in geringen Mengen durch spezielle chemische Verfahren hergestellt.

Es ist nicht alles Gold, was glänzt

Gold spielte für die Menschen schon lange eine Rolle. Es war aufgrund seiner Eigenschaften nicht nur für die Herstellung von Schmuck gut geeignet, sondern entwickelte sich zum Zahlungsmittel und war und ist ein Symbol für Macht und Reichtum. Daher war es nicht verwunderlich, dass Alchemisten versuchten, Gold herzustellen und einige mithilfe ihrer chemischen Kenntnisse auch die Herstellung von Gold vortäuschten.

Der Lehrer demonstriert, wie eine Kupfermünze in eine „Goldmünze" verwandelt wird. Beobachte das Experiment genau und versuche zu erklären, was passiert ist. Ist wirklich Gold entstanden? Wie könnte man die Goldherstellung beweisen bzw. widerlegen?

Vorbereitung:

Geräte: Becherglas, Tiegelzange, Brenner, Dreifuß, Metallgitter

Chemikalien: Natriumhydroxidlösung, Kupfermünze, Zinkpulver

Durchführung:

Die Natriumhydroxidlösung wird zusammen mit dem Zinkpulver erhitzt. In die leicht siedende Flüssigkeit gibt man ca. eine Minute lang die Kupfermünze.

Dann holt man die Münze vorsichtig heraus und wäscht sie ab. Die trockene Münze wird jetzt einige Male durch die heiße Brennerflamme gezogen.

Beobachtung:

Die Kupfermünze erscheint silbern, wenn sie in der Natriumhydroxidlösung mit Zinkpulver erhitzt wurde. Wird die trockene Münze durch die Brennerflamme gezogen, erscheint sie nach dieser Behandlung golden.

Auswertung:

Es handelt sich bei der vergoldeten Münze nur scheinbar um Gold. Die goldähnliche Färbung der Münze wird durch Legierungsbildung hervorgerufen. In der Natriumhydroxidlösung schlägt sich Zink auf der Münze nieder. Die Münze ist verzinkt und erscheint daher silbern.

Durch das Erhitzen bildet sich an der Oberfläche der Münze eine Legierung aus Zink und Kupfer, also Messing, die wir aus dem Alltag als **Messing** kennen.

Es gibt verschiedene Verfahren um nachzuweisen, ob bei einer Reaktion Gold entstanden ist oder nicht. Eine der einfachsten Methoden ist die Untersuchung der Dichte des Metalls. Von einer ähnlichen Aufgabe berichtet die antike Geschichtsschreibung im Zusammenhang mit einer Krone, die der König Hieron II. bestellt hatte. Das Gold zu ihrer Fertigung hatte er geliefert. Der Verdacht bestand, dass der Goldschmied einen Teil des Goldes unterschlagen hatte, obwohl das Gewicht der Krone stimmte.

Der bekannte Gelehrte ARCHIMEDES (287 v. Chr. – 212 v. Chr.) löste damals das Problem, indem er seine Kenntnisse über den Auftrieb nutzte. Er befestigte die Krone an der einen Seite einer Waage und an der anderen Seite einen Goldklumpen mit demselben Gewicht. Dann ließ er beide Körper in Wasser hinab. Die Waage, die sich vorher im Gleichgewicht befand, neigte sich nun zu einer Seite. Das Volumen der Körper stimmte bei gleicher Masse nicht überein. So bewies er, dass die Krone eine andere Dichte als der Goldklumpen aufwies. Die Idee für diese Problemlösung soll er übrigens in der Wanne gehabt haben.

gewusst · gekonnt

1. Ergänze dein Glossar um folgende Begriffe.

Glossar

Bronze
Elektronengas
Legierung
Metall
Metallbindung
Metallgitter

2. Die folgende Abbildung zeigt Gegenstände aus dem Haushalt, die aus Metallen gefertigt werden.
Begründe, warum gerade diese Gegenstände aus Metallen bestehen. Gehe dabei auf wichtige Eigenschaften der Metalle ein.

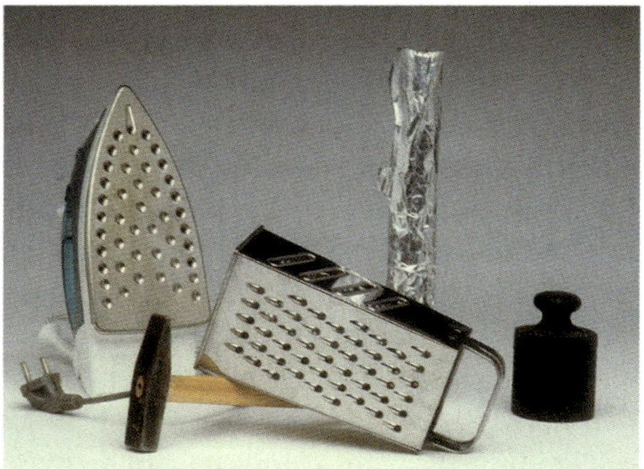

3. Vergleiche die Härte verschiedener Metalle (z. B.: Magnesium, Blei, Eisen, Kupfer). Bestimme dazu die Ritzhärte nach MOHS (s. S. 24). Beschreibe deine Vorgehensweise bei diesem Experiment. Notiere Beobachtungen und ziehe Schlussfolgerungen.

4. Die elektrische Leitfähigkeit von Stoffen kann experimentell geprüft werden.
Plane ein einfaches Experiment zum Vergleich der elektrischen Leitfähigkeit von Glas, Eisen, Kupfer, Holz, Plast. Führe das Experiment durch und werte es aus.

5. Plane einen Versuch, mit dem man die Dichte eines Metalls bestimmen kann und führe es durch. Vergleiche den experimentell ermittelten Wert mit Dichtewerten aus Tabellen- und Tafelwerken.
Erkläre mögliche Abweichungen. Informiere dich dazu auch unter www.schuelerlexikon.de zum Suchwort „Fehlerbetrachtung“.

6. Stelle mithilfe geeigneter Nachschlagewerke für verschiedene Metalle die Schmelz- und Siedetemperaturen zusammen. Begründe, warum Metalle bei Raumtemperatur (Ausnahme Quecksilber) fest sind. Beschreibe den Übergang in den flüssigen Aggregatzustand auf Teilchenebene.

7. Interpretiere das unten stehende Diagramm. Erkläre, warum die elektrische Leitfähigkeit von Metallen in der dargestellten Art und Weise von der Temperatur abhängt.

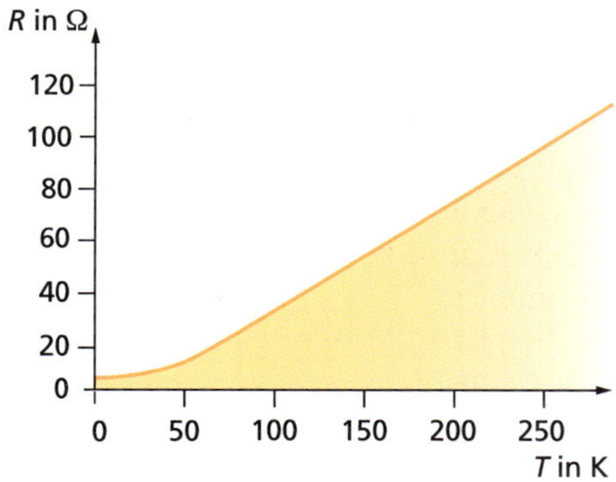

8. Erstelle eine Präsentation in Form eines Posters oder eines Vortrags über den Zusammenhang zwischen der Struktur und den Eigenschaften von Metallen.

9. Unterhalb der Angelpose wird meist ein Metallkörper befestigt.
Begründe, warum man dazu das Metall Blei und nicht Aluminium verwendet.

10. Erkläre, warum Isolationsmaterialien für Bauzwecke häufig zusätzlich mit einer Aluminiumfolie versehen sind.

11. Nenne technische Verfahren, bei denen die Verformbarkeit von Metallen ausgenutzt wird. Gib Produktbeispiele an, die mit diesen Verfahren hergestellt werden.

12. Radiatoren, Heizwendeln, Bügeleisen und andere Gegenstände im Haushalt bestehen aus Metallen. Begründe, warum Metalle für deren Herstellung verwendet werden.

13. Türgriffe aus Metall fühlen sich bei niedrigen Außentemperaturen kalt an. Auf Türgriffe aus Kunststoff trifft das nicht in dem Maße zu. Finde eine Erklärung für dieses Verhalten.

14. Autofedern fertigt man aus Stahl. Welche Eigenschaft des Stahls wird genutzt? Warum ist die Herstellung aus Eisen nicht zweckmäßig?

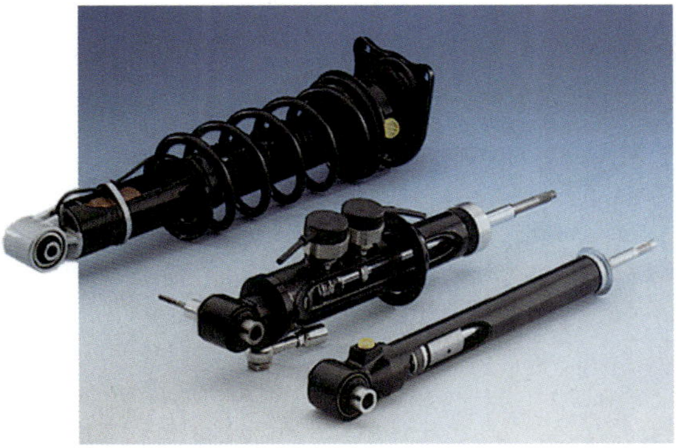

15. Die Wikinger benutzten auf ihren Seefahrten frei beweglich gelagerte Pfeile aus Metall zur Orientierung. Um welches Metall könnte es sich gehandelt haben?
Beschreibe die Funktion dieses Hilfsmittels.

16. Vergleiche die Eigenschaften von Eisen und Stahl in einer Tabelle. Stelle einen Zusammenhang zum Bau her. Welche Verwendungsmöglichkeiten beider Stoffe ergeben sich aus den Eigenschaften?

17. Gold ist ein begehrtes Edelmetall. Informiere dich über die Verfahren zur Goldgewinnung.

18. In einem Goldring ist die Zahl 333 eingraviert. Wie viel Gramm reines Gold enthält der Ring, wenn er eine Masse von 10 g hat?

19. Gib die Symbole für folgende Metalle an:
a) Gold
b) Kupfer
c) Gallium
d) Aluminium
e) Cadmium
f) Eisen

Ermittle die Eigenschaften und die Verwendung von drei Elementen. Nutze dazu verschiedene Medien.

20. Überprüfe die Eurocent-Münzen mit einem Magneten. Leite aus deiner Beobachtung eine Aussage über die Zusammensetzung der Münzen ab. Überprüfe diese Vermutung mithilfe des Internets.

21. Legierungen wie Stahl oder Messing begegnen uns im Alltag auf Schritt und Tritt. Informiert euch über
a) den Bau von Legierungen,
b) Stahl,
c) Messing und
d) moderne Speziallegierungen.

Bildet Expertengruppen (s. S. 40), in denen ihr die Informationen austauscht. Präsentiert eure Ergebnisse in Form einer Wandzeitung.

22. Bereite einen Vortrag über die Nutzung von Bronze als Werkstoff vor. Erläutere dabei, warum im Altertum Kupfer und Zinn miteinander verschmolzen wurden und nicht Kupfer und Eisen.

4.2 Reaktionen von Metallen

Eisen und Eisenerz

Eisen bzw. Stahl spielten in der Geschichte der Menschheit schon lange eine große Rolle. Waffen aus Stahl ermöglichten es dem spanischen Eroberer Cortez das Reich der Azteken zu unterwerfen, um an die sagenhaften Goldschätze zu gelangen. Eine ganze Kultur wurde vernichtet, weil Waffen aus Stahl denen der Azteken überlegen waren.
Welche chemischen Reaktionen sind zur Gewinnung von Stahl notwendig?

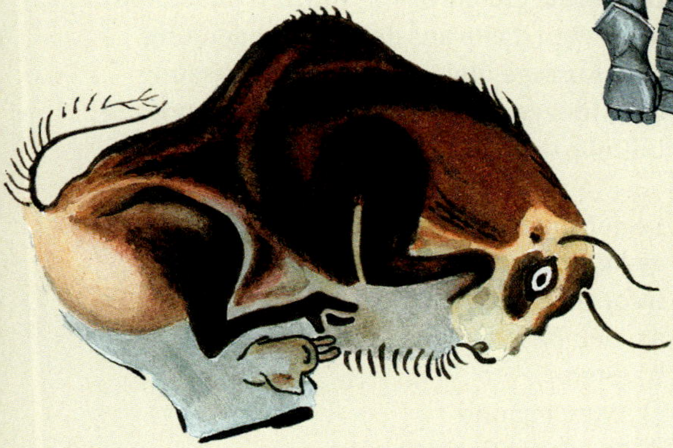

Kunst in der Urzeit

In der Höhle Lascaux in Frankreich wurden wunderschöne Wandmalereien entdeckt. Diese gezeichneten Tiere und Jagdszenen dienten kultischen Zwecken und entstanden vor 14 500–13 000 v. Chr. Auch heute noch, nach Jahrtausenden, sind die Farben erhalten und wunderschön anzusehen.
Wo hatten die Menschen die Farben her, die Jahrtausende überdauerten?

Eisengewinnung im Wandel der Zeiten

Schon in keltischer, römischer und germanischer Zeit wurde Eisen in geringen Mengen mithilfe einfacher Schmelzöfen gewonnen. Bis zur ersten Hälfte des 16. Jh. dominierte das Schmelzen in Rennöfen. Das erzeugte Roheisen war noch mit Schlacke versetzt und musste durch mehrfaches Schmieden langwierig bearbeitet werden. Seit dem 18. Jh. erfolgt die Roheisengewinnung im Hochofen.
Was ist ein Hochofen?
Wie wird im Hochofen aus Eisenerz Roheisen gewonnen?

Metalloxide – wichtige Rohstoffe

Metalloxide sind Verbindungen von Metallen mit Sauerstoff. Sie haben große Bedeutung als Bestandteile von Erzen und stellen wichtige Ausgangsstoffe für die Gewinnung der Metalle dar. Aber auch die Metalloxide selbst finden Verwendung, z. B. als Farbpigmente (s. Tab.).
Der Ausgangsstoff für die Herstellung von Kalkmörtel besteht überwiegend aus Calciumoxid. Kalkmörtel ist ein wichtiger Baustoff.
Metalloxide bilden sich unter anderem durch Reaktion der elementaren Metalle mit Sauerstoff.

$$2\,Fe + O_2 \longrightarrow 2\,FeO$$
$$2\,Mg + O_2 \longrightarrow 2\,MgO$$
$$4\,Al + 3O_2 \longrightarrow 2\,Al_2O_3$$

Allerdings ist das Reaktionsverhalten der Metalle gegenüber Sauerstoff unterschiedlich. Bei Weitem nicht alle Metalle werden so einfach wie Eisen oxidiert. Silber oder Gold kommen in der Natur sogar elementar vor.

Farben ausgewählter Metalloxide

Metalloxide	Farbe
Eisenoxide	braun, rotbraun oder gelbbraun
Chromoxid	grün
Titanoxid	weiß
Bleioxid	orange

Metall	Metalloxide
Aluminium (Al)	Al_2O_3
Eisen (Fe)	FeO, Fe_2O_3, Fe_3O_4
Kupfer (Cu)	Cu_2O, CuO
Magnesium (Mg)	MgO
Quecksilber (Hg)	HgO
Zink (Zn)	ZnO

S Experiment

Aufgabe:
Untersuche das Verhalten verschiedener Metalle beim Erhitzen an Luft.

Vorbereitung:
Geräte: Tiegelschale, Filterpapier, Tiegelzange, Brenner, Magnesiarinne, Schutzbrille
Chemikalien: Eisendraht, Eisenpulver, Zinkdraht, Zinkpulver, Kupferdraht, Kupferpulver

Durchführung:
a) Halte ein Stück eines blanken Metalldrahts mit der Tiegelzange in die entleuchtete Brennerflamme, bis der Draht aufglüht. Lege die Probe in der Tiegelschale ab.
b) Gib das entsprechende Metallpulver auf die Magnesiarinne und puste vorsichtig etwas davon in die Brennerflamme (siehe Abb., Schutzbrille!)

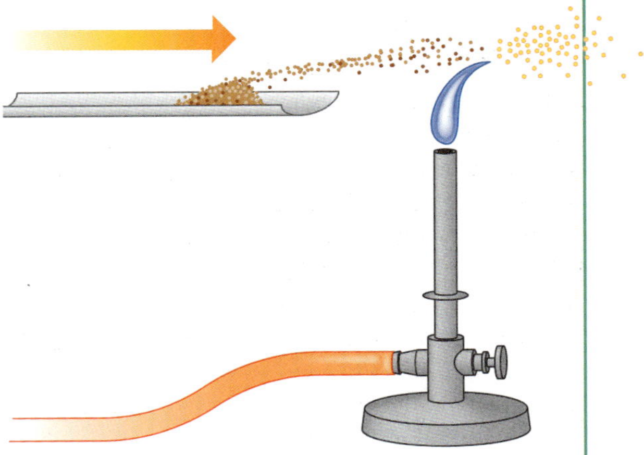

Beobachtung und Auswertung:
Vergleiche das Aussehen der Stoffproben vor und nach dem Erhitzen. Worauf beruht das unterschiedliche Reaktionsverhalten von Metallen?

Methode

Wertigkeit und Formel

Die Formeln für Metalloxide kann man Formelsammlungen entnehmen oder selbst aufstellen. Beim Nachschlagen in Tabellen fällt auf, dass es unterschiedliche Metalloxide, z. B. verschiedene Eisenoxide, gibt.

FeO:	Eisen(II)-oxid
Fe_2O_3:	Eisen(III)-oxid
Fe_3O_4:	Eisen(II, III)-oxid

Wenn es mehrere Oxide des gleichen Metalls gibt, ist die Wertigkeit des Metalls im jeweiligen Oxid durch römische Ziffern angegeben.

Die Wertigkeit eines Elements in einer Verbindung gibt an, wie viel Wasserstoffatome es theoretisch binden oder in einer Verbindung ersetzen kann.

Wasserstoff selbst ist immer einwertig, sodass die Wertigkeit der anderen Elemente immer auf Wasserstoff bezogen wird. Im Wassermolekül (s. S. 95) bindet ein Sauerstoffatom zwei Wasserstoffatome. Folglich ist Sauerstoff zweiwertig.

H_2O

In anderen Verbindungen wie Magnesiumoxid ist Sauerstoff ebenfalls zweiwertig. Da Magnesium theoretisch zwei Wasserstoffatome ersetzt, ist es ebenfalls zweiwertig. Das Atomzahlverhältnis Mg : O beträgt 1 : 1, die Formel lautet MgO.

Ist eine Verbindung aus den Elementen A und B aufgebaut, dann ist die Summe der Wertigkeiten der Atome des Elements A gleich der Summe der Wertigkeiten der Atome des Elements B.

Diese Gesetzmäßigkeit wird zum Aufstellen chemischer Formeln genutzt. Dabei bildet man die kleinsten gemeinsamen Vielfachen (k. g. V.) der Wertigkeiten und berechnet daraus die Anzahl der Atome pro Formeleinheit.

Fe: 3-wertig | O: 2-wertig

k. g. V. aus 2 und 3 beträgt 6

Die Summe der Wertigkeiten von 2 Eisenatomen beträgt 6. | Die Summe der Wertigkeiten von 3 Sauerstoffatomen beträgt 6.

Stoff: Eisen(III)-oxid
Atomzahlverhältnis:
Fe : O = 2 : 3
Formel: Fe_2O_3

In manchen Verbindungen können Elemente in zwei Wertigkeitsstufen auftreten. So sind im Fe_3O_4 zwei Drittel der Eisenatome dreiwertig und ein Drittel der Eisenatome zweiwertig. Auf diese Weise kompensieren drei Eisenatome die Wertigkeit von vier Sauerstoffatomen ($2 \cdot 3 + 1 \cdot 2 = 8 = 4 \cdot 2$).

Aufgaben

1. Informiere dich über die Bedeutung von Metalloxiden in Natur und Technik und erstelle dazu ein Mind Map.

2. Nenne drei Möglichkeiten, wie man aus Metalloxiden die reinen Metalle gewinnen kann. Stelle die entsprechenden Reaktionsgleichungen auf.

3. Welche Wertigkeit haben die einzelnen Elemente in folgenden Verbindungen: HCl, CH_4, CO_2, Al_2O_3, HgO und Cu_2O.

4. Interpretiere die Formeln folgender Verbindungen: Zink(II)-oxid, Blei(IV)-oxid, Gold(III)-oxid, Vanadium(V)-oxid, Silber(I)-oxid und Blei(II, IV)-oxid.

Vom Oxid zum Metall

Viele Metalle kommen auf der Erde nur chemisch gebunden vor. Die **Erze** enthalten oft Oxide wie Eisen(II,III)-oxid (Magnetit) oder Kupfer(I)-oxid (Cuprit).
Bei der Metallgewinnung aus den Oxiden geht es darum, dem Metalloxid durch eine chemische Reaktion den Sauerstoff zu entziehen.
Einige Metalloxide können durch Wärmezufuhr zersetzt werden. Im Labor wird auf diese Art und Weise Quecksilber hergestellt. Bei der Reaktion wird rotes Quecksilberoxid thermisch gespalten. Dabei bilden sich das silberglänzende Quecksilber und das farblose Gas Sauerstoff.

$$2\,HgO \longrightarrow 2\,Hg + O_2 \qquad Q = +n\ kJ$$

Den Prozess, bei dem ein Stoff Sauerstoff abgibt, bezeichnet man als **Reduktion.**
Aus Eisenoxiden lässt sich jedoch der Sauerstoff nicht durch Erhitzen abspalten. Man benötigt ein **Reduktionsmittel RM.** Als Reduktionsmittel kann Aluminium eingesetzt werden, das ein großes Bestreben hat, Sauerstoff aufzunehmen.
Dies wird genutzt, um kleinere Mengen Eisen herzustellen, z. B. beim Gleisbau für Eisen- und Straßenbahn (Abb. 1). Das Verfahren nennt man **aluminothermisches Schweißen** oder Thermitverfahren (Abb. 2).
Das **Reduktionsmittel** Aluminium nimmt während der Reaktion Sauerstoff aus dem Eisenoxid auf, es **wird oxidiert.** Das Eisenoxid gibt Sauerstoff ab. Es reagiert demzufolge als **Oxidationsmittel (OM)** und wird selbst **reduziert.**

Reduktion

$$\underset{OM}{Fe_2O_3} + \underset{RM}{2\,Al} \longrightarrow 2\,Fe + Al_2O_3$$

Oxidation

Ein Stoff gibt Sauerstoff ab - Reduktion. Gleichzeitig nimmt der andere Stoff Sauerstoff auf - Oxidation. Dabei verläuft die **Teilreaktion Oxidation** exotherm und die **Teilreaktion Reduktion** endotherm.

L Experiment

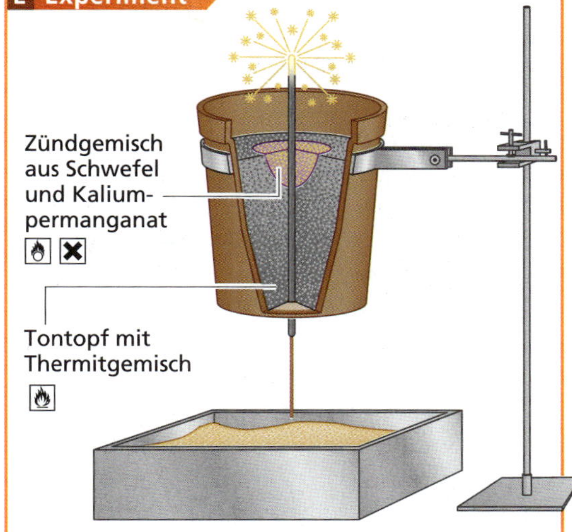

1 Beim Modellexperiment zum aluminothermischen Schweißen können auch andere Zündgemische verwendet werden.

Die chemischen Teilreaktionen Oxidation und Reduktion sind nicht voneinander zu trennen, beide laufen gleichzeitig ab. Die Gesamtreaktion heißt **Redoxreaktion.** In Abhängigkeit davon, wie groß der Energiebeitrag der beiden Teilreaktionen ist, kann die Redoxreaktion sowohl endotherm als auch exotherm ablaufen.

Eine chemische Reaktion, bei der Oxidation und Reduktion gleichzeitig ablaufen, nennt man Redoxreaktion.

2 Das Thermitschweißen ist auch heute noch ein gebräuchliches Schweißverfahren.

Von edlen und unedlen Metallen

Zur Reduktion von Eisenoxiden lässt sich nicht jedes Metall verwenden. Kupfer reagiert beispielsweise nicht mit Eisenoxid und kann nicht als Reduktionsmittel eingesetzt werden. Dagegen kann Kupferoxid durch Eisen oder Aluminium reduziert werden. Ursache ist das unterschiedliche Bestreben der Metalle, Sauerstoff aufzunehmen - ihre **Sauerstoffaffinität** (lat. *affinitas* = Verwandtschaft).
Entsprechend ihrer Sauerstoffaffinität bzw. ihrer unterschiedlichen reduzierenden Wirkung kann man die Metalle in einer **Affinitätsreihe** (s. Abb. 1) ordnen.
Metalle mit einer hohen Sauerstoffaffinität wie Aluminium besitzen eine stark reduzierende Wirkung. Sie werden schon durch den Sauerstoff der Luft oxidiert und als **unedle Metalle** bezeichnet. **Edle Metalle** wie Silber oder Gold sind gegen Luftsauerstoff beständig, weil sie nur eine sehr geringe Sauerstoffaffinität aufweisen.

Metalle weisen eine unterschiedliche Sauerstoffaffinität und reduzierende Wirkung auf. Danach ordnet man sie in einer Redoxreihe an und unterteilt in edle bzw. unedle Metalle.

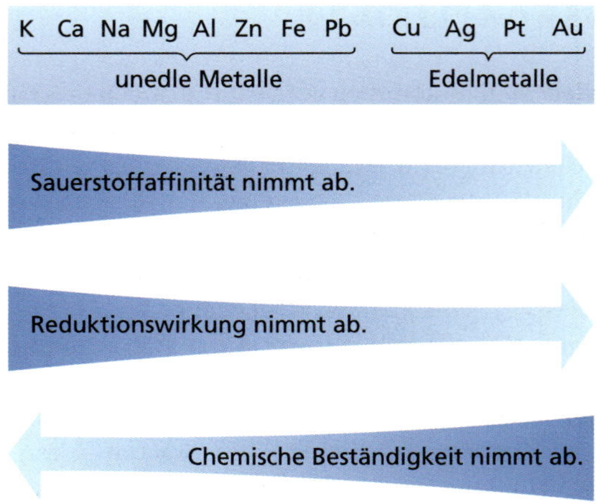

1 Metalle kann man entsprechend ihres chemischen Reaktionsverhaltens ordnen.

Aufgaben

1. Erläutere den Begriff Redoxreaktion an einem selbst gewählten Beispiel. Entwickle die Reaktionsgleichung und kennzeichne die Teilreaktionen. Lege fest, welche Ausgangsstoffe Oxidationsmittel und welche Reduktionsmittel sind.

2. Begründe warum unedle Metalle stärker zur Korrosion neigen als Edelmetalle.

S Experiment

Aufgabe:
Ermittle die Affinitätsreihe der folgenden Metalle: Eisen, Kupfer, Magnesium, Zink.

Vorbereitung:
Geräte: laut Abbildung, Mörser, Spatel
Chemikalien: Eisenpulver, Eisen(III)-oxid, Kupferspäne, Kupfer(II)-oxid, Magnesiumspäne, Magnesiumoxid, Zinkpulver, Zinkoxid

Durchführung:
Mische im Mörser jeweils ein Metall mit einem Oxid eines anderen Metalls. Erhitze das Gemisch im Keramikschiffchen bis zur Rotglut (Achtung! Schutzbrille!) und lasse es langsam abkühlen.

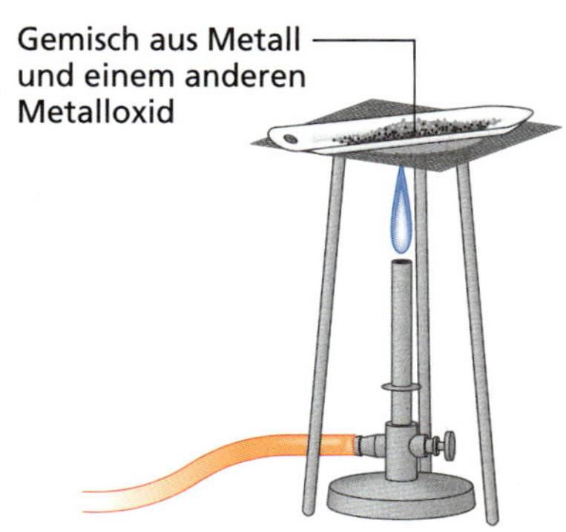

Beobachtung und Auswertung:
Notiere deine Beobachtungen. Entwickle die Reaktionsgleichungen für die beobachteten Redoxreaktionen. Leite daraus die Affinitätsreihe der genannten Metalle ab.

Korrosion und Korrosionsschutz

Die Oxidation von unedlen Metallen wie Eisen an feuchter Luft erfolgt bereits bei tiefen Temperaturen. Die dabei gebildeten Eisenoxide kennen wir als **Rost,** der im Alltag zu erheblichen Problemen führt.

Auch andere Metalle werden unter dem Einfluss von Luftsauerstoff und Wasser langsam oxidiert. Diese unerwünschte Oxidation bezeichnet man auch als **Metallkorrosion.** Eisen und Magnesium werden durch derartige Korrosionsprozesse vollständig oxidiert und so zerstört.

Aluminium und Zink sind trotz ihrer hohen Sauerstoffaffinität relativ beständig. Diese und andere unedle Metalle bilden an Luft fest haftende Oxidschichten an der Oberfläche. Die Oxidschichten sind so dicht, dass sie das darunter liegende Metall von der Luft abschirmen und vor weiterer Korrosion schützen.

Beim sogenannten Eloxieren von Aluminium wird die Schicht sogar künstlich verstärkt.

Um wirtschaftliche Schäden gering zu halten, müssen deshalb besonders Eisen- und Stahlteile vor feuchter Luft geschützt werden. Am einfachsten ist dies durch Einölen und Einfetten der Gegenstände zu erreichen. Haltbarer sind Anstriche mit Rostschutzfarben oder das Auftragen von Lacken. Vielfach werden auch Beschichtungen mit anderen Metallen (z.B. mit Zink, Nickel und Chrom) angewendet (Abb. 2). Dabei nutzt man unter anderem die unterschiedliche Sauerstoffaffinität der Metalle aus.

Eine weitere Möglichkeit des Rostschutzes besteht in der Herstellung von besonders legierten Stahlsorten (s. S. 129). Der Einsatz von korrosionsfesten Stählen kommt besonders bei Brücken und Metallkonstruktionen zur Anwendung.

Die langsame Zerstörung von Metallen durch Oxidation unter dem Einfluss feuchter Luft nennt man Korrosion.

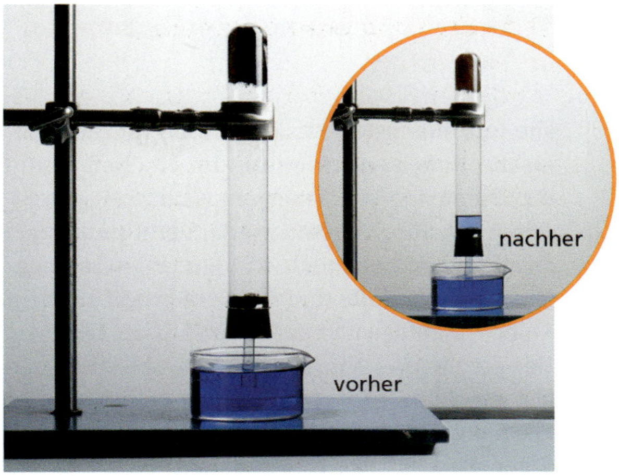

1 Das Luftvolumen im Reagenzglas verringert sich, weil beim Rosten Sauerstoff verbraucht wird.

2 Farbige Lacke sehen nicht nur schön aus, sondern schützen das Metall auch wirksam vor Korrosion.

Aufgaben

1. Welche Bedingungen müssen erfüllt sein, damit Eisen rostet? Leite daraus Maßnahmen zum Korrosionsschutz ab, durch die das Rosten verlangsamt wird.

2. S Untersuche das Korrosionsverhalten von Eisen in destilliertem Wasser, Leitungswasser und Öl experimentell. Entwickle einen Plan für das Experiment und fordere die benötigten Geräte und Chemikalien an. Notiere deine Beobachtungen und erkläre sie.

Technische Gewinnung von Roheisen im Hochofen

Die wesentlichsten Ausgangsstoffe für die **technische Roheisengewinnung im Hochofen** sind die Eisenoxide in Eisenerzen. Nichtoxidische Eisenerze (s. Tab.) müssen vor der Verhüttung noch chemisch vorbehandelt werden. Weitere wichtige Ausgangsstoffe sind der Kohlenstoff aus dem **Koks, Zuschläge** und der Sauerstoff der **Luft.**
Der Hochofen (Abb. 1) wird von oben mit den festen Stoffen so beschickt, dass Schichten von Eisenerz und Koks wechseln. Sie sinken nach unten. Die vorgewärmte Luft wird von unten eingeblasen und durchströmt beim Aufsteigen die anderen Ausgangsstoffe.
Wesentlich für den Hochofenprozess ist die Reaktion des Kohlenstoffs mit dem Sauerstoff der Luft, die im unteren Teil des Hochofens erfolgt. Diese Reaktion ist exotherm und **liefert die notwendige Energie** für die endothermen Reduktionsprozesse, aber auch für Wärme verbrauchende physikalische Vorgänge (Schmelzen des Eisens und der Schlacke).
Damit die Reduktion der Eisenoxide erfolgen kann, ist ein **Reduktionsmittel** erforderlich. Der Kohlenstoff aus dem Koks wirkt zum Teil reduzierend. Das wesentlichste Reduktionsmittel ist jedoch **Kohlenstoffmonooxid** (CO). Das Gas entsteht **im Hochofen** durch die Reduktion von Kohlenstoffdioxid und Kohlenstoff.

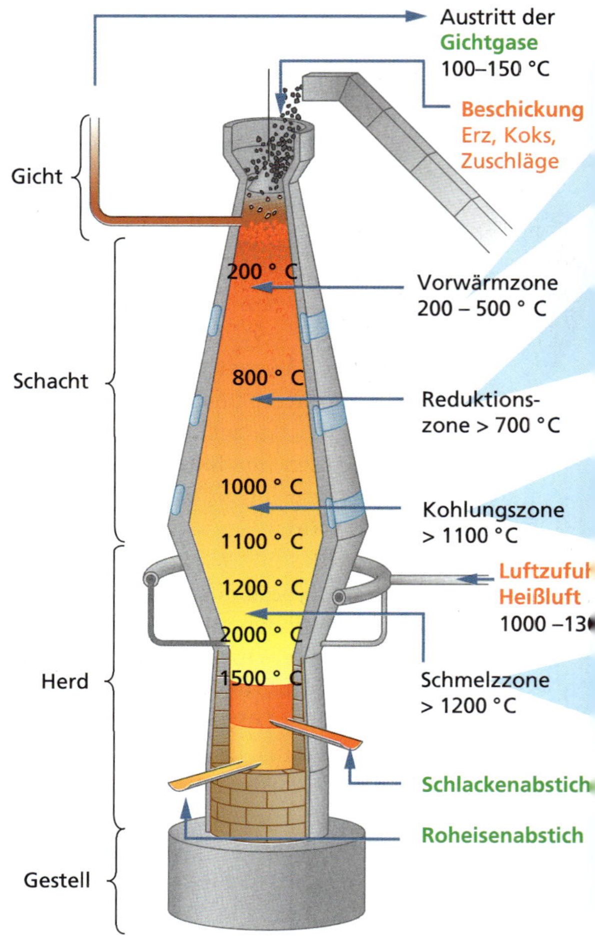

1 Eisengewinnung im Hochofen

Name des Erzes	Formel des Erzes	Eisengehalt	Vorkommen
Magneteisenstein (Magnetit)	Fe_3O_4 ($FeO \cdot Fe_2O_3$)	ca. 60–70 %	Russland, Schweden, Norwegen
Roteisenstein (Hämatit)	Fe_2O_3	ca. 45–70 %	Russland, Thüringen, Harz, USA, Brasilien
Brauneisenstein (Limonit)	$Fe_2O_3 \cdot n\ H_2O$	ca. 25–60 %	Russland, Frankreich, Thüringen, Lothringen, Salzgitter, Peine
Spateisenstein (Siderit)	$FeCO_3$	ca. 30–45 %	Russland, Österreich
Schwefelkies (Eisenkies/Pyrit)	FeS_2	ca. 45 %	Polen, Spanien, Schweden, USA, Deutschland

Abgabe der Wärme von aufsteigenden Gasen an Feststoffe

Reduktion der Eisenoxide

$Fe_2O_3 + CO \longrightarrow 2\,FeO + CO_2 \quad Q = -2{,}5\ kJ \cdot mol^{-1}$

$FeO + CO \longrightarrow Fe + CO_2 \quad Q = -10{,}5\ kJ \cdot mol^{-1}$

$FeO + C \longrightarrow Fe + CO \quad Q = +161{,}5\ kJ \cdot mol^{-1}$

Bildung des Reduktionsmittels

$C + CO_2 \longrightarrow 2\,CO \quad Q = +172\ kJ \cdot mol^{-1}$

Aufnahme von Kohlenstoff durch das metallische Eisen

Reaktion von Koks mit dem Sauerstoff der Luft

$C + O_2 \longrightarrow CO_2 \quad Q = -395\ kJ \cdot mol^{-1}$

Schmelzen des Roheisens

periodischer Abstich des Roheisens bzw. der Schlacke

Die Hauptreaktion im Hochofen ist die Reaktion der Eisenoxide mit dem Reduktionsmittel Kohlenstoffmonooxid. Dabei entsteht flüssiges Roheisen, das im unteren Teil des Hochofens abgestochen werden kann.

Etwas oberhalb des Roheisenabstichs erfolgt der Abstich der Schlacke. Diese hat sich aus den restlichen Bestandteilen des Erzes (Gangart) und den Zuschlägen (vor allem Kalk) gebildet. Da Schlacke eine geringere Dichte als Roheisen hat, schwimmt sie auf dem flüssigen Eisen.

Gasförmige Stoffe entweichen über die Gicht am oberen Ende des Hochofens. Bei dem Gichtgas handelt es sich um ein Stoffgemisch aus Stickstoff, Kohlenstoffdioxid, Kohlenstoffmonooxid und Wasserstoff.

Chemisch technische Arbeitsprinzipien		
stofflicher Gegenstrom		
gründliche Durchmischung führt zum günstigen Reaktionsverlauf	↑ gasförmige Ausgangsstoffe	feste Ausgangsstoffe ↓
thermischer Gegenstrom		
Wärmeaustausch ermöglicht das Vorwärmen der Ausgangsstoffe und Abkühlen der Reaktionsprodukte	kalt (Erz, Koks, Zuschläge) ↓ heiß (Roheisen, Schlacke)	heiß (Gischtgas) ↑ vorgewärmte (Luft)
Kopplung exo- und endothermer Reaktionen		
exotherm: $C + O_2 \longrightarrow CO_2$ endotherm: $FeO + C \longrightarrow Fe + CO$		
– **kontinuierliche Arbeitsweise des Hochofens** – **diskontinuierlicher Abstich von Roheisen und Schlacke**		

Aufgaben

1. Schildere den Aufbau des Hochofens, gib die Ausgangsstoffe und Reaktionsprodukte des Hochofenprozesses an. Notiere die Wortgleichung für die Umwandlung der Eisenoxide in Eisen.

2. Notiere die Reaktionsgleichungen für die Hauptreaktionen im Hochofen. Interpretiere sie.

3. Gib chemisch-technische Prinzipien des Hochofenverfahrens an. Erläutere, welche Vorteile die Anwendung dieser Prinzipien bringt.

Chemie im Kontext

Vom Roheisen zum Stahl

Das beim Hochofenprozess gewonnene **Roheisen** enthält noch eine Reihe von Begleitelementen, die seine Eigenschaften beeinflussen. Roheisen schmilzt zwar schon bei ca. 1 200 °C, ist aber im festen Zustand hart und spröde. Es lässt sich weder schmieden noch walzen und kann nur in Formen gegossen werden.
Als **Gusseisen** wird es für Zahnräder, Kurbelwellen oder auch Gullideckel genutzt, ist aber für viele andere Anwendungen völlig ungeeignet. Deshalb werden ca. 90 % des Roheisens zu **Stahl** verarbeitet.
Beschreibe den Prozess der Stahlherstellung aus Roheisen. Erstelle ein Poster über verschiedene Stahlsorten und ihre Zusammensetzung.

Um aus Roheisen elastischen und schmiedbaren Stahl herzustellen, muss ein Teil der Begleitelemente entfernt werden. Insbesondere muss der Kohlenstoffgehalt unter 1,6 % liegen.

Bei der Stahlherstellung werden die unerwünschten Beimengungen oxidiert. Die Summe dieser chemischen Reaktionen bezeichnet man als **Frischen**.

Begleitelemente					
C	+	O_2	→	CO_2	gasförmige Oxide (Abgase)
C	+	O_2	→	$2\,CO$	
S	+	O_2	→	SO_2	
Si	+	O_2	→	SiO_2	feste Oxide / z. T. Reaktionen mit Zuschlägen (Schlacke)
$4\,P$	+	$5\,O_2$	→	P_4O_{10}	
Mn	+	O_2	→	MnO_2	

In der heutigen Zeit (Abb. 1) sind vor allem zwei Verfahren der Stahlherstellung von Bedeutung, das in Österreich entwickelte Sauerstoff-Aufblasverfahren (Linz-Donawitz-Verfahren) und das Elektrostahl-Verfahren.
Im **Sauerstoff-Blas-Konverter** werden dem flüssigen Roheisen u. a. Kalkzuschläge zum Binden des Siliciums und des Phosphors hinzugefügt. Zusätzlich wird Eisenschrott hinzugegeben, der u. a. der Kühlung dient. Der Sauerstoff wird durch ein Rohr (Blaslanze) in die Schmelze eingeblasen.

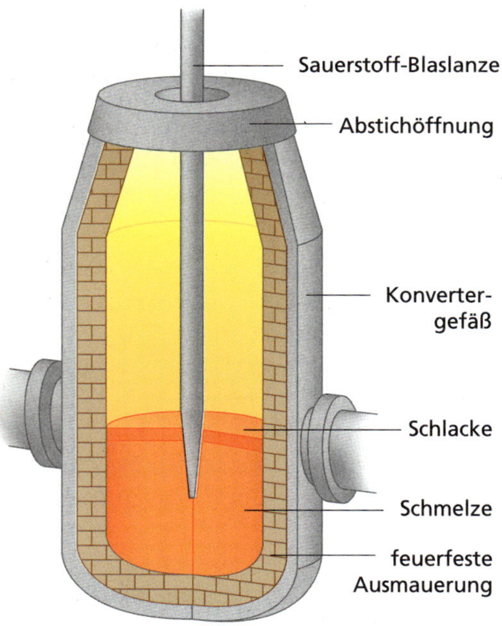

1 Die Stahlherstellung im Konverter erfolgt mit dem Sauerstoffblasverfahren (LD-Verfahren)

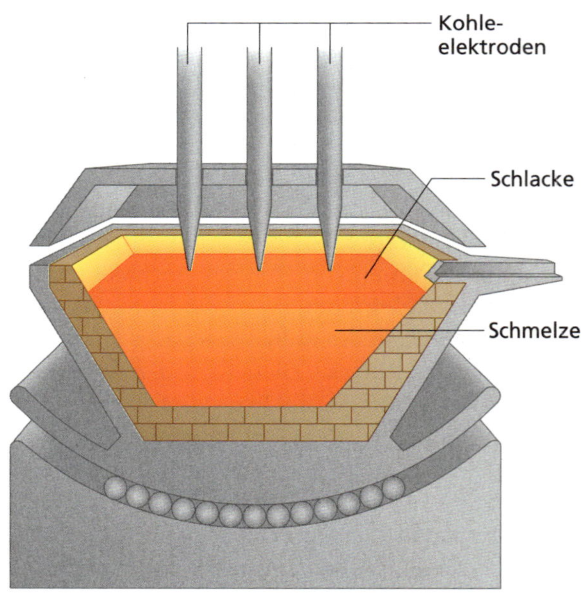

2 Die Stahlherstellung im Elektroofen dient der Herstellung von Qualitätsstählen.

Gasförmige Reaktionsprodukte (Kohlenstoffmonooxid, Kohlenstoffdioxid, Schwefeldioxid) entweichen aus der oberen Öffnung. Die Schlacke schwimmt über der Schmelze. Sie enthält u. a. Calciumphosphat $Ca_3(PO_4)_2$, welches als Düngemittel in der Landwirtschaft Verwendung findet. Der Konverterstahl enthält nur noch geringe Anteile Begleitelemente und wird deshalb als **unlegierter Stahl** bezeichnet. Er kann als Baustahl oder Walzstahl verwendet werden.

Mehr als zwei Drittel des in Europa produzierten Stahls werden nach dem Linz-Donawitz-Verfahren hergestellt. Ungefähr 30 % gewinnt man mit dem Elektrostahl-Verfahren.

Im **Elektroofen** (S. 130 Abb. 2) wird hauptsächlich Schrott und seltener Roheisen als Ausgangsmaterial eingesetzt. Er enthält (chemisch gebunden) den Sauerstoff, der für die Oxidation der Begleitelemente nötig ist. Bei dem Prozess wird das im Schrott enthaltene Eisenoxid reduziert. Die erforderliche Temperatur von 3000 °C wird mithilfe von Strom im Lichtbogen erzeugt.

Nachdem die Schlacke abgegossen wurde, wird die Zusammensetzung durch die Zugabe von Legierungsmetallen gezielt beeinflusst (s. S. 48). Während des Produktionsprozesses werden immer wieder Proben genommen und die Zusammensetzung des Stahls getestet. Die Stähle, die im Elektroofen erzeugt werden, heißen Elektrostähle und sind sehr hochwertig.

Durch den Zusatz verschiedener Legierungselemente beeinflusst man die Eigenschaften des Stahls. Von der Vielzahl **legierter Stähle** können hier nur die wichtigsten genannt werden: Hochfeste Stähle verwendet man vor allem in der Bauindustrie. Aus Schnellarbeitsstählen fertigt man Spezialwerkzeuge, die hart und verschleißfest sein müssen. Zunehmende Bedeutung gewinnen auch die rostfreien Edelstähle. Sie enthalten mehr als 10,5 % Chrom, Nickel und z. T. noch andere Legierungsmetalle. Dadurch und durch eine spezielle Wärmebehandlung sind Edelstähle rostfrei, beständig gegen Chemikalien sowie härter und zäher als gewöhnlicher Stahl.

ZUSAMMENSETZUNG AUSGEWÄHLTER STAHLSORTEN

unlegierter Stahl:
< 0,1 % C,
< 1,65 Mn,
< 0,4 % Cu,
< 0,3 % Cr + Ni,
< 0,08 % B,
< 0,25 % andere

hochfester (zugfester Stahl):
0,2– 0,4 % C,
0,2– 1,5 % Si,
0,5 – 1,0 % Mn,
0,8 – 1,0 % Cr,
0,3 – 0,4 % Mo,
1,0 – 2,0% Ni,
0,1 – 0,5 % V

Roheisen:
enthält ca. 4% C,
Begleitelemente wie
1% Si,
2–3% Mn,
bis zu 0,2% P, z.T.S

Schnellarbeitsstahl:
< 4 % Cr,
< 15 % W,
< 2 %N,
< 10 % Co

rostfreier Stahl:
< 0,1 % C,
< 18 % Cr,
< 10 % Ni,
2 % Mo,
< 2 % Mn,
0,1– 0,2 % Ti

gewusst · gekonnt

1. Ergänze und aktualisiere dein Glossar.

Glossar

Frischen
Oxidationsmittel
Redoxreaktion
Redoxreihe der Metalle
Reduktionsmittel
Sauerstoffaffinität
Wertigkeit

2. Entscheide, welche der folgenden Stoffe Oxidationsmittel oder Reduktionsmittel einer Redoxreaktion sein können. Begründe deine Entscheidung jeweils.
Kohlenstoffdioxid, Zink, Kohlenstoff, Wasser, Wasserstoff, Kohlenstoffmonooxid, Eisen, Aluminium, Silber(I)-oxid, Kupfer(II)-oxid

3. L Ein brennender Magnesiumspan wird in Kohlenstoffdioxid gehalten. Es ist weiterhin eine grelle Lichterscheinung zu beobachten. Außerdem bilden sich ein weißes Pulver und Rußflocken.

   a) Erläutere, was im Reaktionsraum passiert und stelle die Reaktionsgleichung auf.
   b) Leite eine Schlussfolgerung für die Bekämpfung von Magnesiumbränden ab.

4. Wird Eisen oxidiert, können sich je nach den Reaktionsbedingungen verschiedene Oxide bilden. Welche Wertigkeit hat Eisen in diesen Oxiden?

5. Informiere dich im Internet über die Geschichte der Eisen- und Stahlherstellung. Fertige ein Poster an.

6. Wissenschaftler sind sich heute ziemlich einig, dass die Menschen als erstes Metall nicht Eisen, sondern eher Gold verwendet haben. Worauf gründet sich diese Ansicht?

7. S Entwickle ein Experiment, um aus Eisen(III)-oxid und Kohle Eisen herzustellen. Führe das Experiment durch. Erkläre deine Beobachtungen anhand der Reaktionsgleichung.

8. Vergleiche Roheisen und Stahl. Fertige dazu eine Tabelle an.
Gib an, wie diese Materialien hergestellt werden, welche Eigenschaften sie aufweisen und worin die Ursachen für diese Eigenschaften liegen.
Leite aus diesem Vergleich eine Schlussfolgerung für die Verwendung dieser beiden Werkstoffe ab.

9. Techniker gliedern den Hochofen in Zonen. Sie unterscheiden dabei die Vorwärmzone, die Schmelzzone, die Kohlungszone und die Reduktionszone.
Gib an, in welchen Hochofenabschnitten diese Zonen liegen und welche Vorgänge in ihnen stattfinden. Notiere wesentliche Reaktionsgleichungen. Nutze dazu auch das Internet (z. B. www.schuelerlexikon.de) oder geeignete Nachschlagewerke.

10. In der Elektronik wird reines Silicium für die Herstellung von Bauelementen benötigt.

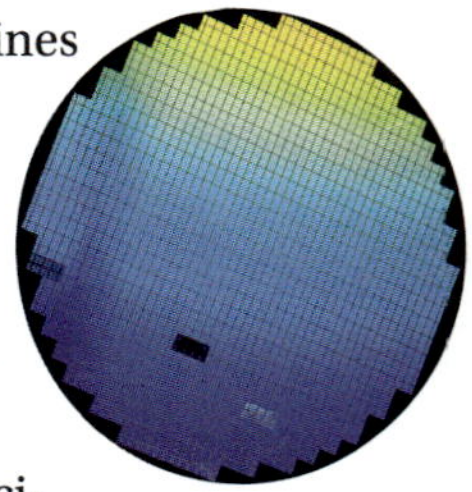

   a) Erarbeite einen Vorschlag, durch welche chemische Reaktion man Silicium aus Siliciumdioxid (SiO_2) herstellen kann.
   b) Erkläre, warum man Silicium nicht zur Gruppe der Metalle zählt.

11. Ermittle verschiedene Stahlsorten, ihre Zusammensetzung und Einsatzmöglichkeiten. Stelle die Informationen in einer Tabelle zusammen.

Metalle und Metalloxide

Metalle

Metalle sind chemische Elemente, die eine für diese Stoffgruppe typische Kombination von Eigenschaften (metallischen Glanz, elektrische und Wärmeleitfähigkeit u. a.) aufweisen.

Bau der Metalle

Nach dem **Elektronengasmodell** gehen Atome und Ionen durch Abgabe bzw. Aufnahme von Elektronen ineinander über. Der Zusammenhalt im Metallkristall wird durch die Metallbindung bewirkt. Die **Metallbindung** beruht auf der elektrostatischen Anziehung zwischen den positiv geladenen Atomrümpfen und den frei beweglichen Elektronen.

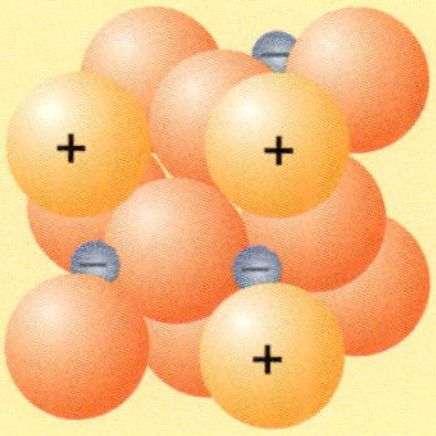

Legierungen

Legierungen bestehen aus zwei oder mehreren Atomsorten. Sie entstehen durch Zusammenschmelzen von Metallen mit anderen Elementen. Durch Legierungsbildung werden die Eigenschaften beeinflusst.

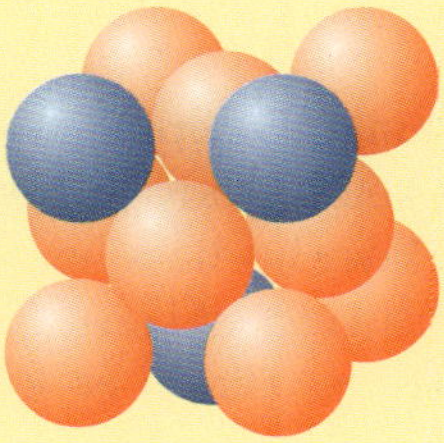

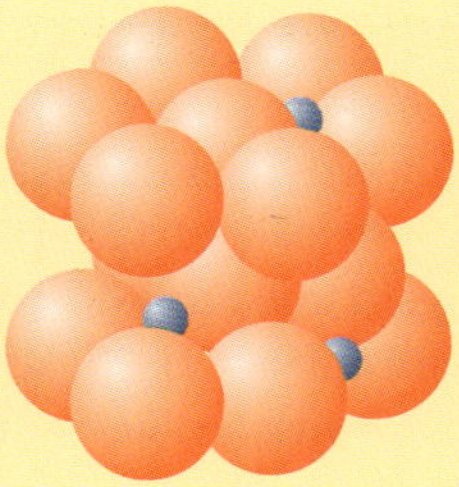

Vom Erz zum Stahl

Im Eisenerz enthaltene Oxide

FeO	Eisen(II)-oxid
Fe_2O_3	Eisen(III)-oxid
Fe_3O_4	Eisen(III,IV)-oxid

Eisen hat in den Verbindungen unterschiedliche **Wertigkeiten.** Die Wertigkeit eines Elements gibt an, wie viele Wasserstoffatome es binden oder in einer Verbindung ersetzen kann.

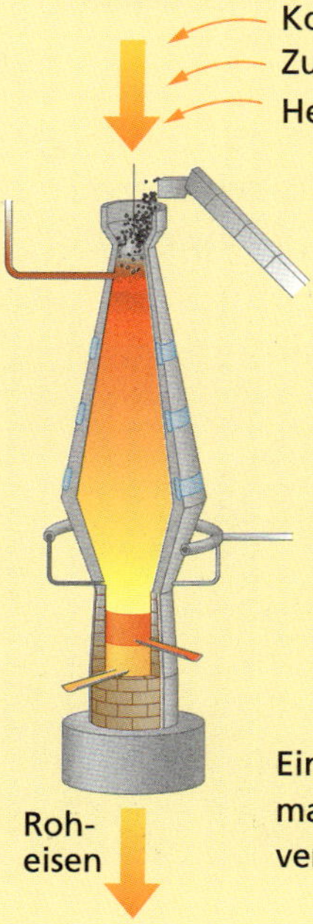

Gewinnung von Roheisen im Hochofen

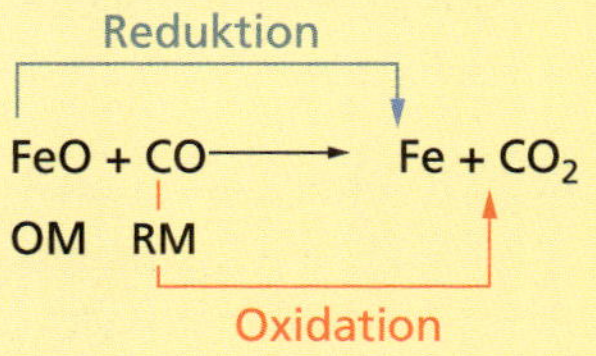

Die **Redoxreaktion** ist eine Reaktionsart, bei der Oxidation und Reduktion gleichzeitig ablaufen. Erfolgt ein Sauerstoffübergang, gilt:

Reduktion: Teilreaktion mit Sauerstoffabgabe,
Oxidation: Teilreaktion mit Sauerstoffaufnahme,
Reduktionsmittel: nimmt Sauerstoff auf,
Oxidationsmittel: gibt Sauerstoff ab.

Ein Teil des Roheisens (ca. 10 %) wird zu Gusseisen verarbeitet. Ca. 90 % veredelt man dagegen hauptsächlich im Sauerstoff-Aufblasverfahren oder im Elektrostahlverfahren zu Stählen unterschiedlicher Zusammensetzung.

Wahlbereich: Silicium – vom Sand zum Chip?

Siliciumdioxid und Silicate

Ohne die Entwicklung leistungsfähiger Mikrochips liefe kein Computer, kein Handy würde klingeln und auch der MP3-Player bliebe stumm. Grundstoff für die elektronischen Schaltkreise ist das chemische Element **Silicium.** Dieses ist im wahrsten Sinne des Wortes so häufig vorhanden wie Sand am Meer, denn Seesand (Abb. oben) ist fast reines **Siliciumdioxid** (SiO_2).

1. *Informiere dich über die natürlichen Vorkommen von Silicium. Stelle eine begründete Vermutung auf, warum Quarzsand für die Herstellung von Silicium besonders geeignet ist.*

Siliciumdioxid kommt in reiner Form in der Natur als **Quarz** (Abb.) oder Quarzsand vor. Bergkristall ist besonders reiner Quarz, der meist in schönen, durchsichtigen sechseckigen Säulen kristallisiert.

Wenn bei der Kristallisation Spurenelemente in das regelmäßige Gitter eingebaut wurden, erscheint der Bergkristall farbig. Die Edelsteine Amethyst (violett) und Citrin (gelb) enthalten Eisenspuren, Rosenquarz enthält Mangan.

2. *Welche weiteren Edelsteine enthalten Silicium (Silicate)? Fertige ein Poster an und stelle die Edelsteine vor.*

Die Erdkruste ist zu über 90% aus **Silicaten** aufgebaut. Dabei handelt es sich um Silicium-Sauerstoffverbindungen, deren Eigenschaften eng mit ihrer außergewöhnlich variablen Struktur verbunden sind. Silicate bestehen aus tetraedrischen Grundbausteinen, in denen ein Siliciumatom mit vier Sauerstoffatomen verbunden ist.
Im Gestein, im Sand, im Erdboden, im Ton, im Lehm, im Glas, und in der Keramik: Silicate sind allgegenwärtig. Selbst Gräser, Schachtelhalmpflanzen, Kieselalgen oder Strahlentierchen (Radiolarien), können aus Silicaten die faszinierendsten Strukturen aufbauen.

3. *Baue aus Styroporkugeln und Holzstäben einen SiO_4-Tetraeder. Informiere dich über den Bau verschiedener Silicate.*

Glas

Auch Glas besteht aus Silicaten. Es wird durch Schmelzen von Quarz mit Alkali- und Erdalkalimetalloxiden bei hohen Temperaturen gewonnen. Gläser sind im Gegensatz zu kristallinen Silicaten durchsichtig, weil sie keine Kristalle bilden.
Je nach Mischung kann das Glas ganz unterschiedliche Eigenschaften haben. Das Spektrum reicht von einfachem Bauglas bis hin zu optischen Gläsern (z. B. im Mikroskop, beim Laser oder als Brillenglas).

4. *Welche Glassorten kennst du aus dem Alltag? Stelle eine tabellarische Übersicht über die Zusammensetzung und Verwendung verschiedener Gläser zusammen.*

S Experiment 1

Aufgabe:
Stelle Glasperlen unterschiedlicher Färbung her.

Vorbereitung:
Geräte: Brenner, Magnesiastäbchen, Uhrgläser
Chemikalien: Borax, Kupfer(II)-oxid, Mangan(IV)-oxid ☒, Eisen(II)-oxid, Chrom(III)-chlorid ☒

Durchführung:
Glühe jeweils ein Magnesiastäbchen aus und tauche es in das Boraxpulver. Erhitze das Borax bis zur Schmelze, stippe die Perle in eine farbgebende Metallverbindung und erhitze erneut.

Beobachtung und Auswertung:
Notiere deine Beobachtungen. Erstelle eine Tabelle dazu, welche Glasfärbung von welchem Farbgeber erzeugt wird.

Vom Rohsilicium zum Einkristall

Hochreines Silicium für die Chipproduktion gewinnt man in vielen Produktionsschritten aus Quarzsand. Wer daraus Silicium herstellen will, muss den Sauerstoff aus Siliciumdioxid zuerst durch Reduktion abtrennen.
Das geht mit Reduktionsmitteln, die eine höhere Sauerstoffaffinität als Silicium aufweisen. In der Technik wird Koks (Kohlenstoff) verwendet, der aus Kohle gewonnen wird. Weil aber Silicium selbst mit Sauerstoff stabile Verbindungen bildet, erfolgt die Redoxreaktion erst bei Temperaturen um 1800 °C, wobei Kohlenstoffmonooxid und das so genannte **Rohsilicium** entstehen.

$$SiO_2(s) + 2\,C(s) \longrightarrow Si(s) + 2\,CO(g)$$

1. *Kennzeichne die Teilreaktionen, Reduktionsmittel, und Oxidationsmittel in der Reaktionsgleichung.*

2. *Kann man mithilfe einer Redoxreaktion auch aus Fensterglas Rohsilicium gewinnen?*

Das so gewonnene Rohsilicium (Abb. links) enthält noch rund ein Prozent an Verunreinigungen. Für die Chipherstellung sind jedoch weniger als 1 ppb *(parts per billion)* erforderlich. Das bedeutet, dass sich unter einer Milliarde Siliciumatomen, maximal ein Fremdatom befinden darf. Würde man den Äquator der Erde genauso exakt vermessen, wären 4 Zentimeter der maximale Fehlbetrag. Um diese Reinheit zu erreichen, muss das Rohsilicium mehreren Reinigungsschritten unterworfen werden. In einer Folge von chemischen Reaktionen und physikalischen Reinigungsprozessen erhält man **Reinstsilicium** (Abb. unten).

3. *Informiere dich im Internet über die einzelnen im Fließschema dargestellten Reinigungsschritte.*

4. *Erläutere das Prinzip der Stofftrennung durch Destillation.*

Rohsilicium (~ 1 % Verunreinigungen)
↓ Reaktion mit Chlorwasserstoff
flüssiges Trichlorsilan ($SiHCl_3$)
↓ Destillation
„Siliciumbrand" (~ 1 ppb Verunreinigungen)
↓ thermische Zersetzung
Reinstsilicium (< 1 ppb Verunreinigungen)

Der Stoff, der die Hightech-Zivilisation in Bewegung hält, ist fertig. Für Solarzellen (Abb.) kann er schon verwendet werden, allerdings ist das Material für Computerchips noch nicht geeignet. Für die elektronischen Eigenschaften fehlt ihm noch die innere Ordnung bzw. Orientierung, da das abgeschiedene Reinstsilicium in vielen kleinen, ungeordneten Kristallen **(Polysilicium)** vorliegt.
Das kann man sich so vorstellen, als hätte man einen lupenreinen Diamanten in viele kleine Bruchstück zerschlagen und diese nach einem Zufallsprinzip wieder „zusammengeklebt" Das Funkeln, die Härte und andere Eigenschaften des reinen Diamanten wären verloren.

Einkristalle und ihre Scheiben

Um die erforderliche geordnete Kristallstruktur zu erhalten, muss man sogenannte **Einkristalle** herstellen. Diese zeichnen sich durch eine äußerst regelmäßige und einheitliche Anordnung aller Atome aus. Dazu wird das polykristalline Silicium bei 1 440° geschmolzen. In die Schmelze taucht man einen kleinen Impfkristall ein und zieht diesen unter ständigem Drehen langsam aus der Schmelze. Bei diesem **Zonenschmelzen** genannten Prozess entstehen Einkristalle mit einem Durchmesser von 20 cm und mehr.
Aus den Einkristallen werden 0,5 bis 0,7 mm dicke Siliciumscheiben, sogenannte **Wafer**, geschnitten, die als Rohmaterial für die elektronischen Bauelemente dienen (Abb. unten). Aus einer Scheibe kann man bis zu 100 Chips herstellen.

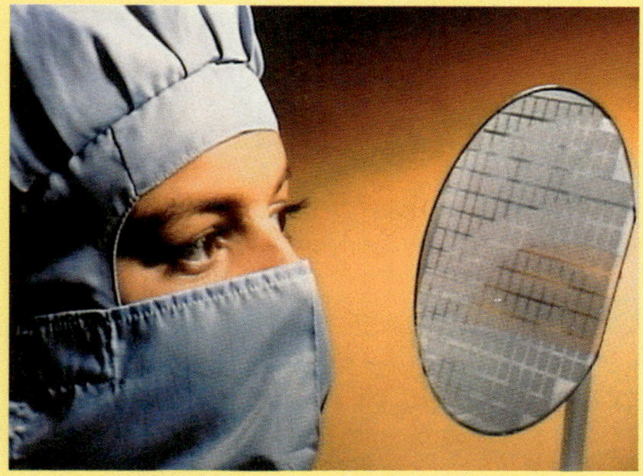

Silicium – ein Halbmetall

Während Metalle immer über genügend freie Elektronen verfügen, um den elektrischen Strom bei jeder Temperatur zu leiten, besitzt ein Isolator (unabhängig von den äußeren Bedingungen) keinerlei frei bewegliche Elektronen. **Halbmetalle** bzw. Halbleiter stehen gewissermaßen zwischen diesen Extremen. Bei sehr tiefen Temperaturen sind sie praktisch Isolatoren, bei höheren Temperaturen steigt die Leitfähigkeit.

S Experiment 1

Aufgabe:
Plane ein Experiment zur Untersuchung der Temperaturabhängigkeit der elektrischen Leitfähigkeit des Siliciums. Fordere Geräte und Chemikalien an und führe das Experiment durch.

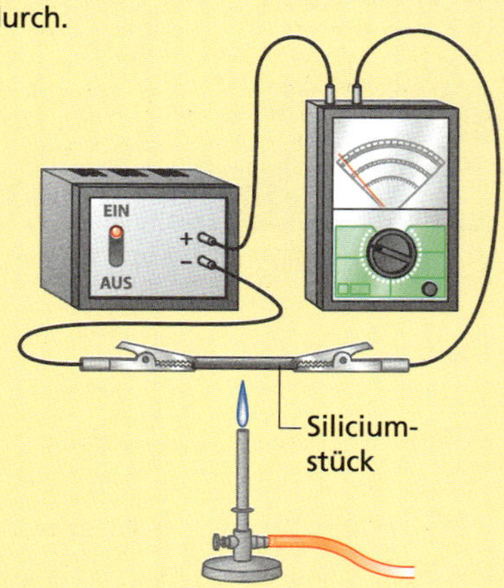

Beobachtung und Auswertung:
Notiere die Stromstärke bei verschiedenen Temperaturen in einer Tabelle. Erkläre, zu welcher Stoffklasse Silicium gehört.

1. *Informiere dich, wie man die Leitfähigkeit des Siliciums gezielt beeinflussen kann.*
2. *Welche Eigenschaften sind neben der Leitfähigkeit für Halbmetalle charakteristisch?*

4.3 Salze – mehr als nur Kochsalz

Organismen brauchen Salze

Pflanzen können die meisten von ihnen benötigten Elemente nur in Form gelöster Salze aus dem Boden aufnehmen. Führt man sie ihnen z. B. durch angemessene Düngung zu, wachsen Pflanzen besser, die Erträge sind höher.
Warum haben Salze eine so große Bedeutung für Lebewesen?

Wertvolles Salz

Kochsalz gewinnt man aus Meerwasser, mineralhaltigen Quellen (Sole) oder bergmännisch aus unterirdischen Lagerstätten (Abb.). Im Mittelalter war Salz so wertvoll, dass es mit Gold aufgewogen wurde. Heute ist es preiswert.
Wozu wird Salz heute in großtechnischem Maße gewonnen?

Salziges Meerwasser

Meerwasser schmeckt salzig, aber auch etwas bitter, weil in ihm unterschiedliche Salze gelöst sind, der Hauptanteil ist Kochsalz.
Zusammen ergeben Kochsalz und andere gelöste Salze eine Masse von rund 35 Gramm pro Liter Meerwasser.
Wodurch sind Salze gekennzeichnet? Wie sind sie aufgebaut und welche Eigenschaften weisen sie auf?

Vom Nutzen der Salze

Kochsalz – das weiße Gold

Kochsalz (Natriumchlorid, NaCl) ist das bekannteste Salz. In jedem Haushalt ist es vorhanden und wird zum Würzen der Speisen oder auch zum Konservieren der Lebensmittel genutzt (Salzgurken). Städte wie Salzburg, Halle und viele andere entstanden in der Nähe von Salzvorkommen und -handelswegen.

Die Gewinnung des Salzes war damals sehr schwierig und zum Transport mussten oftmals lange Strecken überwunden werden. Deshalb war Kochsalz im Mittelalter sehr teuer und galt als „weißes Gold".

Kochsalz ist lebensnotwendig. Unser Blut enthält ca. 9 g Kochsalz pro Liter. Bei Schockzuständen und starkem Blutverlust kann die Zufuhr von physiologischer Kochsalzlösung den Zustand stabilisieren. Um die Konzentration von Natriumchlorid im Blut aufrechtzuerhalten, müssen wir drei bis fünf Gramm täglich aufnehmen, um so über Schweiß und Harn ausgeschiedenes Salz

S Experiment

Aufgabe:
Untersuche die Wirkung von Kochsalz auf lebende Zellen in einem Modellexperiment.

Vorbereitung:
Vorüberlegung: Informiere dich darüber, wie Kochsalze die Lebensbedingungen von Mikroorganismen beeinflussen. Sind Salze generell schädlich für Organismen?
Geräte: 2 Bechergläser, Spatel, Waage
Chemikalien: Natriumchlorid (Kochsalz), Leitungswasser

Durchführung:
Löse ca. 3 g Kochsalz in 10 ml Wasser. Gib diese konzentrierte Kochsalzlösung in das erste Becherglas und Leitungswasser in das zweite Gefäß. Stelle jeweils ein Salatblatt in die Flüssigkeiten. Beobachte die Veränderungen des Salatblattes nach 5, 10 und 30 Minuten.

Beobachtung und Auswertung:
Notiere deine Beobachtungen. Worauf beruht die konservierende Wirkung von Kochsalz? Stelle eine Vermutung auf, von welchen Faktoren die Wirkung abhängen könnte.

zu ersetzen. Allerdings führen wir heute unserem Körper eher zuviel Kochsalz mit der Nahrung zu. Langfristig wird dadurch der Kreislauf belastet. Kochsalz ist auch sonst bedeutsam. Das im Winterdienst eingesetzte Tausalz besteht zum großen Teil aus Natriumchlorid. Im Badesalz ist es ebenfalls enthalten. In der Lederindustrie spielt es als Konservierungsmittel und in der chemischen Industrie als Ausgangsstoff für die Herstellung von Soda, Natronlauge, Chlor, Chlorwasserstoff und Natron eine Rolle.

Weitere Salze im Alltag

In der Natur findet man nicht nur Natriumchlorid. Zusammen mit dem Kochsalz wird oft **Kaliumchlorid** (KCl) abgebaut. Das Salz stellt einen wesentlichen Bestandteil des handelsüblichen Kalidüngers dar. **Calciumsulfat** ($CaSO_4$) wird als Gips und Anhydrit gefördert. Aus ihnen werden Baustoffe für die Bauindustrie hergestellt. Außerdem ist Calciumsulfat ein Ausgangsstoff der Herstellung von Schwefelsäure. Auch die Wandtafelkreide besteht aus Calciumsulfat.

Bedeutung ausgewählter Salze		
Gruppe von Salzen	**Beispiel**	**Bedeutung**
Phosphate (Salze der Phosphorsäure)	Calciumphosphat $Ca_3(PO_4)_2$	Bestandteile der Grundsubstanz unserer Zähne
Sulfate (Salze der Schwefelsäure)	Magnesiumsulfat (Bittersalz) $MgSO_4$	Abführmittel, Düngemittel
Carbonate (Salze der Kohlensäure)	Natriumcarbonat (Soda) Na_2CO_3	Fließmittel bei der Glasherstellung, Bestandteil von Backpulver
Nitrate (Salze der Salpetersäure)	Kaliumnitrat KNO_3	Düngemittel, Bestandteil von Schwarzpulver

Calciumcarbonat ($CaCO_3$) kommt in der Natur in Form von Kreide, Marmor und Kalkstein vor und findet ebenfalls als Baustoff Verwendung.

Natriumcarbonat (Na_2CO_3) bzw. **Soda** nutzen die Menschen schon seit Jahrhunderten als Waschmittel. Heute dient es vor allem als Zusatzstoff für die Herstellung von Glas, Papier, Zellstoff und als Ausgangsstoff für Synthesen in der chemischen Industrie.
Auch Düngemittel sind meist Salze, mit denen der Mineral- und Nährstoffgehalt der Böden vor allem an Kalium, Phosphor und Stickstoff verbessert wird (s. Abb. 1).

Aufgrund ihrer vielfältigen Verwendungsmöglichkeiten, nutzen die Menschen nicht nur natürlich vorkommende Salze, sondern stellen sie auch gezielt industriell her.

Aufgabe

Erstelle mit einem Mitschüler zusammen ein Poster zur Bedeutung von Kochsalz und anderen Salzen in Natur und Technik.

1 Phosphate und Nitrate sind Bestandteile von Mineraldüngern und beschleunigen das Pflanzenwachstum.

Thema

Entstehung und Vorkommen von Salzlagerstätten

Für uns unvorstellbar große Mengen an Salzen befinden sich gelöst im Wasser der Ozeane und Meere. Die Ostsee besitzt mit 1,5 % einen geringen Salzanteil, das Tote Meer mit 22 % einen sehr hohen. Der Durchschnittswert des Salzgehalts aller Meere und Ozeane liegt ungefähr bei 3,5 %.
Weitere Riesenmengen befinden sich in unterirdischen Lagerstätten.

1 Salzgewinnung aus dem Meerwasser

Salzlagerstätten entstehen allerdings nur dann, wenn sich der Salzgehalt der in Wasser gelösten Salze drastisch erhöht. Dieser Fall tritt nur durch das Verdunsten des Wassers ein. Die verschiedenen Salze fallen, je nach Löslichkeit und Menge, in einer bestimmten Reihenfolge (salinarer Zyklus) aus.
So lagerten sich erst schwer lösliche Carbonate wie Kalk ab, als nächste Schicht die Sulfate und letztendlich **Steinsalz** (Natriumchlorid) und Kaliumchlorid. Die Salzlager auf unserem Gebiet sind durch diese Salzablagerungen vor rund 200 Millionen Jahren aus dem Zechsteinmeer hervorgegangen.

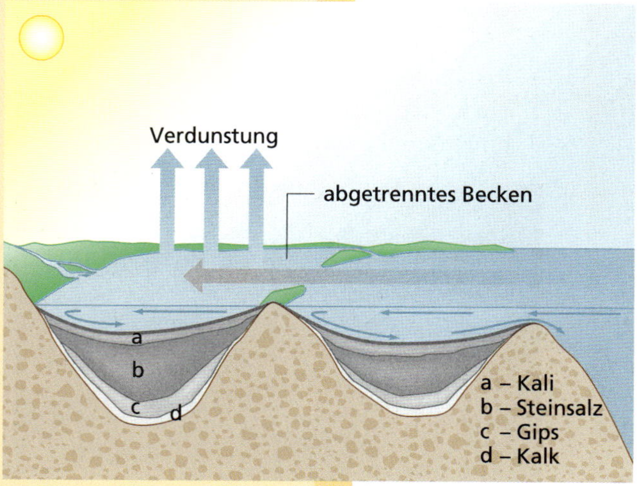

2 Entstehung von Salzlagerstätten

Zu jener Zeit herrschten auf unserem Planeten ganz andere klimatische Verhältnisse als heute. Es war warm und trocken. Die Verschiebungen des Meeresbodens führten zu Wölbungen, sodass kleinere Becken entstanden, in denen das Wasser durch die hohen Außentemperaturen rasch verdunsten konnte. Die entstandene Salzschicht im ausgetrockneten Becken wurde mit Staub- und Sandschichten **(Salztone)** bedeckt und somit vor Witterungseinflüssen geschützt. Es bildeten sich Gesteinsschichten, und die darunter liegenden Salzschichten senkten sich über viele Millionen Jahre hinweg ab.
In der Bundesrepublik Deutschland findet man solche Lagerstätten vor allem im Unstrut-Saale-Gebiet und im Werra-Fulda-Gebiet.

... und mehr

Informiere dich auch unter: *Chlor- und Chlorverbindungen, Kalibergwerk, Stoffgemische und ihre Trennung*

Eigenschaften der Salze

Kochsalz und viele andere salzartige Verbindungen sind durch eine Reihe **gemeinsamer Eigenschaften** und einen prinzipiell **gleichen Aufbau** gekennzeichnet. Deshalb werden diese Verbindungen zur **Stoffgruppe der Salze** zusammengefasst.
Immer handelt es sich um **kristalline Substanzen.** Diese Kristalle weisen jeweils eine charakteristische Struktur auf. Sie sind sehr hart. Wegen seiner Härte wird z. B. Kochsalz aus Lagerstätten auch als Steinsalz bezeichnet.
Gegen Druck sind Salze beständig, bei einer plötzlichen Krafteinwirkung werden die Kristalle jedoch zerstört. Sie sind spröde.

Ebenso wie Kochsalz besitzen auch die anderen Salze relativ hohe **Schmelz-** und **Siedetemperaturen** (s. Tab.). Für manche Salze lässt sich keine Siedetemperatur angeben, da sie sich thermisch zersetzen, bevor sie verdampfen können.

Eigenschaften ausgewählter Salze

Salz	Schmelztemperatur (in °C)	Siedetemperatur (in °C)
Natriumchlorid NaCl	801	1465
Kaliumchlorid KCl	770	1407
Kaliumsulfat K_2SO_4	1074	1689
Magnesiumchlorid $MgCl_2$	712	1418
Bleisulfid PbS	1077	1281
Silberchlorid AgCl	455	1564
Eisensulfid FeS	1195	Zersetzung

Überprüft man die **Leitfähigkeit** unterschiedlicher Salze, wird man feststellen, dass trockene Salze den elektrischen Strom nicht leiten, im Gegensatz zu ihren Lösungen und Schmelzen (s. Experiment).
Die **Löslichkeit** der Salze in Wasser ist sehr unterschiedlich. Natriumchlorid ist sehr gut löslich (35,9 g je 100 ml Wasser bei 20 °C) Calciumcarbonat löst sich jedoch schlecht (0,0015 g je 100 ml Wasser). Die unterschiedliche Löslichkeit der Salze bildet die Ursache für die Schichtung in den Salzlagerstätten.

Durch die gute Löslichkeit vieler Salze enthält Wasser in der Natur immer gelöste Salze. Salze können viele unterschiedliche Farben und Formen der Kristalle aufweisen, die ebenfalls auf den Bau zurückzuführen sind.

Salze sind kristalline Stoffe mit relativ hohen Schmelz- und Siedetemperaturen. Die Kristalle sind hart, aber spröde. Trockene Salze leiten den elektrischen Strom nicht, jedoch ihre Schmelzen und Lösungen.

L Experiment

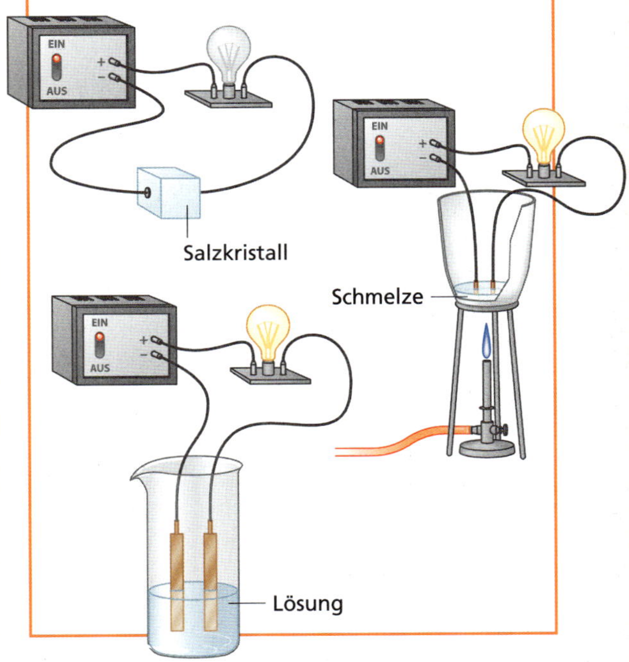

Bau der Salze

Die gemeinsamen Eigenschaften der Salze haben ihre Ursache in ihrem ähnlichen Aufbau. Die elektrische Leitfähigkeit der Lösungen und der Schmelzen zeigt, dass Salze aus geladenen Teilchen bestehen. Diese Teilchen werden als **Ionen** bezeichnet (s. S. 144). Aufgrund dieser Zusammensetzung handelt es sich um **Ionensubstanzen.**
Beispielsweise sind Natriumchloridkristalle aus einfach positiv geladenen Natrium-Ionen und einfach negativ geladenen Chlorid-Ionen zusammengesetzt. Im Kristall sind die Ionen regelmäßig im **Ionengitter** angeordnet. Jeweils ein Chlorid-Ion ist von sechs Natrium-Ionen und umgekehrt ein Natrium-Ion von sechs Chlorid-Ionen umgeben (Abb. 1). Zwischen den entgegengesetzt geladenen Ionen wirken starke elektrostatische Anziehungskräfte in alle Richtungen des Raumes. Diese COULOMB-Kräfte bewirken den Zusammenhalt im Ionengitter und bedingen die hohen Schmelz- und Siedetemperaturen.

Die chemische Bindung, die auf der elektrostatischen Anziehung zwischen entgegengesetzt geladenen Ionen beruht, nennt man Ionenbindung.

Bei anderen Salzen kann die Anordnung der Ionen im Ionengitter von der im Natriumchloridkristall abweichen. Das liegt u. a. daran, dass Ionen unterschiedliche Ladungen und Größen aufweisen können. Durch die Art der Ionen und ihre Lage zueinander kommen unterschiedliche Kristallformen zustande (Abb. 1).
Ionenkristalle sind nach außen elektrisch neutral, d. h. die Ladungen der positiven Ionen werden durch die negativ geladenen Ionen ausgeglichen. So sind im Natriumchloridkristall die gleiche Anzahl von einfach positiv geladenen Natrium-Ionen und einfach negativ geladenen Chlorid-Ionen enthalten. Das Verhältnis der Ionen beträgt 1 : 1 und ist auch der **Formel** des Salzes zu entnehmen. Die Formel ist eine **Verhältnisformel** und kennzeichnet die **kleinste Baueinheit** eines Salzes. Viele dieser Baueinheiten bilden das Ionengitter.

Salze sind Ionensubstanzen, die aus positiv und negativ geladenen Ionen aufgebaut sind. Die Zusammensetzung der Salze wird durch eine Verhältnisformel angegeben.

	Stoff: Natriumchlorid
NaCl	**Verhältnis $Na^+ : Cl^- = 1 : 1$**
	1 Baueinheit Natriumchlorid

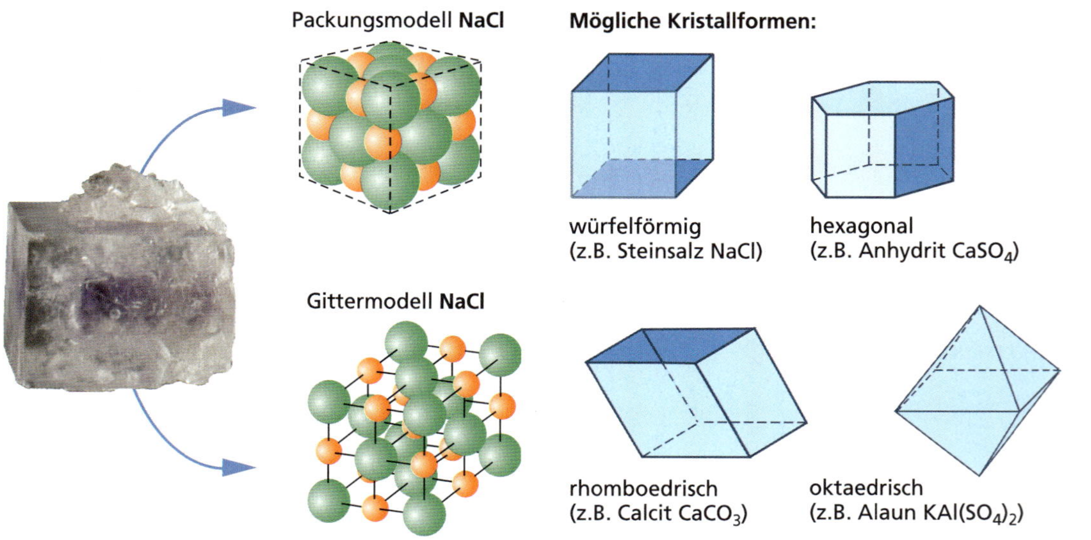

1 Das Gittermodell des Natriumchloridkristalls zeigt die Stellung der Ionen zueinander, beim Packungsmodell finden die unterschiedlichen Größen der Ionen Berücksichtigung.

Struktur-Eigenschafts-Konzept (Salze)

Die typischen Eigenschaften von Salzen ergeben sich aus der ähnlichen Art, Anordnung und den ähnlichen Wechselwirkungen zwischen den Teilchen.

1. Art der Teilchen: Salze bestehen aus positiv geladenen Ionen (Kationen) und negativ geladenen Ionen (Anionen).

2. Anordnung der Teilchen: Die unterschiedlichen Ionen sind regelmäßig in einem dreidimensionalen Ionengitter auf festen Gitterplätzen angeordnet. Das Verhältnis der Ionen im Kristall wird durch ihre Ladungen bestimmt. Die Ladungen der positiv und negativ geladenen Ionen heben sich gegenseitig auf.

3. Wechselwirkungen zwischen den Teilchen: Zwischen den entgegengesetzt geladenen Ionen wirken starke elektrostatische Anziehungskräfte im Gitter. Die Stärke der Wechselwirkungen hängt von der Größe und Ladung der Ionen ab.

Ionenkristall

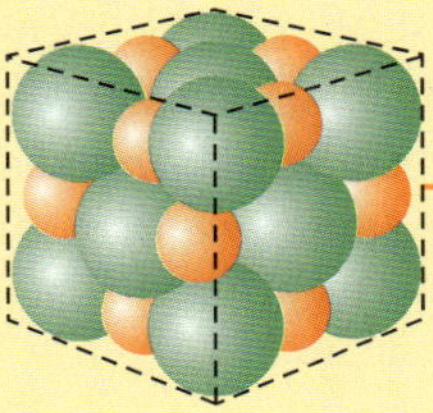

Ionensubstanzen sind fest und hart, weil zwischen den Ionen starke Anziehungskräfte wirken. Daher bilden Salze sehr stabile dreidimensionale Ionengitter.

Ionensubstanzen sind spröde und nicht verformbar, weil bei der Verschiebung der Ionenschichten gleichartige Ionen nebeneinander geraten, sich abstoßen und die Kristalle daher an diesen Stellen brechen.

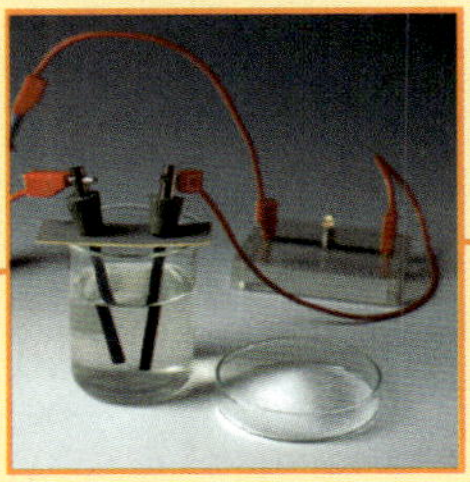

Lösungen und Schmelzen von Salzen sind elektrisch leitfähig, weil in beiden Flüssigkeiten (anders als im Feststoff) frei bewegliche Ionen als Ladungsträger zur Verfügung stehen.

Finde weitere Eigenschaften von Salzen, die anhand der Struktur der Ionensubstanzen zu erklären sind.

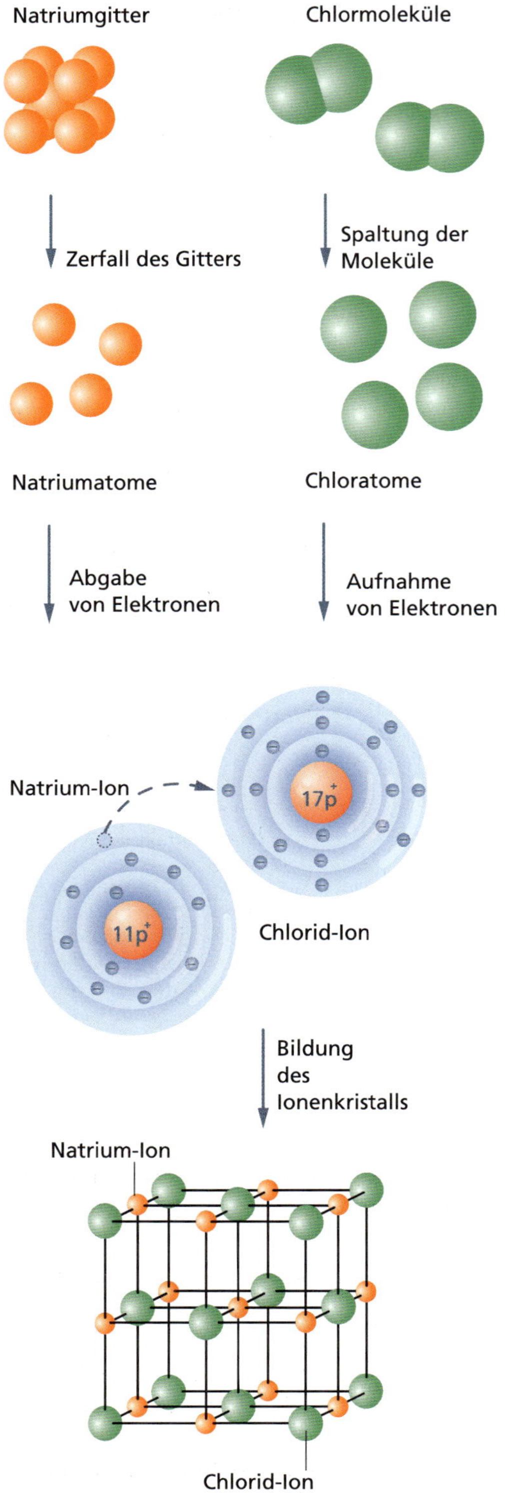

Bildung von Ionen

Ionen sind geladene Teilchen, die bei chemischen Reaktionen aus den jeweiligen Atomen entstehen können.

Ein Beispiel ist die stark exotherme Reaktion zwischen Natrium und Chlor. Die dabei auftretenden Stoff- und Energieumwandlungen resultieren aus Veränderungen im submikroskopischen Bereich.

Natrium ist aus Atomen aufgebaut. Chlor besteht aus Chlormolekülen. Bei der Reaktion bilden sich Ionen, die im Kristall durch **Ionenbindung** zusammengehalten werden.

Die Natriumatome geben während der chemischen Reaktion Elektronen ab und erreichen so die stabile Elektronenkonfiguration. Infolge der **Elektronenabgabe** weist das Natrium-Ion eine positive Ladung auf, denn den 11 Protonen im Kern stehen nur noch 10 Elektronen in der Hülle gegenüber. Positiv geladene Ionen nennt man **Kationen.**

Elektronenabgabe:

$$Na \longrightarrow Na^+ + e^-$$

Die abgegebenen Elektronen werden von Chloratomen aufgenommen. Diese erreichen durch **Elektronenaufnahme** die stabile Edelgaskonfiguration. Chlorid-Ionen sind einfach negativ geladen, da sie 18 Elektronen aber nur 17 Protonen enthalten. Negativ geladene Ionen werden als **Anionen** bezeichnet.

Elektronenaufnahme:

$$Cl_2 + 2\,e^- \longrightarrow 2\,Cl^-$$

L Experiment

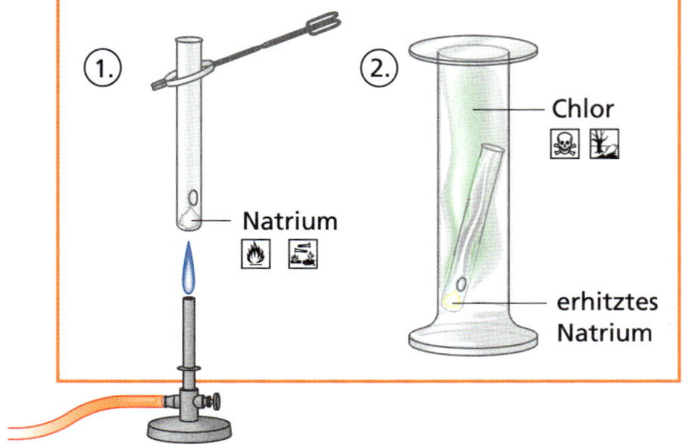

Die Bildung von Ionen erfolgt durch Aufnahme bzw. Abgabe von Elektronen, in dem Bestreben der Atome eine stabile Edelgaskonfiguration zu erreichen.

Da die Ionensubstanzen nach außen neutral sind, muss die Anzahl der von den Natriumatomen abgegebenen Elektronen immer gleich der Anzahl der von den Chloratomen aufgenommenen Elektronen sein. Deshalb reagieren jeweils ein Chlormolekül und zwei Natriumatome miteinander. Bei der Reaktion erfolgt ein **Elektronenübergang.**

Elektronenabgabe

$$2\,Na + Cl_2 \longrightarrow 2\,NaCl$$

Elektronenaufnahme

Auf ähnliche Weise können alle Metalle positiv geladene Ionen bilden. Allerdings verfügen viele Metallatome über mehr als ein Außenelektron. So muss ein Magnesiumatom zwei und ein Aluminiumatom sogar drei Elektronen abgeben, um die stabile Edelgaskonfiguration zu erreichen (s. Abb. 1).

Dementsprechend enthält das Magnesium-Ion zwei Protonen mehr als Elektronen und ist deshalb zweifach positiv geladen – Mg^{2+}. Auch beim Aluminium-Ion (Al^{3+}) ergibt sich die **Ionenladung** aus der Anzahl der abgegebenen Elektronen.

Um die höhere positive Ladung auszugleichen, müssen pro Aluminium-Ion drei einfach negativ geladene Anionen in das Gitter eingebaut werden. Dies findet seinen Ausdruck in den Verhältnisformeln der Salze, z. B. $AlBr_3$ für Aluminiumbromid (s. Experiment) oder MgF_2 für Magnesiumfluorid.

Einfache Ionen unterscheiden sich von den jeweiligen Atomen durch die Anzahl der Elektronen. Aus der Zahl der abgegebenen (Kationen) bzw. aufgenommenen (Anionen) Elektronen ergibt sich die Ionenladung und die Verhältnisformel der Salze.

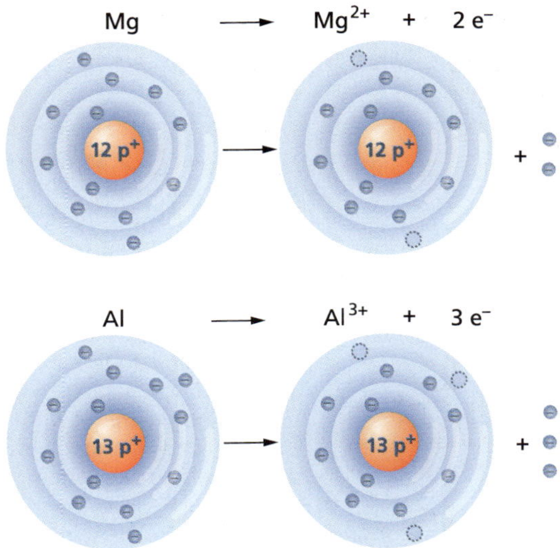

1 Bildung mehrfach positiv geladener Kationen

L Experiment

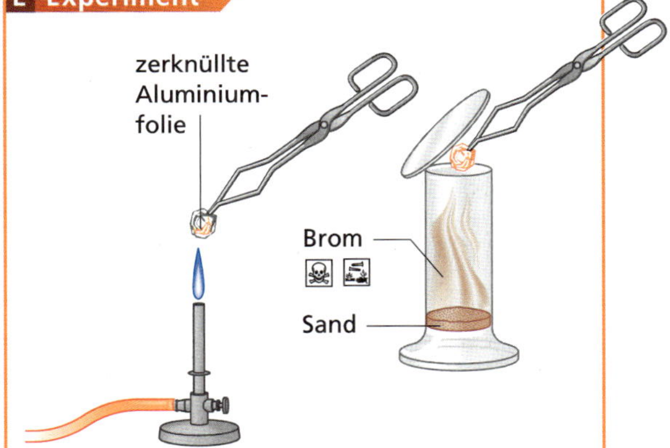

Aufgaben

1. Erläutere, warum Salzlösungen elektrisch leitfähig sind.
2. Interpretiere folgende chemische Symbole: Al^{3+}, Ca^{2+}, F^-, S^{2-}.
3. Interpretiere folgende chemische Formeln: KBr, $MgCl_2$, Ag_2S, FeF_3.
4. Erkläre, warum man die Formeln von Salzen als Verhältnisformeln bezeichnet.

Mosaik

Salzen auf der Spur

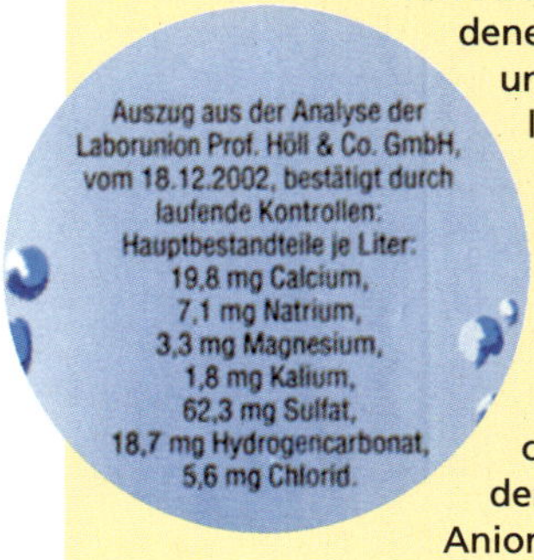

In Deutschland gibt es ca. 400 verschiedene Mineralwassersorten. Diese unterscheiden sich im Wesentlichen in Art und Menge der darin gelösten Salze. Die Bezeichnungen der Salze findet man – unterteilt in Anionen und Kationen – auf dem Flaschenetikett.
Zur genaueren Untersuchung und Unterscheidung der einzelnen Kationen und Anionen führt man chemische Analysen durch. Zu diesem Zweck greift man häufig auf spezielle **Nachweisreaktionen** zurück. Dabei handelt es sich um relativ einfache chemische Reaktionen, aus deren Ergebnis (z. B. Farbveränderung) man mit den Sinnesorganen erkennen kann, ob der gesuchte Stoff in der Probe enthalten ist. Zum **Nachweis von Ionen** nutzt man in erster Linie charakteristische Farbreaktionen oder Fällungsreaktionen (s. S. 147).
Manche Kationen lassen sich durch die Färbung der Flammen identifizieren, die beim Verdampfen der Salze sichtbar wird.
Im gasförmigen Zustand senden viele Elemente und Ionen Licht einer bestimmten Wellenlänge aus, wenn sie durch Zufuhr von Energie dazu angeregt werden. Bei einigen Metall-Ionen reicht schon die Wärme der entleuchteten Bunsenbrennerflamme aus, um die Aussendung von sichtbarem Licht herbeizuführen. Dadurch weisen diese Metallsalze eine für das Kation charakteristische **Flammenfärbung** auf.

Flammenfärbungen von Metallsalzen

Metall-Ion	Symbol	Flammenfarbe
Lithium-Ion	Li^{+}	karminrot
Natrium-Ion	Na^{+}	gelb
Kalium-Ion	K^{+}	hellviolett
Calcium-Ion	Ca^{2+}	ziegelrot
Strontium-Ion	Sr^{2+}	rot
Barium-Ion	Ba^{2+}	hellgrün

1 Feuerwerksfarben beruhen ebenfalls auf dem Prinzip der Flammenfärbung durch Metallsalze.

Hält man ein Magnesiastäbchen mit einem Lithiumsalz in die Bunsenbrennerflamme, leuchtet diese dunkelrot, bei einem Bariumsalz hingegen hellgrün. Am intensivsten leuchtet die gelbe Natriumflamme, die man auch bei Streichhölzern beobachten kann. Dieses Färbeverhalten macht man sich auch bei anderen Zusammenhängen zu Nutze. Die unterschiedlichen Farben der **Sylvesterraketen** ergeben sich aus der Beimischung verschiedener Metallsalze (Abb. 1).
Eine weitere Möglichkeit Kationen nachzuweisen, besteht darin, in wässrigen Lösungen schwer lösliche Salze zu erzeugen. Diese Salze fallen als feste **Niederschläge** aus der klaren Lösung aus.

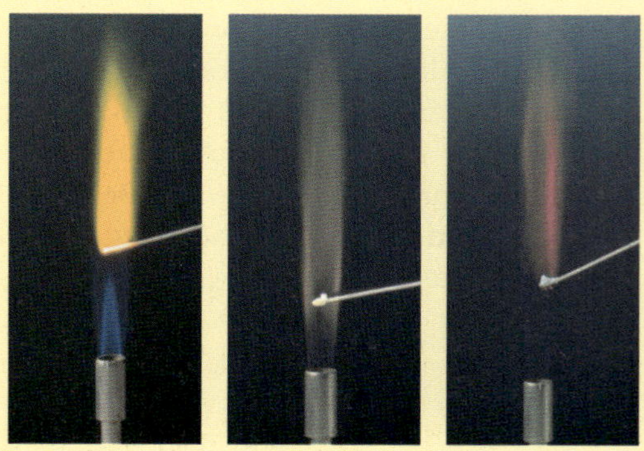

2 Flammenfärbung durch Natrium- (links), Kalium- (Mitte) und Lithium-Ionen (rechts)

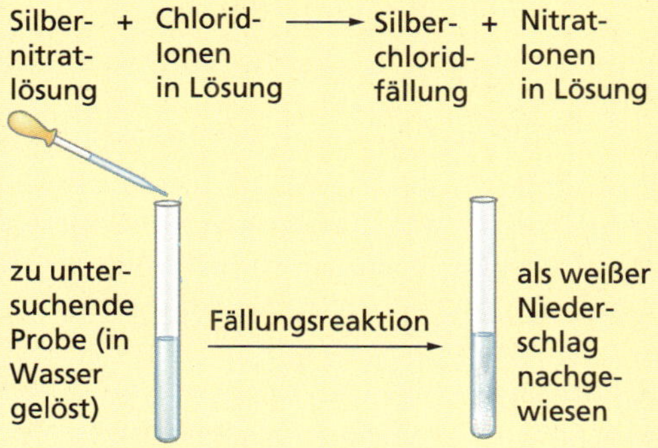

$$Ag^{+} + NO_3^{-} + Cl^{-} \longrightarrow AgCl + NO_3^{-}$$

So reagieren Silber-Ionen mit verschiedenen Anionen (z. B. Chlorid-, Bromid- und Iodid-Ionen) zu schwer löslichen Silbersalzen. Derartige Reaktionen, bei denen Ionen aus der Lösung zu schwer löslichen Verbindungen zusammentreten, nennt man **Fällungsreaktionen.**

Wenn man in einer Lösung Silber-Ionen vermutet, kann man z. B. durch Zugabe einer Kochsalzlösung prüfen, ob sich ein weißer Niederschlag von Silberchlorid bildet (Abb. 1).

Diese Methode kann man umgekehrt auch zum **Nachweis der Anionen** anwenden. Die Mehrzahl der Chloride, Bromide und Iodide ist in Wasser gut löslich. Bei der Zugabe des Nachweisreagenzes Silbernitratlösung zu diesen klaren Lösungen bilden sich je nach Art des Anions spezifisch gefärbte Niederschläge.

1 Silberchlorid (links) unterscheidet sich farblich von Silberbromid (Mitte) und Silberiodid (rechts).

Das dabei entstehende Silberchlorid hat eine milchig-weiße Farbe, Silberbromid hingegen ist schwach gelb und Silberiodid dunkelgelb (Abb. 1).

Auch viele andere Anionen lassen sich durch Fällungsreaktionen nachweisen. Als eindeutig gilt der Nachweis, wenn der Niederschlag eine besonders charakteristische Farbe aufweist oder wenn nur ein bestimmtes Ion mit dem Nachweismittel reagieren kann.

Aus der Intensität bzw. Masse der gebildeten Niederschläge lassen sich auch Rückschlüsse auf die Menge der verschiedenen Ionen in der untersuchten Stoffprobe ziehen. Diese **Analyse** wird oft in Lebensmittellaboren durchgeführt, um damit den Natriumchlorid- bzw. Kochsalzgehalt zu bestimmen. So kann nicht nur geschmacklich festgestellt werden, ob Lebensmittel versalzen sind, sondern auch durch die Fällungsreaktion.

Statistisch gesehen nimmt jeder Bundesbürger über die Nahrung jährlich ca. 4 kg Kochsalz zu sich. Das ist das vier- bis fünffache der empfohlenen Menge. Erhöhter Kochsalzkonsum kann u. a. zu Bluthochdruck und den damit verbundenen Folgen (wie Herzinfarkt) führen. Insbesondere muss bei Säuglingen auf eine kochsalz- und damit natriumarme Ernährung geachtet werden. Aus diesem Grund werden beispielsweise natriumarme Mineralwässer besonders gekennzeichnet.

Nachweisreaktionen im Test

S Experiment 1

Aufgabe:
Untersuche die Flammenfärbungen verschiedener Metallsalze.

Vorbereitung:
Geräte: Brenner, Streichhölzer, Tüpfelplatte, Spatel, Magnesiastäbchen
Chemikalien: Lithiumchlorid ⊠, Natriumchlorid, Kaliumchlorid, Calciumchlorid, Bariumchloridlösung ⊠, Kupferchlorid ⊠, destilliertes Wasser

Durchführung:
Beschrifte die Vertiefungen der Tüpfelplatte mit den Zahlen 1 – 6. Gib jeweils eine Spatelspitze der Salze in die Vertiefungen und löse die Kristalle in wenigen Tropfen destilliertem Wasser. Fertige eine Tabelle nach folgendem Muster an:

Probe	Salz	Flammenfarbe
1	Lithiumchlorid	

Glühe ein Magnesiastäbchen in der entleuchteten Brennerflamme so lange aus, bis die Flamme nicht mehr gefärbt erscheint. Tauche die Spitze des Magnesiastäbchens in die Salzlösung 1 ein und halte das Stäbchen in die Brennerflamme. Wiederhole den Versuch mit den anderen Salzlösungen.

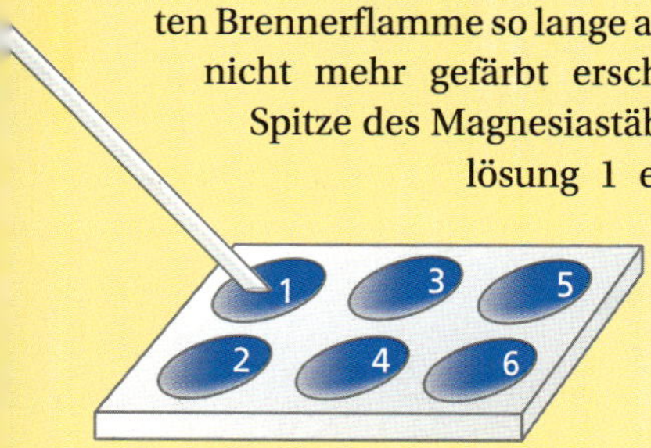

(*Hinweis:* Jedes Mal, bevor du das Magnesiastäbchen in eine neue Lösung eintauchst, musst du mit der Tiegelzange die alte Spitze abbrechen und das Stäbchen von Neuem ausglühen!)

Beobachtung und Auswertung:
Vervollständige die Tabelle.
Tausche die Tüpfelplatte mit einem deiner Mitschüler. Finde heraus, welches Salz er in welche Vertiefung getan hat.

S Experiment 2

Aufgabe:
Unterscheide ein Chlorid-, Bromid- und ein Iodidsalz durch Fällungsreaktionen voneinander.

Vorbereitung:
Geräte: drei Reagenzgläser, Reagenzglasständer, Pipette, Spatel,
Chemikalien: Silbernitratlösung ⊠, destilliertes Wasser, Natriumchlorid, Natriumbromid, Natriumiodid

Durchführung:
Löse im ersten Reagenzglas eine Spatelspitze des Chlorids in wenig destilliertem Wasser. Löse auf die gleiche Weise das Bromid im zweiten und das Iodid im dritten Reagenzglas. Gib zu jeder Probe 3 Tropfen Silbernitratlösung hinzu.

Beobachtung und Auswertung:
Notiere deine Beobachtungen. Informiere dich über die Verwendung von Bromidsalzen und Iodidsalzen.

S Experiment 3

Aufgabe:
Teste unterschiedliche Wasserproben (Leitungswasser, Seewasser, Mineralwasser, destilliertes Wasser) auf Chlorid-Ionen.

Vorbereitung und Durchführung:
Entwickle einen Plan, um das Experiment durchzuführen. Fordere *Geräte und Chemikalien* beim Lehrer an. Führe Protokoll.

Beobachtung und Auswertung:
Notiere deine Beobachtungen und dokumentiere deine Ergebnisse in einer Tabelle. Leite daraus eine Schlussfolgerung zum Arbeiten in analytischen Laboren ab.

Chemie im Kontext

Bindungsart gesucht

Elemente reagieren miteinander zu Molekülverbindungen (z. B. Wasser) oder Salzen (z. B. Kochsalz). Die unterschiedlichen Eigenschaften der Stoffe werden maßgeblich von der Bindungsart und der daraus resultierenden Struktur der Verbindungen bestimmt.
Leite aus der Elektronegativitätsdifferenz der Elemente in chemischen Verbindungen Schlussfolgerungen zur Bindungsart ab.

Methode

Ableiten von Schlussfolgerungen

Um eine Schlussfolgerung abzuleiten, schließt man vom Allgemeinen (vom allgemein Gültigen) auf das Besondere. So kann man aus dem allgemeinen Richtwert der Elektronegativitätsdifferenz schließen, welche Bindungsart in einer besonderen Verbindung vorliegt.
Es ist aber umgekehrt auch möglich, vom Besonderen auf das Allgemeine zu schließen. Das Beispiel Aluminiumchlorid zeigt, dass der Grenzwert $\Delta EN \approx 1{,}7$ nicht allgemein gültig ist.

Zur Ausbildung einer Atombindung wird ein **gemeinsames Elektronenpaar** zwischen zwei Atomen ausgebildet. Das stärker elektronegative Atom zieht das bindende Elektronenpaar stärker an, sodass es zu einer Polarisierung der Atombindung kommt (s. S. 96).
Je größer die Differenz der **Elektronegativität** der beiden Atome, umso stärker wird das gemeinsame Elektronenpaar angezogen. Ab einem bestimmten Punkt gehört das Elektronenpaar völlig zum elektronegativeren Atom. Dieses wird dadurch zum Anion, das elektropositivere Atom dagegen zum Kation.
Als Richtwert, ob in einer Verbindung **polare Atombindung** oder schon **Ionenbindung** vorliegt, wird eine Elektronegativitätsdifferenz von (ΔEN) ungefähr 1,7 empfohlen.

Betrachten wir als Beispiel die Chloride der Elemente der 3. Periode des PSE (s. Abb. 1). Entsprechend der Differenzen der Elektronegativitäten (ΔEN = 0,5 bis 1,2) verhalten sich die Chlorverbindungen des Siliciums, Phosphors und Schwefels wie typische Molekülsubstanzen. In den Molekülen findet man polare Atombindungen. Die Atombindung im Chlormolekül ist dagegen unpolar ($\Delta EN = 0$).
Im Gegensatz dazu sind die Metallchloride den Salzen zuzuordnen. Auch Aluminiumchlorid liegt als Ionenkristall vor, obwohl die Elektronegativitätsdifferenz nur 1,5 beträgt. Folglich darf der Richtwert von $\Delta EN \approx 1{,}7$ nicht zu streng ausgelegt werden. Der Übergang von der polaren Atombindung zur Ionenbindung erfolgt in einem Bereich von $\Delta EN \approx 1{,}5$ bis 1,9.

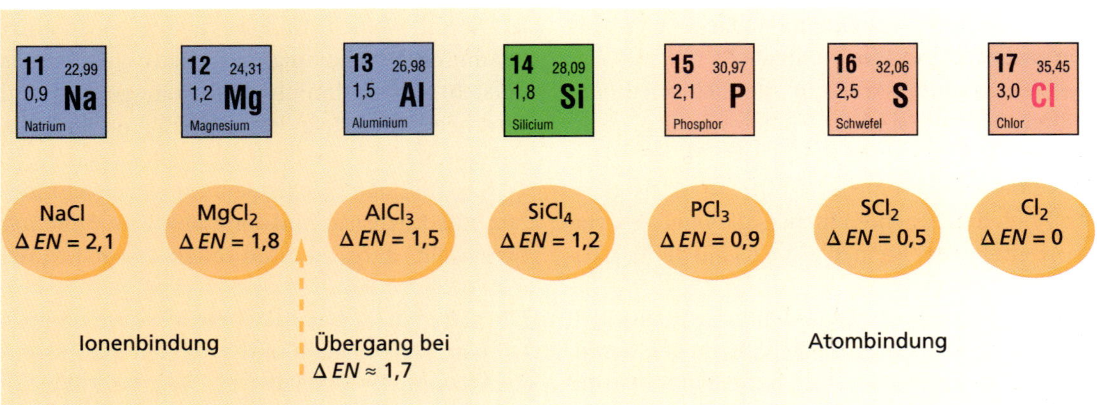

1 Elektronegativitätsdifferenz und Bindungsart bei den Chlorverbindungen der Elemente der 3. Periode

Chemie im Kontext

Hart wie Beton?

Kompaktes Salz, das z. B. in unterirdischen Salzlagern vorkommt, kann man hinsichtlich seiner Druckfestigkeit mit Beton vergleichen. Andererseits ist das Salz aber sehr spröde. Mit einem gezielten Hammerschlag kann man Stücke von einem Brocken abtrennen.
Erkläre, warum Salze hinsichtlich der Druckfestigkeit dem Beton gleichen, jedoch spröde sind.

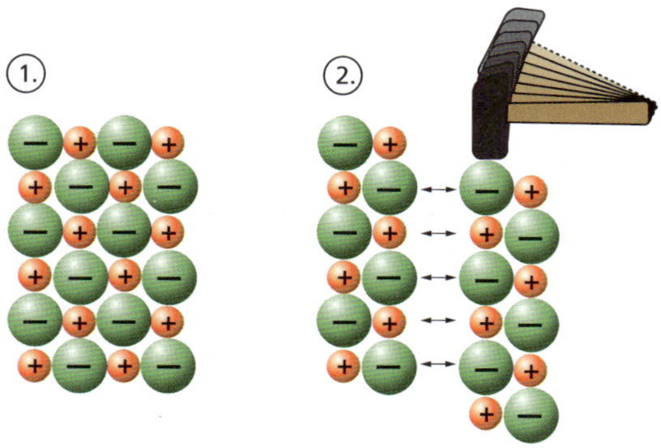

Salze sind aus entgegengesetzt geladenen Ionen aufgebaut. Kochsalz z. B. besteht aus positiv geladenen Natrium-Ionen und negativ geladenen Chlorid-Ionen. Entgegengesetzte Ladungen ziehen sich an. Daher ordnen sich die entgegengesetzt geladenen Ionen der Salze regelmäßig an. Im Ionengitter wechseln sich stets positive und negative Ladungen ab. So ist jedes Chlorid-Ion von sechs Natrium-Ionen und jedes Natrium-Ion von sechs Chlorid-Ionen umgeben.
Da die Anziehungskräfte in alle Richtungen des Raumes wirken, sind sie in dieser Struktur sehr stark. Die starken Anziehungskräfte zwischen den Ionen bewirken die große Druckfestigkeit. Weil sich die Schichten nicht gegeneinander verschieben lassen, können Salzkristalle nicht plastisch verformt werden.
Kommt es durch plötzliche Krafteinwirkung doch zu einer Verschiebung der Schichten, geraten Ionen mit gleichen Ladungen nebeneinander und stoßen sich ab. Dann zerbricht der Salzkristall, als würde er aus Glas bestehen (Abb. oben).

Der „wiederbelebte" Karpfen

Karpfen sind beliebte Speisefische. Da das Gericht von frischem Fisch am besten schmeckt, kaufen manche Leute den lebendigen Karpfen und schlachten ihn selbst. Soll er gebraten werden, salzt man ihn ein. Kurze Zeit nach dem Einreiben mit Kochsalz beginnt sich der Fisch zu bewegen und mit der Schwanzflosse zu schlagen.
Welche Wirkung hat das Kochsalz im Körper des Fisches? Warum wird der Karpfen scheinbar wieder lebendig?

Auf der feuchten Oberfläche des Karpfens löst sich das Kochsalz. In der Lösung befinden sich Chlorid-Ionen und Natrium-Ionen.

$$NaCl \longrightarrow Na^{+}_{(aq)} + Cl^{-}_{(aq)}$$

Chlorid-Ionen und besonders Natrium-Ionen spielen bei der Nerventätigkeit und somit bei bioelektrischen Phänomenen eine große Rolle.
Eine gewisse Spannung besteht an den Membranen der Nervenzellen immer, da im Inneren der Nervenzelle Kalium-Ionen besonders hoch konzentriert sind (außen sind es Natrium- und Chlorid-Ionen). Trifft ein Reiz auf eine Nervenzelle, wird die Membran plötzlich durchlässig für Natrium-Ionen. Dadurch kommt es zu einer Spannungsschwankung, ein elektrischer Impuls entsteht. Dieser Impuls wird weitergeleitet und verarbeitet. Es erfolgt letztendlich eine Reaktion auf diesen Reiz – eine Bewegung.
Durch die hohe Salzkonzentration beim Einreiben mit Kochsalz wird eine ähnliche Situation hergestellt, denn Natrium-Ionen dringen in die Nervenzellen des Fisches ein.
Die dadurch ausgelösten elektrischen Impulse werden weitergeleitet und bewirken ein Zusammenziehen der Muskulatur. Der tote Fisch bewegt sich. Das funktioniert natürlich nur noch eine begrenzte Zeit nach seinem Tod.

S Gezüchtete Kristalle

Um Salzkristalle zu züchten, benötigt man eine gesättigte Salzlösung. Daraus bilden sich Kristalle. *Beschreibe das Verfahren. Zeige, dass die Kristallisation die Umkehrung des Lösens ist.*

Zuerst muss eine gesättigte Salzlösung, z. B. eine Kochsalzlösung, hergestellt werden. Dazu löst man ca. 36 g Kochsalz in 100 ml Wasser und filtriert die Lösung vom Bodensatz ab.
In die Lösung hängt man einen Faden, an dem sich dann kleine Salzkristalle bilden. Nach ein paar Tagen entfernt man alle Kristalle bis auf einen. Der Faden mit dem Kristall wird in eine frische gesättigte Lösung gehängt. Diese lässt man mit einem Filterpapier abgedeckt an einem Ort stehen, an dem eine gleichmäßige Temperatur gewährleistet ist. Der Kristall wächst. Dabei läuft eine chemische Reaktion ab.
Den Prozess bezeichnet man als **Kristallisation.**

$$Na^+_{(aq)} + Cl^-_{(aq)} \xrightarrow[-H_2O]{} NaCl$$

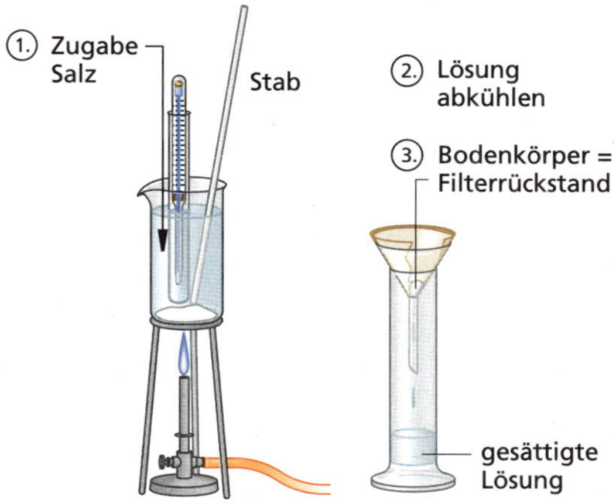

1 Beim Züchten von Kristallen muss man die Reaktionbedingungen genau kontrollieren.

Der Kristall löst sich wieder, wenn man die Lösung erwärmt. Auch wenn man die gesättigte Lösung durch eine ungesättigte ersetzt, gehen Ionen aus dem Kristallgitter wieder in die Lösung über. Sowohl bei der Kristallisation als auch beim **Lösungsprozess** handelt es sich um umkehrbare Reaktionen (Abb. unten).

Lösen und Kristallisieren als umkehrbare Prozesse

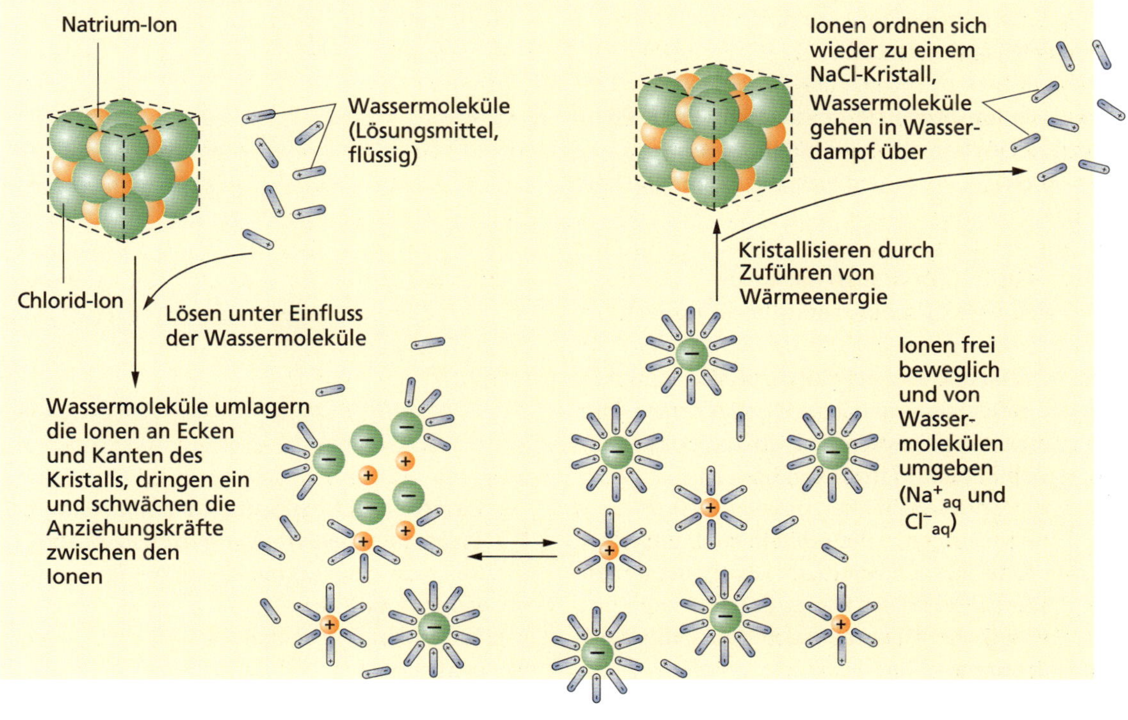

gewusst · gekonnt

1. Ergänze dein Glossar.

Glossar

Fällungsreaktion
Kristallisation
Ionenbindung/Ionenbeziehung
Ionengitter
Salz
Verhältnisformel

2. Salze besitzen sowohl in der Natur als auch in der Technik große Bedeutung. Informiere dich in geeigneten Nachschlagewerken oder im Internet. Ermittle mindestens fünf Prozesse, bei denen ein oder mehrere Salze eine entscheidende Rolle spielen. Erläutere jeweils die Bedeutung des Salzes. Fertige eine Wandzeitung an.

3. In der Werbung werden bei starker sportlicher Aktivität oft Isodrinks empfohlen. Erläutere, was mit „isotonischen Getränken" bewirkt werden soll.

4. Der Einsatz von Streusalz schädigt die Pflanzen im Bereich der Straßenränder. Erkläre, wie es zu diesen Schädigungen kommen kann.

5. Erkläre, warum man mit feuchten Händen keine elektrischen Geräte berühren sollte.

6. Es soll untersucht werden, ob das Schütteln des Reaktionsgefäßes oder eine Temperaturerhöhung einen Einfluss auf das Lösen von Kaliumchlorid in Wasser hat. Entwickle einen Plan, um den Einfluss dieser Bedingungen experimentell zu untersuchen. Führe die notwendigen Experimente entsprechend deines Planes durch. Fertige ein Protokoll an. Erkläre deine Beobachtungen.

7. Folgende Salze werden in Wasser gelöst: Kaliumchlorid, Calciumchlorid, Eisen(II)-chlorid und Natriumiodid. Ermittle die Formeln der Salze und stelle Reaktionsgleichungen für das Lösen in Wasser auf.

8. In sogenannten Gradierwerken lässt man eine Salzlösung über Reisig laufen, um das Salz zu gewinnen. Beschreibe die Prozesse, die am Reisig ablaufen.

9. Beschreibe, welche Prozesse ablaufen, wenn man dem Kartoffelwasser Kochsalz hinzufügt.

10. Reines Wasser ist kaum elektrisch leitfähig. Eine Kochsalzlösung leitet den elektrischen Strom dagegen gut. Zeige die Ursachen für diese unterschiedlichen Eigenschaften auf.

11. a) Stelle dar, wie Salzlagerstätten entstanden sind. Nutze dazu auch das Internet, z. B. www.schuelerlexikon.de.
    b) Informiere dich über verschiedene Verfahren zur Gewinnung von Kochsalz.

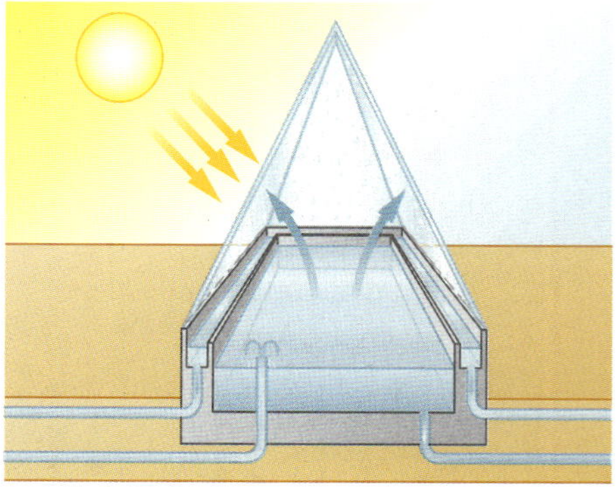

12. Eine Kaliumsulfatlösung wird eingedampft. Welche Beobachtungen sind zu erwarten? Stelle den Prozess in chemischer Zeichensprache dar. Kannst du den beobachteten Prozess wieder umkehren?

13. Übernimm die Tabelle und vervollständige sie.

Name des Salzes	Formel des Salzes	Formeln der enthaltenen Ionen
Magnesiumchlorid		
	$CaCl_2$	
		Mg^{2+}; SO_4^{2-}
	$CaCO_3$	
Natriumfluorid		
		Li^+; NO_3^-
	$FeSO_4$	
Aluminiumfluorid		

14. Nenne mindestens drei Salze mit Namen und Formel und stelle Gemeinsamkeiten und Unterschiede dieser Stoffe heraus.

15. S Salze besitzen unterschiedliche Kristallformen. Stelle gesättigte Lösungen von Natriumchlorid und Kaliumaluminiumsulfat ($KAl(SO_4)_2$ = Kalialaun) in destilliertem Wasser her und dunste jeweils einen Tropfen dieser Lösungen auf einem Objektträger ein. Betrachte die Kristallformen mit einer 100–200fachen Vergrößerung.

16. S Weise nach, dass Wasserproben (Seewasser, Meerwasser, Leitungswasser u. a.) immer gelöste Salze enthalten.
Wie kannst du vorgehen? Fertige ein Protokoll an.

17. Zeichne jeweils ein Modell eines Atoms und Ions desselben Elements
Wie kann man sich die Ionenbildung dabei vorstellen? Gib für die Ionenbildung eine Wort- und eine Reaktionsgleichung an.

18. Bei sich entwickelnden Pflanzen ist eine deutliche Massenzunahme zu erkennen. Welche Stoffe muss die Pflanze aufnehmen um diesen Massenzuwachs zu erreichen? Woher stammen die Stoffe jeweils?

19. S Du erhältst drei unbeschriftete Reagenzgläser mit klaren Lösungen von Natriumiodid, Calciumbromid und Lithiumiodid. Entwickle einen Plan, wie du experimentell herausfinden kannst, welches Salz in welchem Reagenzglas enthalten ist. Fordere Geräte und Chemikalien an und führe die Experimente durch.

20. Elemente wie Chlor oder Iod reagieren teilweise heftig mit unedlen Metallen.

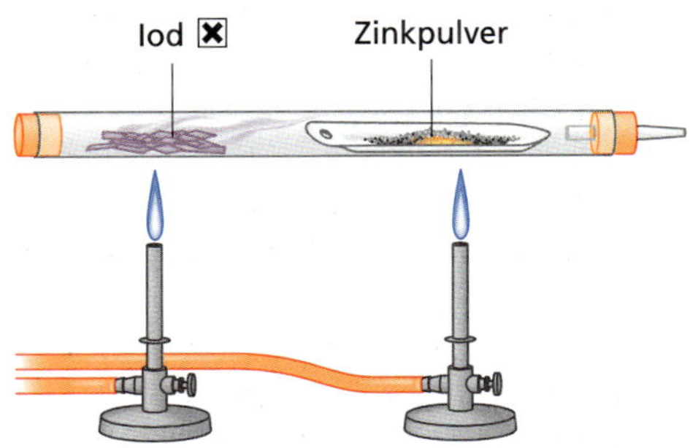

a) Erläutere anhand des dargestellten Beispiels, warum es sich um ideale Reaktionspartner handelt.

b) Recherchiere, welche Bedeutung Fluoride und Iodide als Bestandteil unserer Nahrung haben.

Kochsalz und andere Salze

Bildung von Ionen

Die Bildung von **Ionen** aus Atomen erfolgt durch Elektronenaufnahme oder Elektronenabgabe, um eine stabile Edelgaskonfiguration zu erreichen.
Die positive Ladung der **Kationen** ergibt sich aus der Zahl der vom Atom abgegebenen Elektronen. Die negative Ladung der **Anionen** resultiert aus der Zahl der aufgenommenen Elektronen.

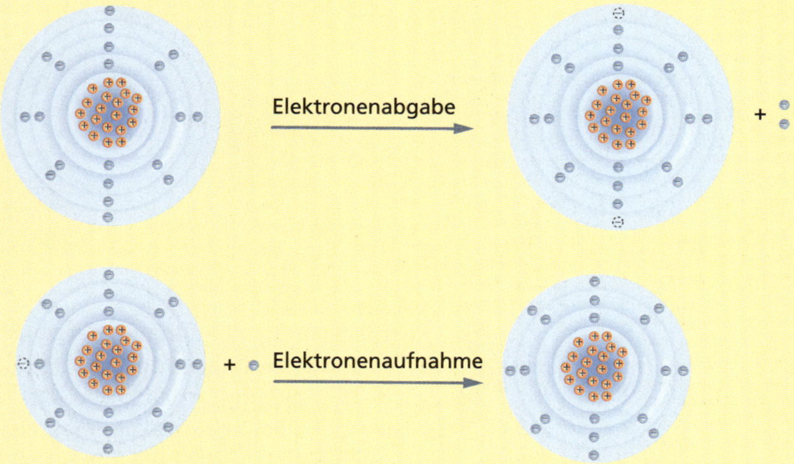

Salze

Salze sind Stoffe, die aus positiv geladenen Ionen und negativ geladenen Ionen zusammengesetzt sind. Die chemische Bindung im Kristall, die auf der elektrostatischen Anziehung zwischen entgegengesetzt geladenen Ionen beruht, nennt man **Ionenbindung.**

Struktur

Kristallgitter aus positiv geladenen und negativ geladenen Ionen in regelmäßiger, abwechselnder Anordnung

z.B.

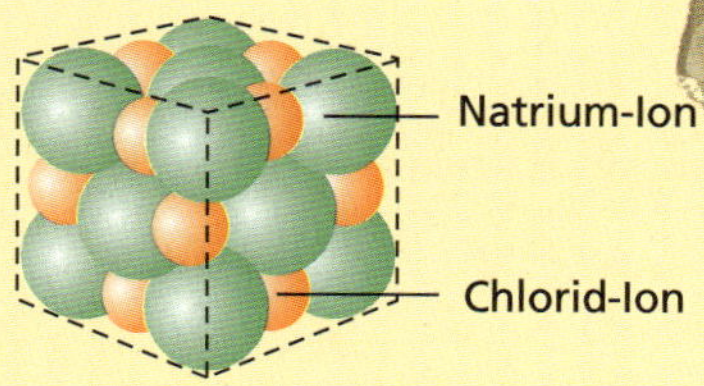

Eigenschaften

- feste, kristalline Stoffe
- hohe Schmelz- und Siedetemperaturen
- mehr oder weniger gut löslich in Wasser, in der Lösung liegen frei bewegliche Ionen vor
- nicht plastisch verformbar, nicht biegbar, spröde
- Schmelzen und Lösungen leiten den elektrischen Strom, feste Salze nicht

Lösen und **Kristallisieren** von Salzen sind umkehrbare Vorgänge.

Salz (kristallin) $\rightleftharpoons$ Salzlösung (enthält frei bewegliche Ionen)

→ + Lösemittel, z. B. H_2O (Lösen)

← – Lösemittel, (Kristallisieren)

5 Ordnung in der Vielfalt der Elemente

5.1 Das Periodensystem der Elemente

Wahrsagerei oder Wissenschaft?

Als das Periodensystem der Elemente entwickelt wurde, waren noch viele Elemente unbekannt. Trotzdem sagte der russische Chemiker MENDELEJEW für einige dieser Elemente Eigenschaften voraus, die sich später als zutreffend erwiesen, u. a. für Gallium (Abb.).
Wie ist es möglich, die Eigenschaften eines Elements zu ermitteln, welches man noch nie gesehen hat?

Der passende Schlüssel

Das Periodensystem der Elemente hat erstmals Ordnung in die Fülle der über Jahrhunderte experimentell zusammengetragenen chemischen Kenntnisse gebracht. Es stellt den „Schlüssel zur Chemie“ dar.
Wie erklärt sich solch eine Schlüsselfunktion?

Interessante violette Gase

Der französische Chemiker COURTOIS (1777–1838) bemerkte 1811 beim Verbrennen von Meeresalgen violette Gase, die sich an kalten Oberflächen als Kristalle niederschlugen. Er hatte das dem Chlor ähnliche Element Iod entdeckt. Als man auch Brom gefunden hatte, fasste man diese Stoffe zur Gruppe der Halogene zusammen.
Welche Eigenschaften kennzeichnen Halogene?

Thema

1 Johann Wolfgang Döbereiner

2 Lothar Meyer

3 Dimitrij I. Mendelejew

Periodensystem der Elemente

Aus der Geschichte des Periodensystems

An der Entwicklung des **Periodensystems** sind mehrere Chemiker des 19. Jahrhunderts beteiligt. Sie ordneten die Elemente damals nach ähnlichen chemischen Eigenschaften, da sie noch keine detaillierten Vorstellungen vom Bau der Atome besaßen.

Den ersten Versuch die Elemente zu ordnen, unternahm J. W. Döbereiner (Abb. 1) bereits 1829. Er hatte Dreiergruppen chemischer Elemente mit ähnlichen Eigenschaften zusammengestellt und dabei bemerkt, dass die Atommasse des jeweils zweiten Elements etwa dem arithmetischen Mittel aus den Werten des ersten und dritten Elements entsprach.

Der Engländer J. A. Newlands ordnete die Elemente als Erster nach ihrem Atomgewicht, wurde aber von der damaligen Fachwelt nicht ernst genommen. Als Väter des Periodensystems gelten daher Lothar Meyer und D. I. Mendelejew, die die 1869 bekannten chemischen Elemente unabhängig voneinander ebenfalls nach steigender Atommasse ordneten.

Der deutsche Chemiker Lothar Meyer (Abb. 2) verwendete 1869 bei Vorlesungen bereits eine noch lückenhafte, aber unserem heutigen Periodensystem stellenweise schon sehr ähnliche Anordnung der Elemente. In Bezug auf Lücken warnte er jedoch vor *„höchst anziehenden Spekulationen über Existenz und Eigenschaften von Elementen, welche bis jetzt noch nicht entdeckt sind"*.

Anders reagierte der russische Chemiker Mendelejew (Abb. 3), der ein Periodensystem aufgestellt hatte. Er setzte konsequent Fragezeichen, wenn ihm der Unterschied zwischen den Atommassen zweier benachbarter Elemente mit ähnlichen Eigenschaften zu groß erschien. An solchen Stellen vermutete er noch nicht entdeckte Elemente und sagte deren Eigenschaften voraus.

Mendelejew schrieb beispielsweise in Bezug auf das hinter Silicium noch fehlende Element, das er zunächst Eka-Silicium nannte, Folgendes: *„Das Atomgewicht muß sich 72 nähern; das höchste Oxyd muß EsO_2 ... sein ...; sodann muß es eine flüchtige und flüssige Cl-Verbindung $EsCl_4$ vom Siedepunkt 90 °C und dem spezifischen Gewichte 1,9 bilden ... das metallische Eka-Silicium muß sich ziemlich leicht aus dem Oxyde ... durch Reduktion herstellen lassen."* Das Element wurde 1886 von Clemens Winkler entdeckt und Germanium genannt.

... und mehr

Informiere dich auch unter: *Johann Wolfgang Döbereiner, Dimitri Iwanowitsch Mendelejew, Lothar Meyer, Clemens Winkler, Periodizität der Eigenschaften von Elementen*

Von Metallen und Nichtmetallen

Heute sind über 100 **Elemente** und entsprechend viele Atomsorten bekannt. Mehr als zwei Drittel dieser Elemente sind **Metalle** mit einer für diese Stoffgruppe typischen Kombination von Eigenschaften (s. S. 111 f.).
Ein kleinerer Teil der Elemente zeigt völlig andere Eigenschaften. Die Elementsubstanzen sind Gase (Sauerstoff, Edelgase), Flüssigkeiten (Brom) oder kristalline Feststoffe (Kohlenstoff, Schwefel). Im Gegensatz zu den Metallen leiten diese sogenannten **Nichtmetalle** den elektrischen Strom und die Wärme nur sehr schlecht.
Die Elemente sind Bestandteile von Molekülverbindungen oder Salzen und weisen eine relativ hohe **Elektronegativität** auf. Anders als Metallatome neigen Nichtmetallatome dazu, Elektronen aufzunehmen und negativ geladene Ionen (Anionen) zu bilden.
Allerdings zeigen auch die Nichtmetalle und ihre Verbindungen Abstufungen der Eigenschaften: Sie unterscheiden sich nicht nur in ihrem Aggregatzustand, sondern beispielsweise auch in ihrer Reaktionsfähigkeit.

STECKBRIEF: Nichtmetalle

Eigenschaften: schlechte elektrische und Wärmeleiter, hohe Elektronegativität, bilden Anionen oder Moleküle, abgestufte Reaktivität, unterschiedlicher Aggregatzustand der Elementsubstanzen

Beispiele:

Phosphor

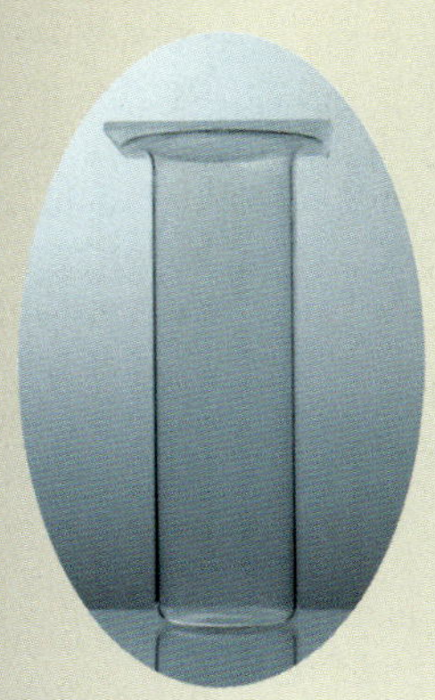

Sauerstoff

Schwefel

S Experiment

Aufgabe:
Vergleiche das Reaktionsverhalten von verschiedenen Nichtmetall-Anionen.

Vorbereitung:
Geräte: Reagenzgläser, Reagenzglasständer, Pipette, Spatel
Chemikalien: Silbernitratlösung ☒, destilliertes Wasser, Natriumfluorid, Natriumchlorid, Natriumbromid, Natriumiodid, verdünnte Ammoniaklösung ☒

Durchführung:
Löse eine Spatelspitze der Salze in wenig destilliertem Wasser und gib jeweils 3 Tropfen Silbernitratlösung hinzu.
Füge zu den Niederschlägen jeweils 5 Tropfen Ammoniaklösung und schüttle vorsichtig um.

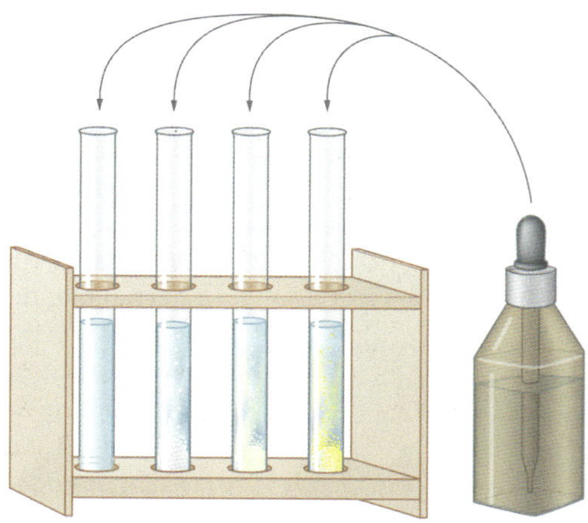

Beobachtung und Auswertung:
Notiere deine Beobachtungen. Stelle eine Vermutung auf, warum sich die Eigenschaften von Elementen verändern.

Das Periodensystem schafft Ordnung

Ein wichtiges Hilfsmittel, Ordnung in die Vielfalt der Elemente zu bringen, ist das von LOTHAR MEYER (1830 - 1895) und DIMITRI MENDELEJEW (1834 - 1907) entwickelte Periodensystem der Elemente (PSE). Unabhängig voneinander ordneten sie die Elemente nach steigendem Atomgewicht und ähnlichen chemischen Eigenschaften (s. S. 157).

MENDELEJEWS Periodensystem enthielt bereits 61 Elemente und kam dem heute bekannten PSE schon sehr nahe. Diese Leistung ist um so höher zu bewerten, wenn man bedenkt, mit welch einfachen Mitteln die Chemiker im 19. Jh. arbeiten mussten und dass sie noch keine Kenntnisse über den inneren Bau der Atome besaßen.

Erst mit der Entwicklung des **Schalenmodells** der Atome im Jahr 1913 (s. S. 67 f.) wurde klar, dass die Ordnung der Elemente im Periodensystem mit ihrem Atombau zusammenhängt. Die Reihenfolge der Elemente ergibt sich nämlich aus ihrer Protonenzahl, die der Ordnungszahl im PSE entspricht. Die Anzahl der Protonen eines Atoms ist gleich der Anzahl der Elektronen. Daher kann aus der **Ordnungszahl** die Anzahl der Protonen im Atomkern und die Gesamtzahl der Elektronen in der Atomhülle abgeleitet werden.

Alle Elemente sind im PSE in Abhängigkeit von der Anordnung der Elektronen in der Atomhülle in sieben waagerechten Reihen - den **Perioden** - angeordnet.

Die Periodennummer ergibt sich aus der Anzahl und der Verteilung der Elektronen in der Atomhülle. Sie entspricht der Anzahl der besetzten Elektronenschalen im Atom. Umgekehrt kann man aus der Periodennummer auf die Verteilung der Elektronen schließen.

Außer in den Perioden sind die Elemente noch in Gruppen zusammengefaßt, die senkrecht angeordnet sind. Es existieren **acht Hauptgruppen** und **acht Nebengruppen.** Sie sind jeweils durch römische Zahlen gekennzeichnet. Bei Hauptgruppenelementen entspricht die Nummer der Hauptgruppe der Anzahl der Außenelektronen der Atome (s. Abb.).

Der Bau der Atome bestimmt die Stellung des Elements im Periodensystem der Elemente. Die Anzahl der Protonen und Elektronen spiegelt sich in der Ordnungszahl wider. Die Anzahl der Außenelektronen entspricht bei Hauptgruppenelementen der Hauptgruppennummer. Die Verteilung der Elektronen in der Elektronenhülle wird durch die Periodennummer verdeutlicht.

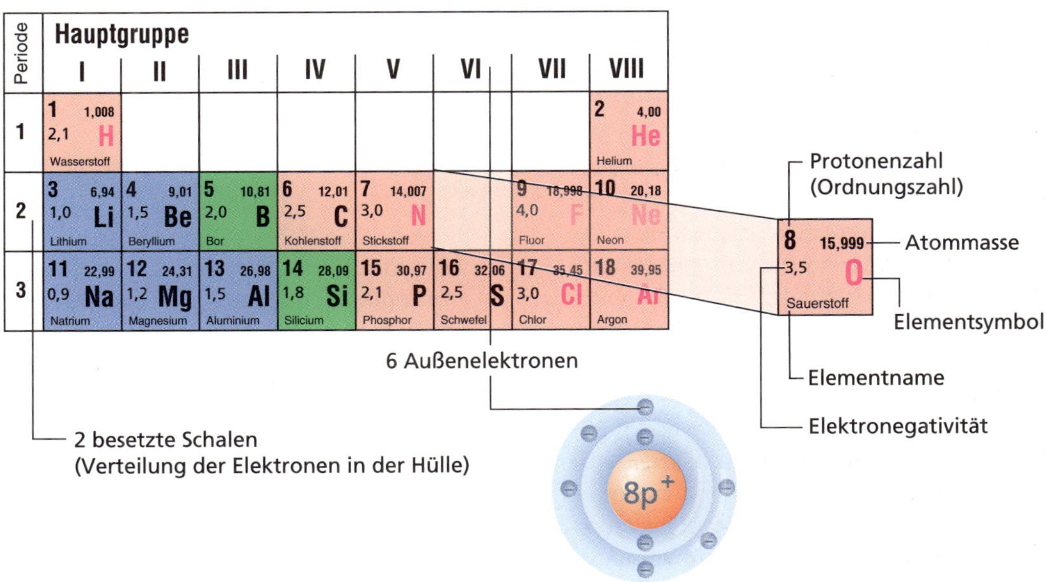

Das Gesetz der Periodizität

Die Eigenschaften der Elemente ändern sich periodisch, d.h. immer wiederkehrend. Auf der Grundlage dieser **Periodizität der Eigenschaften** konnte MENDELEJEW mehrere noch unbekannte Elemente wie Germanium voraussagen, die 1869 noch nicht entdeckt waren (s. S. 157).

Mithilfe moderner Kenntnisse über den Atom-bau lassen sich die periodischen Gesetzmäßigkeiten erklären. Eine Periode beginnt nach heutigem Erkenntnisstand immer dort, wo hinzukommende Elektronen ein höheres Energieniveau einnehmen, also eine weitere **Elektronenschale** besetzt wird. Dann ändern sich die Eigenschaften der Elemente sprunghaft (z.B. von Neon zu Natrium). Innerhalb einer Periode nimmt die Anzahl der Elektronen in der Atomhülle zwar allmählich zu, allerdings befinden sich die Außenelektronen in derselben Elektronenschale. Entsprechend abgestuft ändern sich auch die Eigenschaften der Elemente innerhalb einer Periode. Durch die Anordnung im Periodensystem befinden sich untereinander Elemente, deren Atome jeweils die gleiche Anzahl von **Außenelektronen** aufweisen. Auch hier lassen sich, durch die Ähnlichkeit im Atombau bedingt, ähnliche Eigenschaften feststellen. Einige solcher Elemente wurden schon vor Entdeckung des Periodensystems zu Gruppen zusammengefasst, z.B. die Halogene (s. S. 162 f.).

Nicht nur die Anzahl und Verteilung der Elektronen in der Atomhülle spielt eine Rolle, sondern auch die Anzahl der Protonen im Kern.

Nimmt die Zahl der Protonen zu, steigt die Anziehung, die auf die Elektronen wirkt, sodass die **Atomradien** innerhalb der Periode abnehmen. Gleichzeitig wird die Anziehungskraft der Atomkerne gegenüber eigenen und Elektronen anderer Atome größer.

Betrachtet man den **metallischen oder nichtmetallischen Charakter** der Elemente, lässt sich ebenfalls Periodizität feststellen (s. S. 161). Metalle sind dadurch gekennzeichnet, dass die Atome relativ wenige Außenelektronen aufweisen und die Ionisierungsenergie relativ gering ist.

Metalle sind im Periodensystem in Abhängigkeit von der Anzahl ihrer Außenelektronen links zu finden. Da die Elektronen leicht abgegeben werden können, bilden sie positiv geladene Ionen. Die Anzahl der Ladung entspricht bei Hauptgruppenelementen der Hauptgruppennummer.

Die Anzahl der Außenelektronen von Atomen der Nichtmetalle ist relativ hoch. Entsprechend findet man sie im PSE rechts. Um Elektronen aus der Atomhülle herauszulösen, wäre eine erhebliche Energie nötig. Daher bilden sie Anionen, indem Elektronen aufgenommen werden.

Kohlenstoff-, Bor- und Siliciumatome bilden dagegen im Allgemeinen keine Ionen, sondern gemeinsame Elektronenpaare mit anderen Atomen aus.

Auch die **Wertigkeit** der Elemente gegenüber Sauerstoff und Wasserstoff (s. S. 161) lässt sich aus ihrer Stellung im Periodensystem ableiten.

Das Gesetz der Periodizität besagt, dass sich die Eigenschaften der Elemente innerhalb einer Periode allmählich und von Periode zu Periode sprunghaft ändern. Die Ursache für die Periodizität der Eigenschaften ist der Bau der Atome.

Aufgaben

1. Alkalimetalle und Halogene bilden Gruppen. Informiere dich über diese und weitere Gruppen. Fertige jeweils eine Übersicht an. (Nutze dazu beispielsweise www.schuelerlexikon.de.)

2. Innerhalb der I. Hauptgruppe nimmt die Reaktionsfähigkeit mit steigender Ordnungszahl zu, innerhalb der VII. Hauptgruppe nimmt die Reaktionsfähigkeit ab. Erkläre dieses Verhalten.

Innerhalb einer Periode nimmt mit zunehmender Kernladung der Radius der Atome ab. Die Elektronegativität nimmt zu. Innerhalb einer Gruppe nimmt (mit Ausnahmen) die Elektronegativität trotz steigender Kernladung ab. Der Atomradius nimmt zu.

Elektronegativität und Atomradius bei Elementen der 2. und 3. Periode

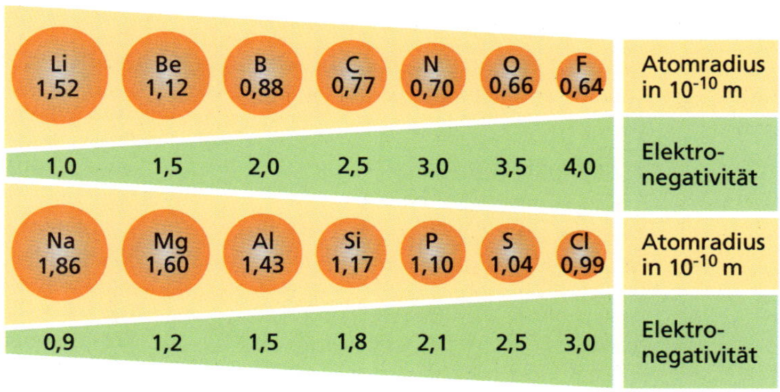

Innerhalb der Periode nimmt der Metallcharakter mit steigender Kernladungszahl ab, der Nichtmetallcharakter zu. Innerhalb der Gruppe nimmt der Metallcharakter mit steigender Kernladungszahl zu, der Nichtmetallcharakter ab.

Metall- und Nichtmetallcharakter im PSE

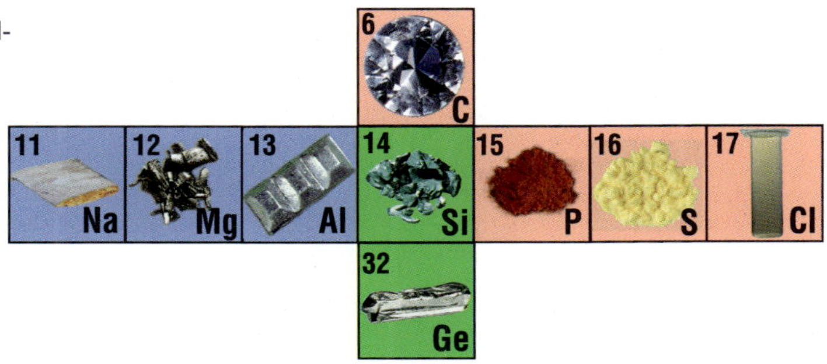

Elemente der I. Hauptgruppe bilden einfach positiv geladene Ionen, Elemente der II. Hauptgruppe zweifach positiv geladene Ionen. Aluminium, Gallium und Indium bilden dreifach positiv geladene Ionen. Kohlenstoff und Silicium (IV. Hauptgruppe) sowie Stickstoff und Phosphor (V. Hauptgruppe) bilden bevorzugt Atombindungen aus. Sauerstoff und Schwefel bilden zweifach negativ geladene Ionen (VI. Hauptgruppe) und die Halogene einfach negativ geladene Ionen.

Ladung der Ionen

Li^+	Be^{2+} *	(B^{3+})	(C^{4+}) (C^{4-})	(N^{3-})	O^{2-} *	F^-
Na^+	Mg^{2+} *	Al^{3+} *	(Si^{4+}) (Si^{4-})	(P^{3-})	S^{2-} *	Cl^-

* Die aufgeführten Ionen werden in den meisten Fällen ausgebildet.

Die Wertigkeit der Hauptgruppenelemente gegenüber Wasserstoff steigt bis zur IV. Hauptgruppe an und und entspricht der Nummer der Hauptgruppe. Danach nimmt die Wertigkeit gegenüber Wasserstoff wieder ab, sodass man einen so genannten „Dacheffekt" beobachtet.

Wertigkeit gegenüber Wasserstoff

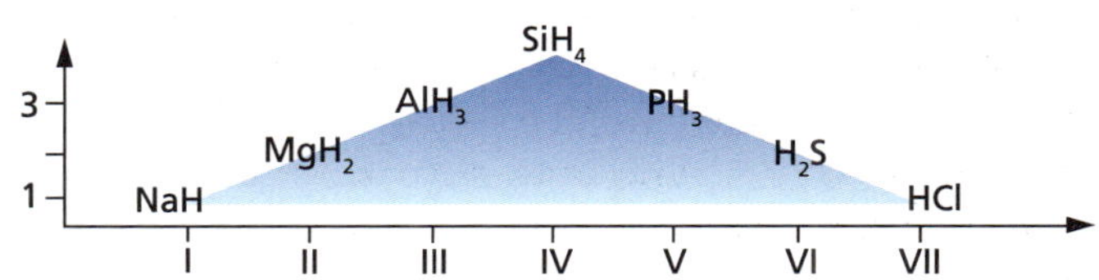

Mosaik

Typische Nichtmetalle: die Elemente der VII. Hauptgruppe

STECKBRIEF: Halogene

Elemente: Fluor (F), Chlor (Cl), Brom (Br), Iod (I), Astat (At)

Eigenschaften: Nichtmetalle (außer Astat – Halbmetall) leicht flüchtig, giftig, reaktionsfreudig

Atombau: unterschiedliche Anzahl von Protonen und Elektronen, unterschiedliche Anzahl von besetzten Elektronenschalen, jeweils sieben Außenelektronen

Entdeckung: Fluor (1886) von H. MOISSAN, Chlor (1810) von DAVY, Brom (1826) von A. J. BALARD, Iod (1811) von B. COURTOIS, Astat (1940) von D. R. CORSON, K. R. MACKENZIE und E. G. SEGRE

Element	Verwendung
Fluor	Verbindungen sind Bestandteil zahnmedizinischer Präparate, Fluorkunststoffe, Anreicherung von Uran für Kernkraftwerke
Chlor	Desinfektionsmittel, wichtiger Ausgangsstoff für die chemische Industrie (Chlorchemie)
Brom	Bleichmittel, Ausgangsstoff für Bromverbindungen
Iod	Indikator in der Radioiodtherapie

Zur **VII. Hauptgruppe** gehören die Elemente Fluor, Chlor, Brom, Iod (Abb. li. Spalte) und das unbeständige radioaktive Astat. Bei vielen ihrer Halogenverbindungen handelt es sich um salzartige Stoffe. Deshalb wurden die Elemente der VII. Hauptgruppe als **Halogene** benannt (griech.: *Halogene* = Salzbildner).
Die Halogene sind mit nur 0,26 % am Aufbau der Erdrinde beteiligt, wobei Chlor überwiegt. Mineralien bestehen meist aus Alkali- und Erdalkalimetallhalogeniden. Große Mengen dieser Salze sind im Meerwasser enthalten.

Alle Atome der Halogene verfügen über sieben Elektronen auf der Außenschale.
Um im Verlauf chemischer Reaktionen eine stabile Elektronenkonfiguration zu erreichen, nehmen die Halogenatome ein Elektron auf, wobei meist einfach negativ geladene Ionen entstehen. Eine andere Möglichkeit besteht darin, dass die Halogenatome gemeinsame Elektronenpaare in Atombindungen anziehen.
Die ähnliche Elektronenanordnung mit jeweils sieben Außenelektronen im Halogenatom führt dazu, dass die Halogene reaktionsfähige Elemente sind. Sie weisen folgende **gemeinsame Gruppeneigenschaften** auf:

- Alle Halogene sind Molekülsubstanzen. Je zwei Atome werden durch gemeinsame Nutzung eines Elektronenpaares über eine Atombindung zusammengehalten (Abb. 1, S. 163).
- Die Halogene stellen leicht flüchtige Nichtmetalle dar. Selbst das feste Iod geht relativ leicht in den gasförmigen Aggregatzustand über.
- Fluor, Chlor, Brom, Iod und auch das dem Iod ähnelnde Astat sind giftig und wirken ätzend.
- Halogene besitzen innerhalb ihrer Periode die höchste Elektronegativität und die höchste Ionisierungsenergie.
- Alle Halogene reagieren heftig mit Metallen zu Salzen. Auch die Umsetzungen der Halogene mit Wasserstoff sind exotherme Prozesse.
- Die Halogenwasserstoffe reagieren leicht mit Wasser, wobei saure Lösungen entstehen.

Die auf dem Atombau beruhenden Eigenschaften der Halogene sind typisch für **Nichtmetalle.**

Infolge der zunehmenden Anzahl besetzter Elektronenschalen ihrer Atome weisen die Halogene auch deutlich **abgestufte Eigenschaften** auf.

- So nimmt die Flüchtigkeit der Elemente zum Iod hin ab.
- Es tritt eine Farbvertiefung von blass-grünlichgelb (Fluor) über gelbgrün (Chlor) und rotbraun (Brom) zu violett (Iod) ein (s. S. 162).
- Im Gegensatz zu den Alkalimetallen nimmt die Reaktionsfähigkeit der Halogene innerhalb der Hauptgruppe von Fluor bis Astat ab.
- So reagiert Brom mit Eisenpulver oder Natrium langsamer als Chlor mit den genannten Stoffen.
- Ein Chlor-Wasserstoff-Gemisch im Verhältnis 1 : 1 setzt sich explosionsartig um (Chlorknallgas). Bei Brom verläuft die Reaktion mit Wasserstoff bereits etwas gedämpfter. In jedem Falle entstehen gasförmige Halogenwasserstoffe, z. B. aus Brom und Wasserstoff Bromwasserstoff.

$$H_2 + Br_2 \longrightarrow 2\,HBr$$

Erklären lässt sich diese Abstufung wiederum aus der Elektronenanordnung. Die Atome der Halogene mit ihren sieben Elektronen auf der Außenschale erreichen die stabile Achterschale durch Elektronenaufnahme. Dazu ist es notwendig, dass Elektronen des Reaktionspartners angezogen werden. Das geschieht in immer geringerem Maße, je weiter die Außenschale vom positiven anziehenden Kern entfernt ist. Die Atomkerne der Iodatome ziehen Elektronen nicht so stark an wie die Kerne der Fluoratome. Iod reagiert deshalb auch weniger intensiv.

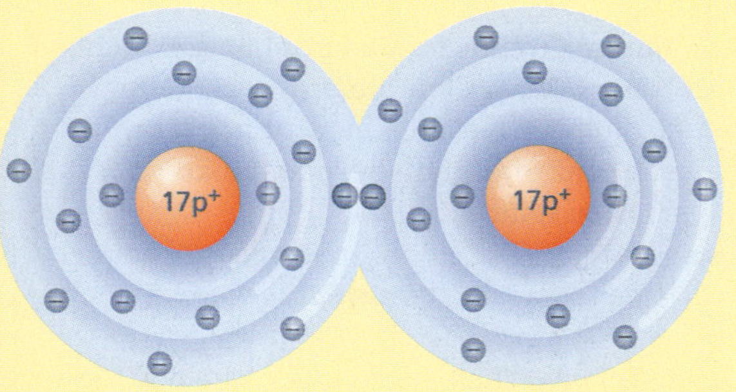

Formel: Cl_2 Lewis-Formel: $|\overline{\underline{Cl}} - \overline{\underline{Cl}}|$

Ähnliche Eigenschaften werden innerhalb einer Hauptgruppe durch die gleiche Anzahl an Außenelektronen bedingt.
Abgestufte Eigenschaften innerhalb einer Hauptgruppe ergeben sich durch die zunehmende Anzahl der besetzten Elektronenschalen und den daraus resultierenden unterschiedlichen Atomradien.

Charakteristische Daten und Gruppeneigenschaften der Halogene

Periode	Element	Schmelztemperatur (in °C)	Siedetemperatur (in °C)	Dichte (in g/cm³ bei 25 °C)	Atomradius (in pm)	Elektronegativität	Nichtmetallcharakter	Farbtiefe	Festigkeit der Elementmoleküle	Reaktionsfähigkeit
2	F	−223	−188	0,0015	72	4,0				F_2
3	Cl	−101	−34	0,0032	99	3,0				Cl_2
4	Br	−7	−59	3,14	114	2,8				Br_2
5	I	114	185	4,94	133	2,5				I_2
6	At	302	335	n. be.	227	2,2				At_2

Chemie im Kontext

Auf den Spuren Mendelejews

Strontiumverbindungen sind uns bekannt, denn kein **Feuerwerk** kommt ohne sie aus. Sie ergeben die intensiv rote Flammenfärbung. Die Elementsubstanz **Strontium** bekommt man im täglichen Leben kaum zu sehen.
Sage mithilfe des PSE voraus, welche chemischen Eigenschaften das Element Strontium kennzeichnen.

Zu den **chemischen Eigenschaften** eines Elements gehören metallische bzw. nichtmetallische Eigenschaften und sein Bestreben, mit anderen Stoffen zu reagieren. Zwischen der Stellung des Elements im Periodensystem und seinen Eigenschaften besteht ein enger Zusammenhang. Die Ursache liegt im Bau ihrer Atome, den man aus dem Periodensystem ableiten kann.

Methode

Voraussagen

Voraussagen ist eine Tätigkeit, bei der auf der Grundlage von Gesetzen oder Modellen unter Berücksichtigung der gegebenen Bedingungen eine Prognose in Bezug auf ein Phänomen abgeleitet wird. Kennt man nicht alle zugrunde liegenden Gesetze und Bedingungen, kann der Wahrheitsgehalt der Prognose unterschiedlich sein.
Voraussagen sind bei chemischen Experimenten von besonderer Bedeutung. Mithilfe der Kenntnisse vom Aufbau der Stoffe und dem Verlauf einer chemischen Reaktion ist man in der Lage, eintretende Erscheinungen im Voraus zu formulieren. Oft wird anschließend die Voraussage im Experiment überprüft.
Beim Voraussagen sollte man folgendermaßen vorgehen:
- Beschreibe zuerst die wesentlichen Merkmale der vorherzusagenden Erscheinung.
- Beschreibe dazugehörige Gesetzmäßigkeiten oder Modelle.
- Leite Schlussfolgerungen aus den Gesetzmäßigkeiten ab. Formuliere die Voraussage mit „Wenn, ... dann.“.

Strontium ist mit der Ordnungszahl 38 im Periodensystem platziert. Es steht in seiner Periode ziemlich weit links. Zudem gehört es zur II. Hauptgruppe, in der sich auch Magnesium befindet. Das lässt vermuten, dass es sich bei Strontium um ein Metall handelt. Das Element steht in der Hauptgruppe weiter unten als Magnesium, Strontium müsste sogar einen noch stärkeren metallischen Charakter haben.
Auch der Atombau von Strontium weist darauf hin. Die 38 Elektronen (Ordnungszahl!) sind in fünf Elektronenschalen (Periode!) verteilt. In der Außenschale befinden sich zwei Elektronen (Hauptgruppennummer!). Man kann aus dieser Verteilung schließen, dass die weitab vom Kern befindlichen Außenelektronen relativ energiereich und damit „aktiv“ und „locker“ sein dürften.
Die leichte Abgabe der Außenelektronen deutet auf ein unedles Metall hin. Dies bedeutet gleichzeitig eine hohe Affinität zum Element Sauerstoff. Strontium wird ähnlich wie Magnesium ein entsprechendes Oxid bilden.

$$2\,Sr + O_2 \longrightarrow 2\,SrO$$

Wenn es stärker mit Sauerstoff reagiert als Magnesium (in der Hauptgruppe noch unter Calcium zu finden), dann muss dieser Stoff sicher unter Luftabschluss – ähnlich wie Natrium – aufbewahrt werden.
In der Realität überzieht sich das Metall an der Luft tatsächlich mit dem gelblich braunen Strontiumoxid. In Pulverform ist Strontium nicht ungefährlich, da es sich spontan entzündet, also extrem reaktionsfreudig ist. Um die Reaktion mit Sauerstoff zu verhindern, ist eine Aufbewahrung unter Toluen angeraten.

gewusst · gekonnt

1. Erweitere dein Glossar.

Glossar

Gesetz der Periodizität
Gruppe (Haupt- und Nebengruppe)
Halogene
Ordnungszahl
Periode

2. MENDELEJEW ordnete die damals bekannten Elemente nach ihren Atommassen. Erkläre, warum diese heute nicht mehr als Grundlage für die Anordnung der Elemente im Periodensystem dienen können.

3. Stelle den Zusammenhang zwischen dem Bau der Atome und der Stellung des Elements im Periodensystem an folgenden Beispielen dar: Sauerstoff, Argon, Magnesium, Kohlenstoff, Wasserstoff, Strontium, Fluor und Blei. Nutze dazu eine Tabelle.

4. Wasserstoff wurde im Periodensystem in die I. Hauptgruppe eingeordnet. Bewerte diese Einordnung. Finde Argumente, die für und die gegen diese Positionierung von Wasserstoff im PSE sprechen.

5. Suche aus verschiedenen Gruppen und Perioden des PSE insgesamt 10 Elemente heraus und triff eine begründete Aussage, mit welcher Wahrscheinlichkeit sie den elektrischen Strom leiten. Kontrolliere deine Aussage, wenn möglich, experimentell.

6. Suche aus dem Periodensystem Paare von Elementen heraus, die aufgrund der Besetzung ihrer Außenschalen wahrscheinlich gut miteinander reagieren. Kennzeichne die vermutlich am heftigsten reagierenden Elementpaare und begründe deine Voraussagen.

7. Entwickle die Schalenmodelle vom Magnesiumatom und vom Schwefelatom. Begründe, warum Magnesium metallische Eigenschaften aufweist und den Strom leiten kann, Schwefel jedoch nicht.

Magnesiumspäne Schwefelschnur

8. Erkläre, warum man in der Natur keine elementaren Alkalimetalle und auch kaum elementare Halogene finden kann.

9. Sowohl Natrium als auch Chlor sind, bedingt durch ihren Atombau, sehr reaktionsfähige Elemente. Deshalb muss Natrium auch unter Luftabschluss aufbewahrt werden. Begründe, warum diese Form der Aufbewahrung für Chlor nicht notwendig ist.

10. Innerhalb der Periode ändern sich die Eigenschaften der Elemente allmählich, beim Übergang von einer Periode zur anderen jedoch sprunghaft. Finde eine Erklärung für diese Erscheinung. Zeichne dazu die Schalenmodelle für die Elemente Fluor, Natrium, Magnesium, Chlor, Kalium und Calcium.

11. Halogenlampen oder -strahler sind in fast jedem Haushalt zu finden. Ermittle, nach welchem Prinzip diese Leuchten arbeiten.

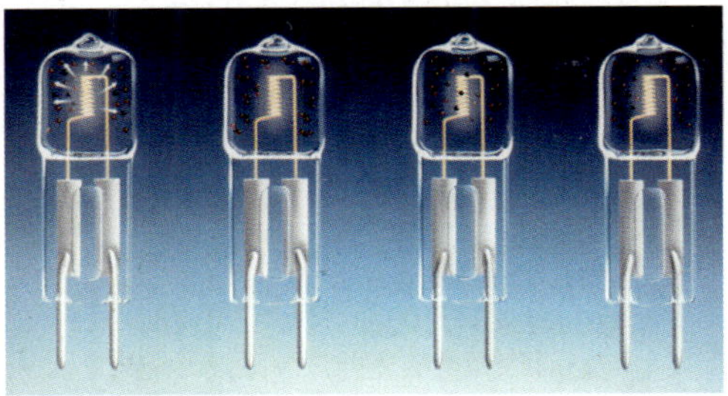

Atombau und Periodensystem

Bau der Atome

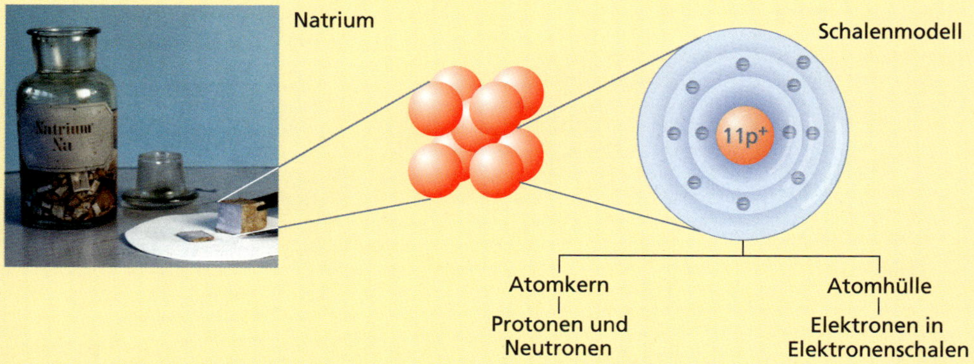

Periodensystem der Elemente

Im Periodensystem der Elemente sind die Elemente nach steigender Protonenzahl in Perioden angeordnet. Zwischen der Anordnung im Periodensystem, dem Atombau und den Eigenschaften des Elements besteht ein enger Zusammenhang.

allgemein:

Atombau	**Stellung im PSE**
Anzahl der Protonen und Elektronen	Ordnungszahl
Anzahl der besetzten Elektronenschalen	Periodennummer
Anzahl der Außenelektronen (Hauptgruppenelemente)	Hauptgruppennummer

Beispiel Natrium:

Atombau	**Stellung im PSE**
11 Protonen und Elektronen	Ordnungszahl 11
3 besetzte Elektronenschalen	3. Periode
1 Außenelektron	I. Hauptgruppe

Gesetz der Periodizität: Innerhalb einer Periode ändern sich die Eigenschaften der Elemente allmählich, von Periode zu Periode jedoch sprunghaft. Die Ursache liegt im Bau der Atome.
Elemente mit ähnlichem Atombau und daraus resultierenden übereinstimmenden Eigenschaften werden zu Gruppen zusammengefasst.

Halogene: Elemente der VII. Hauptgruppe

Die Atome aller Halogene verfügen über 7 Außenelektronen, sodass die Elemente reaktionsfähige Nichtmetalle mit gemeinsamen Gruppeneigenschaften sind. Infolge der unterschiedlichen Anzahl der besetzten Elektronenschalen ergeben sich auch Abstufungen der Eigenschaften.

z. B.

Chlor Brom Iod

5.2 Kohlenstoff – von weich bis megahart

Funkelnde Steine

Diamanten sind begehrte Schmucksteine, die aus reinem Kohlenstoff bestehen. Diamanten sind so hart, dass man damit sogar Glas schneiden oder Metalle schleifen kann. *Worauf sind die besonderen Eigenschaften der Diamanten zurückzuführen?*

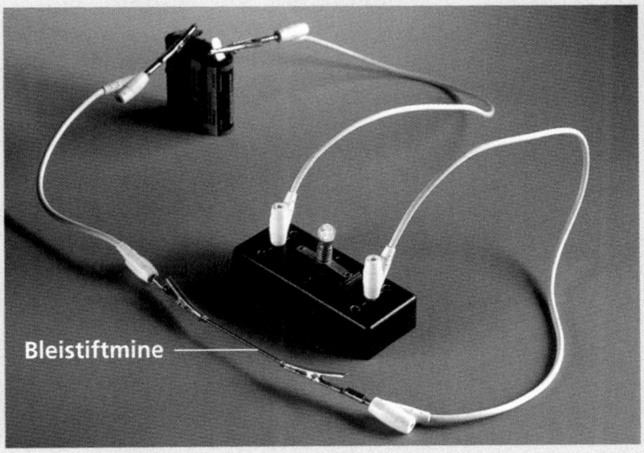

Viele Gesichter

Steinkohle, Braunkohle, Ruß und Carbonfasern enthalten einen hohen Anteil an Kohlenstoff. In vielen natürlich vorkommenden Stoffen, z. B. in Holz oder Zucker, ist Kohlenstoff chemisch gebunden. *Wie lässt sich die Vielseitigkeit des Elements Kohlenstoff erklären?*

Schwarze Minen

Bleistiftminen bestehen größtenteils aus Grafit. Wie Diamant besteht auch Grafit aus reinem Kohlenstoff. Im Gegensatz zum Diamant ist Grafit weich und leitet sogar den elektrischen Strom. *Warum unterscheiden sich die Eigenschaften von Grafit und Diamant?*

Wahlbereich: Kohlenstoff – von weich bis megahart

Gestatten: Grafit und Diamant

In der Natur kommt **Kohlenstoff** hauptsächlich in Form von Grafit und Diamant vor. Obwohl beide Substanzen aus reinem Kohlenstoff bestehen, unterscheiden sich ihre Eigenschaften beträchtlich.

1. *Notiere die typischen Eigenschaften, die Metalle bzw. Nichtmetalle charakterisieren.*

2. *Suche das Element Kohlenstoff im Periodensystem der Elemente (s. S. 202). Handelt es sich beim Kohlenstoff um ein Metall oder um ein Nichtmetall?*

3. *Lies den folgenden Text. Erkläre anhand der daraus gewonnenen Kenntnisse deine im folgenden Experiment gemachten Beobachtungen.*

S Experiment 1

Aufgabe:
Leite eine Vermutung über die elektrische Leitfähigkeit von Kohlenstoff ab. Plane ein Experiment, um an einem Grafitstab die Vermutung zu überprüfen.

Durchführung:
Fordere die Geräte und Chemikalien (s. Abb.) beim Lehrer an und führe das Experiment durch.

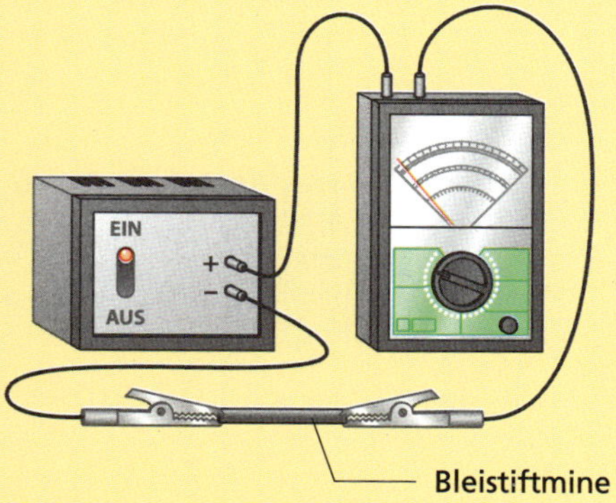

Beobachtung und Auswertung:
Notiere deine Beobachtungen. Wurde deine Vermutung widerlegt oder bestätigt?

Diamant und **Grafit** sind zwei unterschiedliche Erscheinungsformen des Kohlenstoffs. Grafit ist ein weicher, elektrisch leitfähiger Feststoff. Dagegen stellt Diamant das härteste natürliche Mineral dar und ist ein guter Isolator.
Bei Grafit handelt es sich um ein schwarzes Mineral, das sich leicht fettig anfühlt. Im Handel wird es in Pulverform angeboten. Demgegenüber stehen die durchsichtigen und farblosen Diamanten.
Die Ursache für die unterschiedlichen Eigenschaften des Grafits und des Diamants liegt in der unterschiedlichen Anordnung der Kohlenstoffatome in den Kristallen.
Jedes Kohlenstoffatom verfügt über vier Außenelektronen. Im Diamant geht ein Kohlenstoffatom mit vier anderen Kohlenstoffatomen je eine Atombindung ein. Die miteinander verbundenen Kohlenstoffatome weisen die gleichen Abstände untereinander auf und bilden einen regelmäßigen **Tetraeder** (griech.: *Tetraeder* = Vierflächner). Dabei handelt es sich um eine Pyramide, bei der alle vier Flächen gleichseitige Dreiecke sind.
Die Kohlenstofftetraeder sind untereinander ebenfalls fest verbunden. Dadurch entsteht ein regelmäßiges dreidimensionales Atomgitter, das außerordentlich stabil ist.

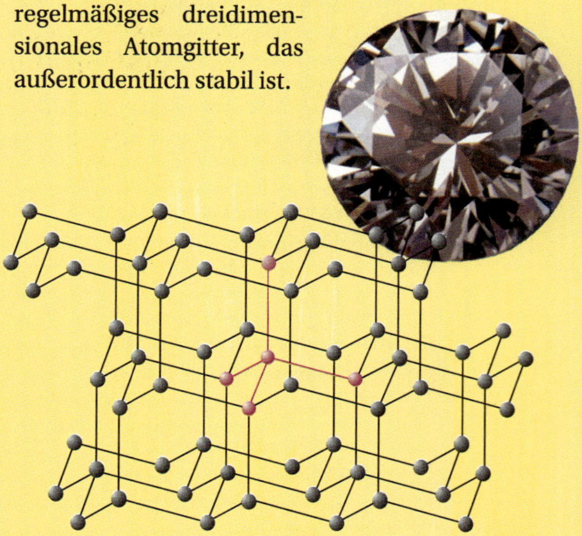

1 Die Gitterstruktur des Diamants ergibt sich aus der regelmäßigen, dreidimensionalen Anordnung vieler Kohlenstofftetraeder.

Im Grafit hat jedes Kohlenstoffatom mit nur drei anderen Kohlenstoffatomen ein gemeinsames Elektronenpaar ausgebildet. Die Atome liegen in einer Ebene und nehmen gleich große Abstände zueinander ein. Dadurch entstehen Schichten, in denen die Atome in sogenannten Sechserringen angeordnet sind. Daraus ergibt sich ein bienenwabenartiges Muster der Kohlenstoffschichten (s. Abb. 1).

Über die verbleibenden, nicht bindenden Außenelektronen sind die parallelen Schichten nur locker miteinander verbunden. Daher können sie leicht gegeneinander verschoben werden. Die Elektronen zwischen den Schichten sind frei beweglich und können den elektrischen Strom leiten.

Die verschiedenen Erscheinungsformen des gleichen Elements nennt man auch **Modifikationen.** Infolge ihrer unterschiedlichen Struktur weisen die Modifikationen trotz gleicher qualitativer Zusammensetzung verschiedene Eigenschaften auf.

4. *Aus Grafit können Diamanten hergestellt werden. Erkläre, warum das möglich ist. Sage voraus, welche Reaktionsbedingungen erforderlich sind.*

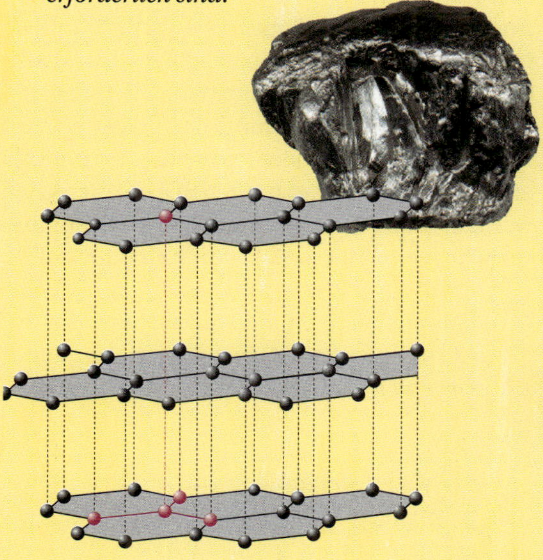

1 Die Gitterstruktur des Grafits ergibt sich aus parallelen Kohlenstoffschichten, die nur lose durch nicht bindende Elektronen verbunden sind.

Rohdiamanten findet man in alten Vulkanschloten und in afrikanischen Diamantminen. Aufgrund ihres Lichtbrechungsvermögens haben Diamanten die Menschen seit Urzeiten fasziniert. Geschliffene Diamanten (Brillianten) gelten als besonders schöne Schmucksteine. Weil Diamant das härteste natürliche Mineral ist, setzt man Diamantpulver als Schleifmittel ein oder beschichtet damit Werkzeuge. Auch für Bohrköpfe, Skalpelle für die Augenchirurgie, Glasschneider und Lager von Präzisionsgeräten benötigt man Diamanten.

5. *Erstelle einen Steckbrief für Diamant und Grafit. Nutze dafür Nachschlagewerke und das Internet.*

Grafit wird in Bergwerken abgebaut. Der Name des Stoffes leitet sich von dem griechischen Wort *„graphein"* für „schreiben" ab. Da Grafit weich ist, können auf geeigneten Oberflächen winzige Schichten abgerieben werden. In Bleistiften müssen Ton-Grafit-Gemische verwendet werden, da das Material so weich ist.

Weil Grafit den elektrischen Strom leitet, nutzt man ihn auch zur Produktion von Schleifkontakten und Elektroden. Außerdem wird der Stoff speziellen Schmiermitteln (Abb.) zugesetzt und ist in einigen Rostschutzmitteln enthalten.

6. *Begründe anhand deiner Kenntnisse über den Bau des Grafits, warum dieses Material ein gutes Schmiermittel ist.*

Fullerene und Nanoröhrchen – seltene Erscheinungsformen des Kohlenstoffs

Neben den schon seit Jahrhunderten bekannten Modifikationen Diamant und Grafit kennt man seit kurzem noch weitere Erscheinungsformen des Kohlenstoffs.

So wurden die **Fullerene** erst 1985 durch amerikanische Chemiker entdeckt, die dafür 1996 den Nobelpreis für Chemie erhielten. Bei den Fullerenen handelt es sich nicht um große Atomkristalle, sondern um Moleküle mit einer begrenzten Anzahl von Kohlenstoffatomen.

Fullerenmoleküle bestehen aus 60, 70 oder 240 Kohlenstoffatomen, die in charakteristischer Weise miteinander verbunden sind. Man kennt verschiedene Strukturen der Fullerene.

Eine der bekanntesten und stabilsten ist die fußballartige Anordnung der „Buckminsterfullerene". Wie ein normaler Fußball besteht das Molekül aus zwölf Fünfecken und 20 Sechsecken (Abb. 2).

Die Moleküle lagern sich zu Kristallen zusammen, die erstaunlicherweise elastisch sind, da sich die Hohlkugeln zusammendrücken lassen. In die Hohlräume lassen sich Fremdatome oder Moleküle einlagern, sodass man Fullerenen interessante Anwendungsmöglichkeiten in der Medizin zutraut. So könnten die ungiftigen Fullerene beispielsweise gezielt Arzneistoffe im Körper transportieren.

Aus Fullerenen könnten auch Diamanten hergestellt werden. Für ihre Umwandlung wird erheblich weniger Energie benötigt als für die Umwandlung von Grafit in Diamant.

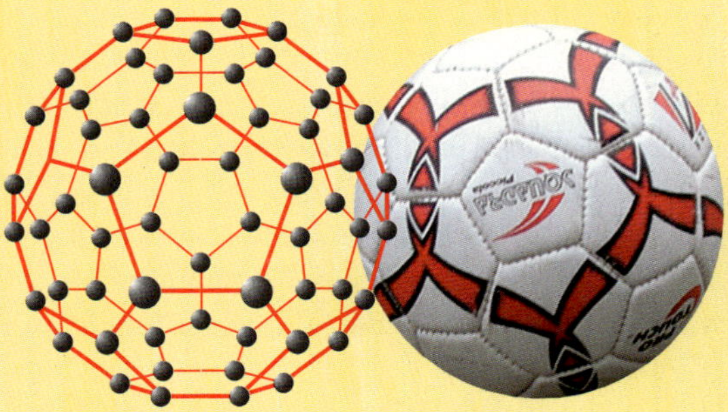

2 Das Fullerenmolekül C_{60} besitzt eine stabile, fußballähnliche Molekülstruktur.

Sogar erst 1991 entdeckt wurden die **Nanoröhrchen** bzw. **Nanotubes.** Ihre Struktur sieht aus, als ob eine Schicht eines Grafitkristalls zu einer Röhre aufgerollt wurde. Das Grundgerüst der winzigen Hohlzylinder besteht ebenfalls aus regelmäßigen Sechsecken (Abb. 1).

Nanoröhrchen können bis zu 100 mm lang werden und sind extrem elastisch und zugfest. Gebündelt können sie enorm stabile Carbonfasern liefern.

Manche Strukturen der Nanoröhrchen sind elektrisch halbleitend, während andere so verändert werden können, dass sie den elektrischen Strom sehr gut leiten.

Auch von den Nanotubes verspricht man sich innovative Anwendungen, z. B. in der Mikroelektronik oder in der Biokatalyse. Allerdings sind die Kosten zur Herstellung der Fullerene und Nanotubes noch so hoch, dass bis zur kommerziellen Nutzung sicher noch viele Jahre vergehen werden. Immerhin kostet ein Gramm Nanotubes ungefähr zehn Mal so viel wie ein Gramm Gold.

1. *Informiere dich im Internet über die möglichen zukünftigen Anwendungen der Fullerene und Nanoröhrchen.*

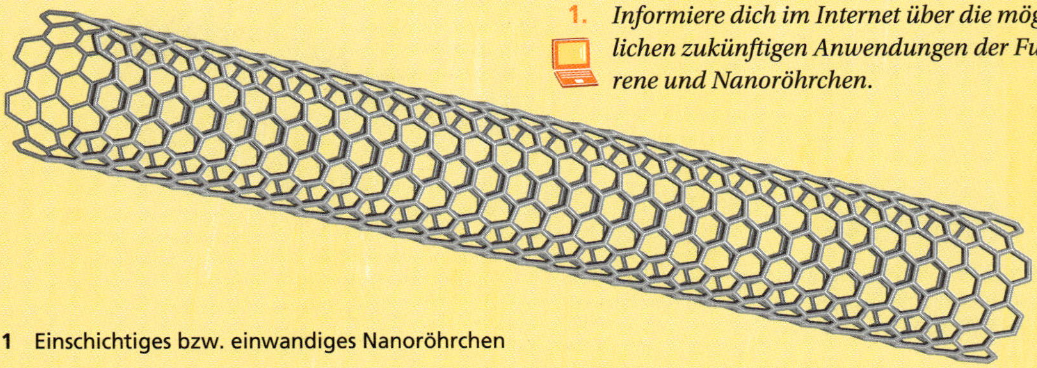

1 Einschichtiges bzw. einwandiges Nanoröhrchen

Veredlung von Kohle

Kohlenstoff ist chemischer Bestandteil vieler Stoffe wie Kohle, die u. a. als Energieträger und Brennstoff genutzt werden.

1. *Was ist eigentlich Kohle? Welche Zusammensetzung hat der Brennstoff und wie sind die Kohlearten entstanden?*

2. *Erläutere den Begriff Heizwert. Informiere dich dazu in geeigneten Medien.*

Der Heizwert der einzelnen Kohlearten kann sich beträchtlich unterscheiden. Besonders hoch liegt der Heizwert beim Koks, einem Produkt der chemischen **Kohleveredlung.** Dabei wird Kohle unter Luftabschluss stark erhitzt. Als Reaktionsprodukte dieser Kohleentgasung bzw. Verkokung erhält man Koks, Teer und gasförmige Stoffe, die als Heizgas einsetzbar sind (Abb. 1).

3. *Informiere dich über den Ablauf der industriellen Kohleentgasung. Interpretiere dazu das unten stehende Prozessschema.*

L Experiment 1

Aufgabe:
Im Modellexperiment soll Koks aus Kohle hergestellt werden. Führe dazu Protokoll.

Vorbereitung:
Geräte und Chemikalien: Brenner, Reagenzglashalter, Reagenzglas mit durchbohrtem Stopfen, Düse, Holzkohle

Durchführung:
Holzkohle wird im Reagenzglas mit Düse (s. Abb.) stark erhitzt. Nach einiger Zeit hält man ein brennendes Streichholz an die Düse.

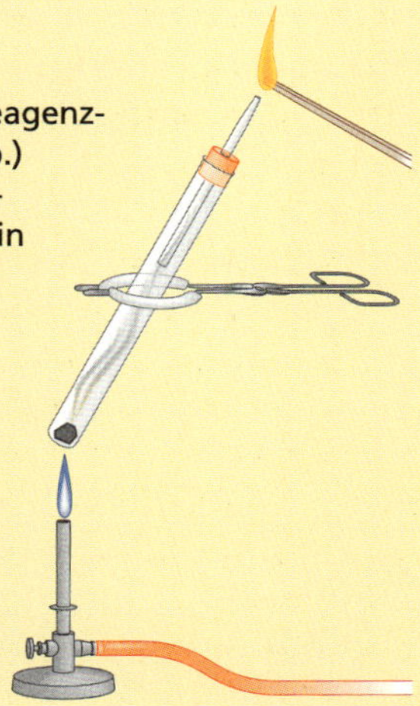

Beobachtung und Auswertung:
Notiere deine Beobachtungen. Stelle eine begründete Vermutung auf, welche Gase entstanden sind.

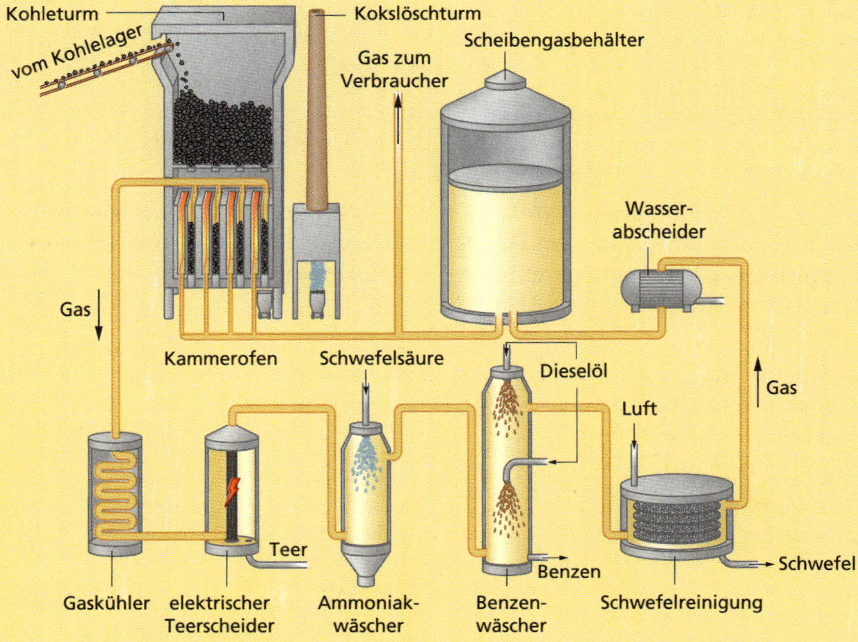

1 Die Kohleentgasung ist ein großtechnischer Prozess, der wieder zunehmend Bedeutung erlangt.

5.3 Schwefel – gelb und wandelbar

Giftig und doch wichtig

Getrocknetes Obst wird oft zusätzlich „geschwefelt“, um es haltbarer zu machen. Auch Weinfässer werden oft vor der Befüllung so behandelt.
Was bedeutet „schwefeln“? Warum wird Trockenobst derartig behandelt?

Luftqualität im Visier

Jährlich werden Berichte über die Luftqualität in den Bundesländern herausgegeben. Im Internet kann man leicht aktuelle Werte recherchieren.
Neben Daten über die Verschmutzung durch Ruß erfährt man u.a. den derzeitigen Anteil an Schwefeldioxid in der Luft.
Welche Stoffe gelangen mit den Abgasen an die Luft?

Schwefelquellen

An manchen Stellen der Erde tritt schwefelhaltiges Wasser direkt an die Oberfläche. Diese Quellen haben eine heilende Wirkung bei bestimmten Erkrankungen, z. B. Haut- oder Atemwegserkrankungen. Daher finden sich in ihrer Nähe oft Kurkliniken und sind selten frei zugänglich.
Wie kommt der Schwefel in das Wasser? Welche Verbindungen des Schwefels sind enthalten?

Wahlbereich: Schwefel – gelb und wandelbar

Gewinnung und Bedeutung von Schwefel

Schwefel gehört zu den wenigen Stoffen, die in reiner Form direkt an der Erdoberfläche zu finden sind. Besonders in den Mittelmeerländern, Nordamerika, Indonesien (s. Abb.) und Japan, wo es viele Gegenden vulkanischen Ursprungs gibt, ist er recht häufig. Früher wurde Schwefel in Bergwerken abgebaut. und dann aus dem Gestein herausgeschmolzen. Beim heute genutzten **Frasch-Verfahren** (s. Abb. unten) presst man überhitzten Wasserdampf (170 °C) durch das äußere (blaue) Rohr über Bohrlöcher in das schwefelhaltige Gestein. Dadurch wird der Schwefel herausgelöst. Das schwefelhaltige Wasser wird mit Druckluft, die durch das innere Rohr (rot) strömt, an die Erdoberfläche gefördert, wo dann der Schwefel in sehr reiner Form auskristallisiert.

1. *Beschreibe die Schwefelgewinnung nach dem Frasch-Verfahren (Abb.). Welche Eigenschaften des Schwefels nutzt man dabei aus?*

2. *Informiere dich im Internet über weitere Verfahren zur Schwefelgewinnung, die heute noch von Bedeutung sind.*

In der Natur ist Schwefel am Aufbau vieler biologischer Materialien beteiligt: Ca. 175 g des Elements enthält der Körper eines Menschen in chemisch gebundener Form. Haare und Nägel sind besonders schwefelreich.
Auch viele Erze und Mineralien (z. B. Pyrit) enthalten Schwefel in gebundener Form.

Schwefel ist sehr leicht entzündlich. Daher ist er ein wichtiger Bestandteil des Schwarzpulvers, das sich heute noch in den Treibsätzen von Feuerwerkskörpern findet. Köpfe von Streichhölzern enthalten ebenfalls Schwefel. In der Medizin wird er in Salben gegen Hautkrankheiten wie Akne oder Schuppenflechte verwendet, da er schwach desinfizierend ist. Bei der Gummiherstellung wird dem Kautschuk Schwefel zugesetzt, um so die Eigenschaften zu verbessern.
In der Industrie wird die größte Menge des Schwefels zur Produktion der technisch wichtigen Schwefelsäure verbraucht.

3. *Informiere dich im Internet über die verschiedenen Verwendungen des Schwefels und erstelle dazu eine Präsentation.*

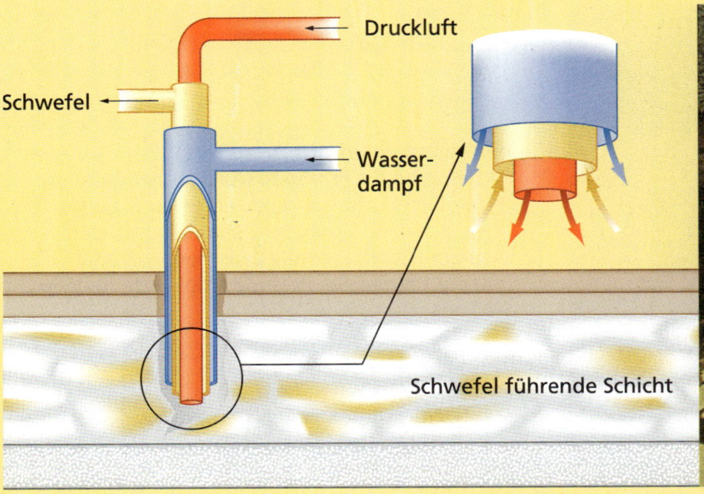

Schwefel – ein Chamäleon?

Reiner Schwefel bildet sehr schöne, unterschiedlich geformte Kristalle. Wie andere Elemente auch weist fester Schwefel verschiedene **Erscheinungsformen** (Modifikationen) auf.
Erstarrt Schwefel aus einer Schmelze heraus, bildet sich zunächst **monokliner Schwefel** mit durchsichtigen nadelartigen Kristallen und einer Dichte von 1,96 g/cm^3. Diese zerfallen jedoch und die Dichte ändert sich auf 2,08 g/cm^3, denn bei Raumtemperatur ist nur der **rhombische Schwefel** stabil. Die Bezeichnung „monoklin" und „rhombisch" bezieht sich auf die Symmetrie der Schwefelkristalle (Abb.).

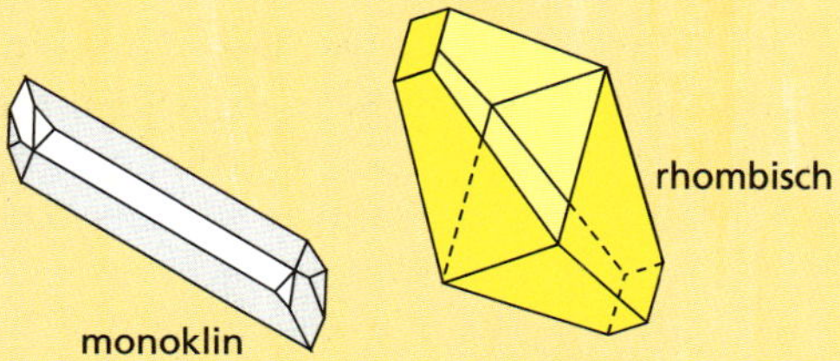

Beide Erscheinungsformen sind aus Schwefelmolekülen aufgebaut, die aus 8 Schwefelatomen bestehen. Diese ringförmigen S_8-Moleküle bilden die Form einer Krone und sind im monoklinen bzw. rhombischen Kristall auf unterschiedliche Weise angeordnet.

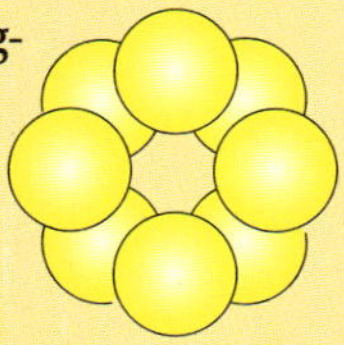

S Experiment 1

Aufgabe:
Untersuche das Verhalten des Schwefels beim Erwärmen und Abkühlen.

Vorbereitung:
Geräte und Chemikalien: Brenner, Becherglas, Porzellantiegel mit Deckel, Dreifuß mit Tondreieck, Reagenzglas, Reagenzglasklammer, Glasstab, Pinzette und Schwefelpulver

Durchführung:
a) Schmelze in einem Porzellantiegel mit Deckel vorsichtig 3 g Schwefel. Lasse langsam abkühlen. Sobald sich an der Oberfläche eine feste Schicht bildet, stichst du sie mit einem Glasstab durch und gießt die Flüssigkeit aus.
b) Fülle etwa 2 cm hoch Schwefel in ein Reagenzglas. Erwärme vorsichtig (Abzug!) und beobachte die Veränderung mit steigender Temperatur (Abb.). Sobald der Schwefel zu sieden beginnt, gießt du ihn schnell in ein Becherglas mit 200 ml kaltem Wasser.

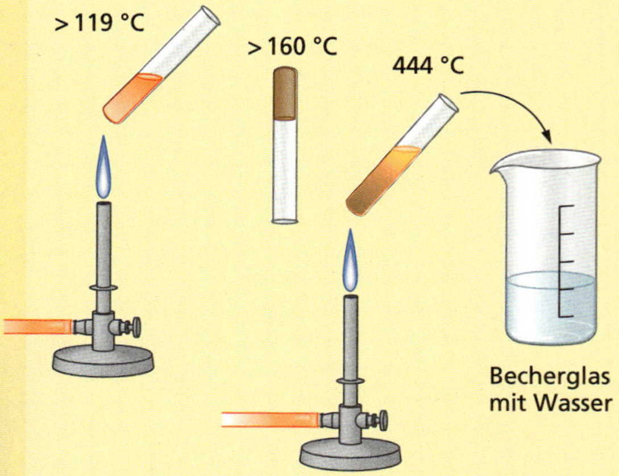

Beobachtung und Auswertung:
Untersuche die Produkte (Aussehen, Festigkeit, Härte) sofort und nach einigen Tagen. Beschreibe die Veränderungen beginnend vom Ausgangsstoff über alle Zwischenprodukte genau. Vergleiche die Endprodukte der beiden Teilversuche a) und b).

1. *Erstelle einen Steckbrief des Schwefels und vergleiche die Eigenschaften des monoklinen und rhombischen Schwefels.*

Gießt man flüssigen Schwefel in kaltes Wasser (Abb.), dann entsteht kettenförmiger **plastischer Schwefel.** Dieser besteht aus langen Ketten mit 2 000 bis 5 000 Schwefelatomen.

S Experiment 2

Aufgabe:
Stellt die Bildung des plastischen Schwefels in einem Modellversuch nach.

Vorbereitung:
Geräte: Holzperlen, Faden, Nadel, Becherglas

Durchführung:
a) Fädelt je 8 durchbohrte Holzperlen auf einem Garnfaden auf und macht einen einfachen Knoten. Gebt nun eure Ketten und die eurer Mitschüler in ein Becherglas und schüttelt kräftig. Haben alle Knoten gehalten?
b) Fädelt nun mindestens drei Ketten mit je 50 Perlen auf, gebt sie wieder in ein Becherglas und schüttelt. Holt eine einzelne Kette wieder heraus und beschreibt eure Beobachtungen.

Beobachtung und Auswertung:
Notiere deine Beobachtungen und vergleiche sie mit denen der anderen Schüler aus deiner Gruppe. Erkläre, warum die ringförmigen S_8-Moleküle bei über 160 °C aufbrechen.

2. *Informiere dich im Internet über die Entstehung der langen Schwefelketten.*

Umweltschäden durch Schwefeldioxid

In den 80er Jahren des 20. Jh. erschütterten Bilder von abgestorbenen oder kranken Bäumen in Europa die Menschen. Man erkannte, dass die zunehmende Verunreinigung der Luft und der daraus resultierende saure Regen dafür verantwortlich waren. Einer der wichtigsten Luftschadstoffe ist **Schwefeldioxid,** das bei der Verbrennung von **fossilen Energieträgern,** z.B. Kohle oder Erdgas, freigesetzt wird.

1. *Begründe, warum fossile Energieträger Schwefel enthalten. Wie entsteht daraus Schwefeldioxid?*

2. *Informiere dich darüber, welche Schäden Schwefeldioxid verursacht. Wie krank sind die Wälder heute?*

L Experiment 1

Aufgabe:
Abgase von Verbrennungsprozessen werden auf Schwefeldioxid getestet.

Vorbereitung:
Geräte und Chemikalien: Geräte laut Abbildung, Iod-Stärke-Papier, Schwefel

Durchführung:
Das Iod-Stärke-Papier wird angefeuchtet. Eine kleine Menge Schwefel wird nun im Verbrennungslöffel (Abzug!) angezündet und das Abgas mithilfe einer Wasserstrahlpumpe angesaugt.

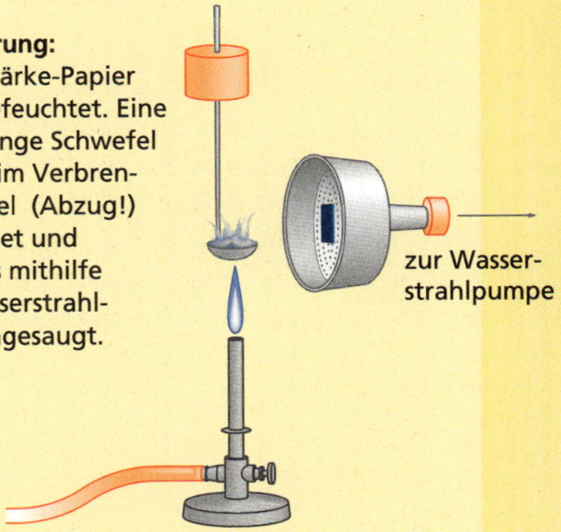

Beobachtung und Auswertung:
Notiere deine Beobachtungen. In welchen Verbrennungsabgasen lässt sich Schwefeldioxid noch nachweisen?

L Experiment 2

Aufgabe:
Untersucht die Wirkung von Schwefeldioxid auf Pflanzen.

Vorbereitung:
Geräte und Chemikalien: Standzylinder, Verbrennungslöffel, Schwefel, Rosenblätter

Durchführung:
In einem Standzylinder wird Schwefel im Verbrennungslöffel verbrannt (Abzug!). In den mit Schwefeldioxid gefüllten Zylinder gibt man Rosenblätter und deckt mit einer Glasplatte ab.

Beobachtung und Auswertung:
Notiert eure Beobachtungen. Informiert euch über die Wirkung von Schwefeldioxid auf Pflanzen.

L Experiment 3

Aufgabe:
Die Wirkung von Schwefeldioxid auf Kalkstein soll untersucht und daraus eine Möglichkeit zur Rauchgasentschwefelung abgeleitet werden.

Vorbereitung:
Geräte und Chemikalien: Geräte laut Abbildung, Lupe, Marmor oder Kalkstein, Schwefel, Wasserstoffperoxidlösung ☒

Durchführung:
Man leitet Schwefeldioxid (Abzug!) in einen Erlenmeyerkolben ein, in dem ein feuchtes Marmorstück oder ein Kalkstein liegt.

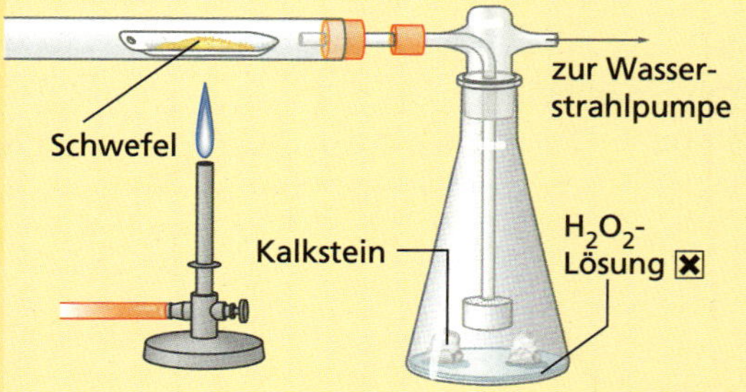

Beobachtung und Auswertung:
Beobachtet die Umsetzung mit einer Lupe. Stellt die Reaktionsgleichungen auf und leitet daraus eine Möglichkeit zur technischen Rauchgasentschwefelung ab.

Schwefeldioxid ist ein giftiges, stechend riechendes Gas. Es bildet mit Wasser und Sauerstoff aggressive Folgeprodukte, die den Boden belasten und die sogar Kalk und Beton angreifen. Seit 1983 müssen deshalb die Verbrennungsabgase (Rauchgase) von Industrieanlagen und Kraftwerken gesetzlich entschwefelt werden

3. *Veranschauliche grafisch, z. B. in einem Säulendiagramm, wie sich der Ausstoß an Schwefeldioxid in Deutschland seit 1950 entwickelt hat.*

4. *Erstelle eine Übersicht über die Maßnahmen, die zur Reduktion des Schwefeldioxidausstoßes getroffen wurden und beurteile, ob sie sich bewährt haben.*

Die technische **Rauchgasentschwefelung** beruht im Prinzip auf der im Versuch gezeigten Reaktion von Schwefeldioxid mit Kalkstein (Calciumcarbonat).
Beim gebräuchlichsten Verfahren lässt man eine wässrige Suspension von Calciumcarbonat wie bei einer Dusche auf das Rauchgas rieseln. Dabei wird das giftige Schwefeldioxid zu Gips umgesetzt, der später als Baustoff eingesetzt werden kann.

5. *Beurteile den Nutzen der bei der Rauchgasentschwefelung gewonnenen Stoffe.*

6. *Informiere dich, warum Schwefeldioxid trotz der genannten Probleme ein wichtiges industriell hergestelltes Chemieprodukt ist.*

Klare Verhältnisse – quantitative Betrachtungen

6

6.1 Chemisches Rechnen

Dumm gelaufen

Der Versuch eines Bankraubs scheiterte vor vielen Jahren an der Dummheit der Ganoven. Sie hatten einfach falsch berechnet, wie viel Schweißgas sie für ihren „Bruch" benötigen würden.

Welche quantitativen Beziehungen spielen bei chemischen Reaktionen eine Rolle?

Die Menge macht das Gift

Eine Prise Salz macht das Essen schmackhaft, ein Esslöffel voll macht es ungenießbar. Auch die Wirkung von Chemikalien in der Landwirtschaft und von Arzneimitteln hängt von ihrer Dosierung ab.

Wie kann man die Mengen von Stoffen genau bestimmen?

Sparen durch Rechnen

Nicht nur Chemiker, sondern wir alle sind angehalten, sparsam mit Chemikalien umzugehen und möglichst wenig Abfall zu produzieren. Besonders in der chemischen Industrie hilft richtiges Rechnen beim Sparen und schont die Umwelt.

Was hat chemisches Rechnen mit Einsparung von Rohstoffen, mit Vermeidung von Produktionsausfall oder mit Umweltschutz zu tun?

Wie groß ist eine Stoffportion?

Wenn der Koch in der Küche Zucker und Salz verwechselt, ist das Essen ungenießbar. Aber auch, wenn er zu viel oder zu wenig Gewürze verwendet, beschweren sich die Gäste. Auch in der Chemie ist die Wirkung von Chemikalien bzw. der Verlauf chemischer Reaktionen nicht nur von der Art, sondern auch von der Menge der Stoffe abhängig.
Diese Erkenntnis formulierte schon der Arzt PARACELSUS im 16. Jh. in dem Satz: „Die Menge macht das Gift." Aber erst 250 Jahre später begannen Chemiker ernsthaft, **quantitative Betrachtungen** zu chemischen Reaktionen anzustellen (lat.: *quantitas* = Größe, Anzahl).
Als einer der Ersten benutzte ANTOINE DE LAVOISIER eine Waage, um die Stoffportionen der Ausgangsstoffe und Reaktionsprodukte zu bestimmen. Bei seinen Untersuchungen von Verbrennungsprozessen erkannte er das **Gesetz von der Erhaltung der Masse** (s. S. 46).
Die Größe einer Stoffportion kann nicht nur durch die **Masse** quantitativ angegeben werden. Besonders bei Gasen, aber auch bei Flüssigkeiten ist es meist einfacher, das **Volumen** der Stoffportion zu ermitteln.

Die Masse gibt an, wie schwer oder wie leicht und wie träge eine Stoffportion ist.
Formelzeichen: m
Einheiten: 1 Kilogramm (1 kg)
1 Gramm (1 g)

Das Volumen gibt an, wie viel Raum eine Stoffportion einnimmt.
Formelzeichen: V
Einheiten: 1 Kubikmeter (1 m^3)
1 Liter (1 l)

Aufgaben

1. Welcher Zusammenhang besteht zwischen Masse und Volumen einer Stoffportion?

2. Begründe, warum Masse und Volumen keine stoffspezifischen Größen sind.

S Experiment

Aufgabe:
Bestimme die Massen und Volumina fester und flüssiger Stoffportionen.

Vorbereitung:
Geräte: Waage, Messzylinder, Bechergläser
Chemikalien: Wägestück, Kochsalz, Wasser, Öl

Durchführung:
Bestimme von allen Stoffproben, die du erhalten hast, die Masse und das Volumen.

Beobachtung und Auswertung:
Notiere die Messwerte. Erkläre, warum man unterschiedliche Größen nutzt, um Stoffportionen quantitativ zu ermitteln. Erstelle eine Übersicht über experimentelle Methoden und Hilfsmittel zur Bestimmung von Massen und Volumina.

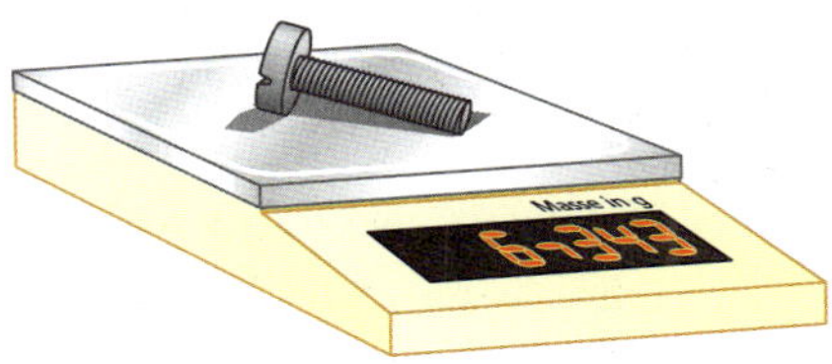

a) Bestimmung der Masse mithilfe der Waage

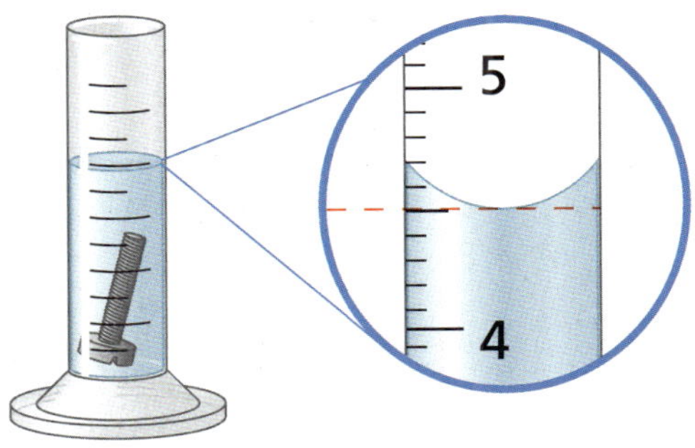

b) Bestimmung des Volumens, z. B. über die Differenzmethode

Teilchen und ihre Proportionen

Wenn man Kupfer mit Schwefel mischt und bei großer Hitze zur Reaktion bringt, dann erhält man Kupfersulfid (s. Experiment).
Untersucht man die Massen der Stoffportionen, dann stellt man fest, dass sich immer 4 g Kupfer mit genau 1 g Schwefel verbinden. Wird das **konstante Massenverhältnis** von 4 : 1 nicht genau eingehalten, dann bleibt entweder Kupfer oder Schwefel übrig.
Das Verhältnis, in dem die Stoffe miteinander reagieren, nennt man auch **Proportion.** Diese Proportionen hängen von mehreren Gesetzen ab, die bereits um 1800 von Joseph Louis Proust (1754 - 1826) und John Dalton (1766 - 1844) entdeckt wurden.

Gesetz der konstanten Proportionen (Joseph Louis Proust, 1799): Elemente verbinden sich immer in konstanten Massenverhältnissen.
Gesetz der multiplen Proportionen (John Dalton, 1803): Bilden zwei Elemente mehrere Verbindungen miteinander, dann stehen die Massen desselben Elements im Verhältnis kleiner ganzer Zahlen zueinander.

L Experiment

a) 1. Wägung: Tiegel mit Cu + S im Verhältnis 4 : 1

b) Umsetzung unter dem Abzug oder im Freien!

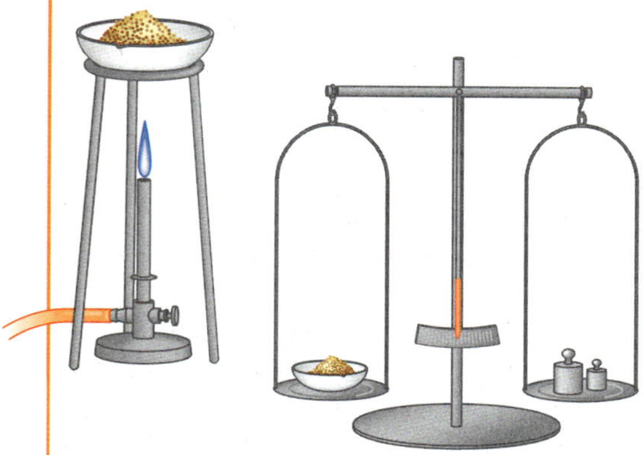

c) 2. Wägung: Tiegel mit Cu_2S

Dalton suchte nach einer Erklärung für diese Gesetzmäßigkeiten im Teilchenbereich und leitete daraus sein Atommodell ab. Obwohl dieses Modell heute veraltet ist, bleibt unbestritten, dass sich die konstanten und multiplen Proportionen, in denen Stoffe miteinander reagieren, aus dem Verhältnis der reagierenden Teilchen ergeben.
Deshalb ist die **Teilchenanzahl** eine zentrale Größe beim chemischen Rechnen. Das quantitative Verhältnis der Teilchen wird durch die **Wertigkeit** der Elemente bestimmt und durch die **Reaktionsgleichung** beschrieben.

$2\,Cu$	$+\ S$	$\longrightarrow$	Cu_2S
2 Atome Kupfer	1 Atom Schwefel		1 Baueinheit Kupfersulfid

Die Teilchenanzahl gibt an, wie viele Teilchen in einer Stoffportion vorhanden sind.
Formelzeichen: *N*

Mit der Teilchenanzahl nimmt auch die Masse bzw. das Volumen einer Stoffportion zu. Dieser Zusammenhang (s. S. 183) schlägt sich auch im Gesetz der konstanten Proportionen nieder.

Gesetz der konstanten Proportionen

$$2\,Cu + S \longrightarrow Cu_2S$$

Massenproportionen:

$$\left.\begin{array}{ccccc} 4\,g & : & 1\,g & : & 5\,g \\ 8\,g & : & 2\,g & : & 10\,g \\ 128\,g & : & 32\,g & : & 160\,g \\ m_{Cu} & : & m_S & : & m_{Cu_2S} \end{array}\right\}\ \text{konstant}$$

Proportion der Teilchenanzahl:

$$\left.\begin{array}{ccccc} \text{2 Atome} & : & \text{1 Atom} & : & \text{1 Baueinheit} \\ N_{Cu} & : & N_S & : & N_{Cu_2S} \end{array}\right\}\ \text{konstant}$$

Stoffmengenproportionen:

$$\left.\begin{array}{ccccc} 2\,mol & : & 1\,mol & : & 1\,mol \\ n_{Cu} & : & n_S & : & n_{Cu_2S} \end{array}\right\}\ \text{konstant}$$

Die Stoffmenge

Die Teilchenanzahl in einer Stoffprobe lässt sich allerdings nicht so einfach bestimmen. Das Problem besteht darin, dass die Massen einzelner Atome, Moleküle und Ionen so klein sind (s. S. 183), dass sie mit der Waage nicht messbar sind. Normale Stoffportionen enthalten daher immer eine riesige Anzahl von Teilchen.

Deshalb wurde als neue Größe die **Stoffmenge** ***n*** eingeführt. Die Einheit der Stoffmenge ist das **Mol**. Ein Mol eines beliebigen Stoffes enthält 602,2 Trilliarden = $6{,}022 \cdot 10^{23}$ Teilchen. Durch die Angabe der Stoffmenge in mol erhält man kleine Zahlen anstelle der riesigen Zahlenwerte der Teilchenanzahl.

Die Teilchenanzahl, die ein Mol eines jeden Stoffes enthält, entspricht der AVOGADRO-Konstanten N_A. Diese grundlegende Naturkonstante ist der Proportionalitätsfaktor zwischen der Teilchenanzahl und der Stoffmenge.

$$N_A = 6{,}022 \cdot 10^{23}\ \text{mol}^{-1}$$

$$N = N_A \cdot n \text{ bzw. } n = \frac{N}{N_A}$$

1 mol Kupfer
Masse: 63,55 g
Teilchenzahl: $6{,}022 \cdot 10^{23}$ Kupferatome

1 mol Schwefel
Masse: 32,06 g
Teilchenzahl: $6{,}022 \cdot 10^{23}$ Schwefelatome

1 mol Wasser
Masse: 18,02 g
Teilchenzahl: $6{,}022 \cdot 10^{23}$ Wassermoleküle

Die Stoffmenge gibt an, wie viele Teilchen in einer Stoffprobe enthalten sind.
Formelzeichen: *n*
Einheit: 1 mol

Folglich ist das Verhältnis der Teilchenanzahl, in dem die Stoffe laut Reaktionsgleichung miteinander reagieren, gleich dem Verhältnis der Stoffmengen. Durch die Nutzung der Stoffmengen für quantitative Betrachtungen kann man mit kleinen, gut handhabbaren Zahlen rechnen. Außerdem lassen sich Stoffmengen einfach aus den Massen oder Volumina der reagierenden Stoffe ermitteln.

Auf diese Weise ist es möglich, aus der Masse oder dem Volumen eines einzigen Reaktionsteilnehmers und der Reaktionsgleichung die Massen aller anderen Reaktionsteilnehmer zu berechnen (s. S. 184 ff.).

Aufgaben

1. Erstelle nach folgendem Muster eine tabellarische Übersicht über die Größen zur quantitativen Beschreibung von Stoffportionen.

Größe	Formelzeichen	Einheit	Definition

2. Stelle eine begründete Vermutung auf, welcher Zusammenhang zwischen der Teilchenanzahl und dem Volumen einer Stoffportion besteht.

3. Erläutere die Begriffe Stoffportion und Stoffmenge und stelle die Unterschiede heraus.

4. Welche Teilchenanzahlen sind in 0,25 mol Eisen, 1,5 mol Kupfer, 110 mol Sauerstoff, 2 mol Stickstoff, 0,1 mol Wasserstoff, 10 mol Chlor, 1 mol Phosphor, 0,75 mol Schwefel, 2,1 mol Kohlenstoff, 1,25 mol Schwefeldioxid, 12 mol Kohlenstoffdioxid, 12 mol Wasser enthalten?

Molare Größen von Stoffportionen

Die molare Masse

Zwischen der Teilchenzahl und der Masse einer Stoffportion besteht ein Zusammenhang, entsprechend sind auch die Stoffmenge n und die Masse m zueinander proportional (s. Grafik).

$m \sim n \quad \frac{m}{n} = \text{konstant}$

Beispiel Kupfer $\frac{m}{n} = 63{,}55\ \text{g} \cdot \text{mol}^{-1}$

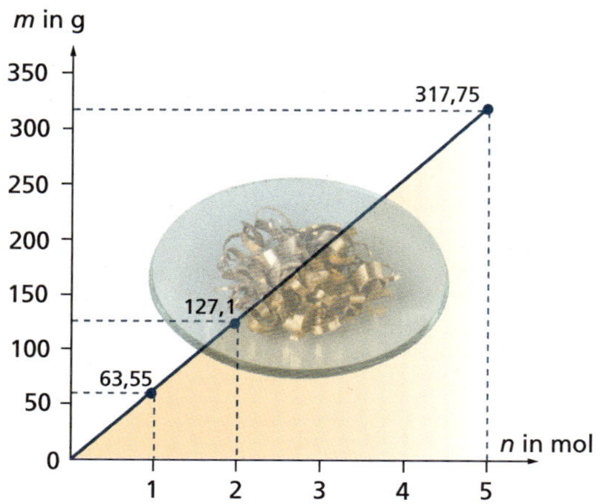

Die Proportionalitätskonstante wird als **molare Masse** $\boldsymbol{M}$ bezeichnet und gibt an, welche Masse ein Mol des jeweiligen Stoffs ($6{,}022 \cdot 10^{23}$ Teilchen) besitzt. Die molare Masse von Kupfer beträgt demnach $63{,}55\ \text{g} \cdot \text{mol}^{-1}$.

Die molare Masse eines Stoffes ist der Quotient aus der Masse und der Stoffmenge einer Stoffportion.

$M = \frac{m}{n}$ — m Masse der Stoffportion; n Stoffmenge der Stoffportion

Einheit: Gramm je Mol [$\text{g} \cdot \text{mol}^{-1}$]

Die molare Masse ist eine stoffspezifische Größe. Sie ergibt sich aus der **relativen Atommasse** (s. S. 183) der Elemente, aus denen eine Verbindung aufgebaut ist. Der Zahlenwert der molaren Masse von Elementen entspricht der relativen Atommasse.

Das molare Volumen

Das Volumen spielt besonders bei Gasen eine Rolle. Joseph Gay-Lussac hatte 1808 festgestellt, dass bei Reaktionen von Gasen, die bei gleichem Druck und gleicher Temperatur durchgeführt werden, die Volumina der beteiligten Gase in einem ganzzahligen Verhältnis zueiander stehen. Amadeo Avogadro zog daraus 1811 folgende Schlussfolgerung:

Gleiche Volumina beliebiger Gase enthalten bei gleicher Temperatur und gleichem Druck die gleiche Anzahl von Teilchen (Gesetz von Avogadro).

Die $6{,}022 \cdot 10^{23}$ Teilchen, die in einem Mol eines Gases enthalten sind, nehmen unter Normbedingungen ($T = 0\ °\text{C}$, $p = 101{,}3\ \text{kPa}$) ein Volumen von 22,4 Liter ein. Man bezeichnet es als **molares Volumen** ($V_m = 22{,}41 \cdot \text{mol}^{-1}$).
Im Gegensatz zum molaren Volumen von Gasen ist das molare Volumen von Flüssigkeiten und Feststoffen trotz gleicher Bedingungen von Stoff zu Stoff verschieden.

Das molare Volumen V_m eines Stoffes ist der Quotient aus dem Volumen und der Stoffmenge der Stoffportion.

$V_m = \frac{V}{n}$ — V Volumen der Stoffportion; n Stoffmenge der Stoffportion

Einheit: Liter je Mol [$\text{g} \cdot \text{mol}^{-1}$]

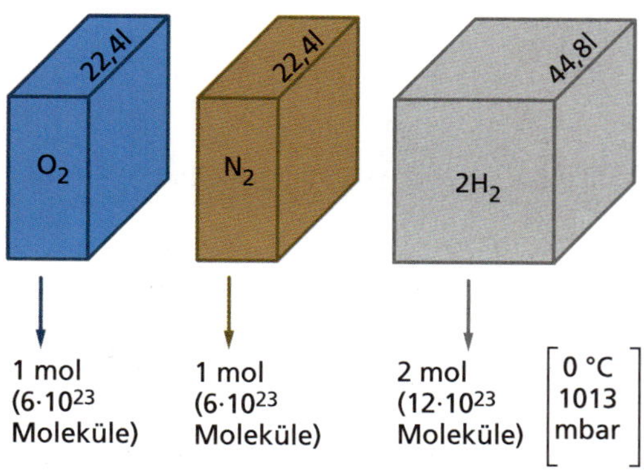

1 Aus dem molaren Volumen und dem Volumen lässt sich die Stoffmenge von Gasen berechnen.

Mosaik

Wie viel wiegt ein Atom oder Molekül?

Die Masse der Teilchen, aus denen Stoffe bestehen, ist sehr klein. Die absoluten Atommassen der unterschiedlichen Atome betragen zwischen 10^{-24} und 10^{-22} g. Das chemische Rechnen mit so kleinen Zahlen ist sehr kompliziert, weil man entweder die Zehnerpotenz oder unendlich viele Nullen durch die Gleichungen „schleppen" müsste. Um dies zu vermeiden, hat man als Vergleichsgröße die **atomare Masseneinheit** eingeführt. Sie entspricht $^1/_{12}$ der Masse eines Kohlenstoffatoms (^{12}C) und wird mit dem Symbol „*u*" (engl.: *unit* = Einheit) bezeichnet. Der Wert von $u = 1{,}661 \cdot 10^{-24}$ g entspricht ungefähr der absoluten Masse eines Protons bzw. eines Neutrons.

	absolute Masse	**relative Masse**
atomare Masseneinheit	$1{,}661 \cdot 10^{-24}$ g	1
Proton	$1{,}673 \cdot 10^{-24}$ g	≈ 1
Neutron	$1{,}675 \cdot 10^{-24}$ g	≈ 1

Die atomare Masseneinheit *1 u* entspricht einem Zwölftel der Masse des Kohlenstoffatoms ^{12}C.

Die atomare Masseneinheit wird als Größe benötigt, um die Masse aller Atome zu ihr in Beziehung zu setzen. Sie dient zur Bestimmung der **relativen Atommasse,** die entsprechend der Definitionsgleichung einheitenlos ist.

$$A_r = \frac{m_A}{u}$$

m_A absolute Masse eines Atoms
u atomare Masseneinheit

Die relative Atommasse A_r ist eine Vergleichszahl und gibt an, wie viel Mal größer die Masse eines Atoms als die atomare Masseneinheit ist.

Ein Schwefelatom enthält im Allgemeinen 16 Protonen und 16 Neutronen im Kern. Daraus ergibt sich eine relative Atommasse des Schwefelatoms ^{32}S von ungefähr 32. Die 16 Elektronen in der Atomhülle tragen praktisch nicht zur Masse des Schwefelatoms bei.
Die Masse eines Schwefelatoms entspricht demnach ca. dem Zweiunddreißigfachen der atomaren Masseneinheit. Die relative Atommasse der Elemente kann dem Periodensystem der Elemente entnommen werden (s. S. 202).
Sie weisen meist keine ganzen Zahlenwerte auf, weil von vielen Elementen mehrere Atome mit unterschiedlichen Neutronenzahlen existieren. Trotzdem ist die relative Atommasse spezifisch für das jeweilige Element, weil sie sich aus dem Bau der Atome ergibt.

16 — Ordnungszahl
S — Symbol
32,06 — relative Atommasse

Die Bezugsgröße der atomaren Masseneinheit kann auch auf Moleküle angewendet werden. Da diese aus Atomen aufgebaut sind, ergibt sich ihre **relative Molekülmasse** aus der Summe der relativen Atommassen. Das Wassermolekül baut sich aus zwei Wasserstoffatomen und einem Sauerstoffatom auf. Daher wird die relative Molekülmasse wie folgt berechnet:

1
H
1,008

$A_{r(H)} = 1{,}008$

8
O
15,999

$A_{r(O)} = 15{,}999$

$$M_{r\,(H_2O)} = 2 \cdot A_{r(H)} + A_{r(O)}$$

$$M_{r\,(H_2O)} = 2 \cdot 1{,}008 + 15{,}999$$

$$\underline{M_{r\,(H_2O)} = 18{,}02}$$

Auf die gleiche Weise können die relativen Massen aller Moleküle berechnet werden, wenn man deren atomare Zusammensetzung kennt. Der Zahlenwert entspricht der molaren Masse der Verbindung und kann oft aus Tabellen- und Tafelwerken entnommen werden.

Massenberechnung und ...

Bei chemischen Reaktionen interessieren weniger die einzelnen Stoffportionen, sondern eher, in welchem **Verhältnis diese Stoffportionen** miteinander reagieren.
Man möchte z. B. wissen, wie viel man von jedem Ausgangsstoff einsetzen muss, damit eine vollständige Umsetzung erfolgt.
Die Ausgangsstoffe reagieren miteinander in konstanten Massenverhältnissen (s. S. 180). Wird dieses Massenverhältnis nicht eingehalten, verbleibt von einem Ausgangsstoff ein Rest.
Ist Sauerstoff nicht in ausreichendem Maße vorhanden, setzt sich beispielsweise Magnesium nicht vollständig um. Somit ergibt sich für die Reaktion von Magnesium mit Sauerstoff:

$$m_{Mg} \sim m_{O_2}$$

Die Ausgangsstoffe und das Reaktionsprodukt weisen ebenfalls konstante Massenverhältnisse auf (s. Tab. und Grafik).

$m_{Mg} \sim m_{MgO}$ und $m_{O_2} \sim m_{MgO}$

Bei chemischen Reaktionen reagieren die Stoffe in festen Massenverhältnissen miteinander.

$m_1 \sim m_2$ bzw. $\frac{m_1}{m_2}$ = konstant

Diese Gesetzmäßigkeit kann man für quantitative **stöchiometrische Berechnungen** nutzen. Auf der Grundlage der Reaktionsgleichung können die Massen der beteiligten Stoffportionen ermittelt werden.

1. Möglichkeit: Berechnung mit Größengleichungen

$$\frac{m_1}{m_2} = \frac{M_1 \cdot n_1}{M_2 \cdot n_2}$$

Die Stoffmengen entnimmt man der Reaktionsgleichung und die molare Masse liest man aus einem Tabellen- oder Tafelwerk ab (s. S. 186).

$$2\,Mg + O_2 \longrightarrow 2\,MgO$$

Wertetabelle

m_{Mg} (m_1)	m_{MgO} (m_2)	$\frac{m_{Mg}}{m_{MgO}} = \left(\frac{m_1}{m_2}\right)$
1 g	1,657 g	0,603
1,5 g	2,486 g	0,603
10,0 g	16,57 g	0,603
15,0 g	24,86 g	0,603
20,0 g	33,15 g	0,603
24,31 g	40,31 g	0,603

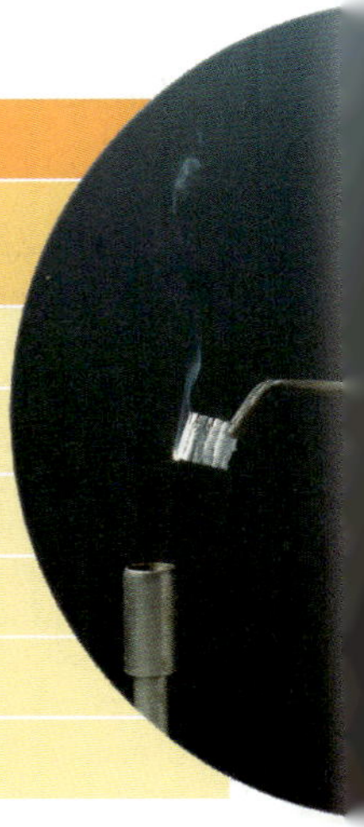

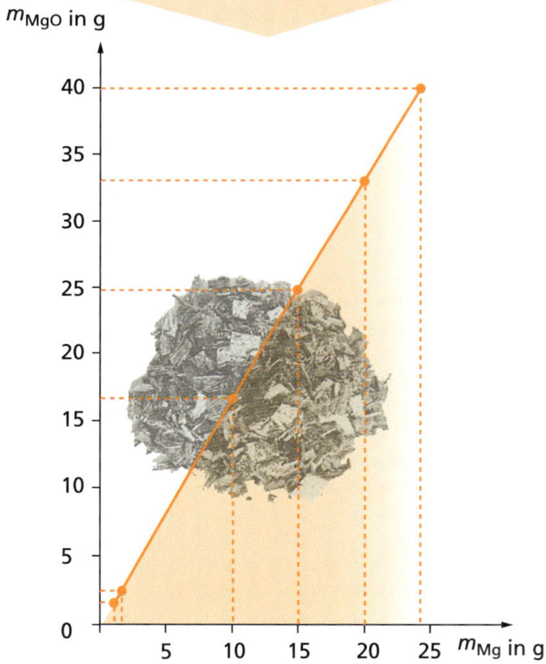

2. Möglichkeit: Berechnung mit Verhältnisgleichungen

$$\begin{array}{ccccccc} m_1 & & & & m_2 & & \\ n_1\,A & + & B & \longrightarrow & n_2\,C & + & D \\ n_1 \cdot M_1 & & & & n_2 \cdot M_2 & & \end{array}$$

$$\frac{m_1}{n_1 \cdot M_1} = \frac{m_2}{n_2 \cdot M_2}$$

$2\,Mg + O_2 \longrightarrow 2\,MgO$

Wertetabelle

m_{Mg} (m_1)	V_{O_2} (V_2)	$\frac{m_{Mg}}{V_{O_2}} = \left(\frac{m_1}{V_2}\right)$
1 g	0,451 l	$2{,}17\ g \cdot l^{-1}$
1,5 g	0,691 l	$2{,}17\ g \cdot l^{-1}$
10,0 g	4,61 l	$2{,}17\ g \cdot l^{-1}$
15,0 g	6,91 l	$2{,}17\ g \cdot l^{-1}$
20,0 g	9,22 l	$2{,}17\ g \cdot l^{-1}$
24,31 g	11,2 l	$2{,}17\ g \cdot l^{-1}$

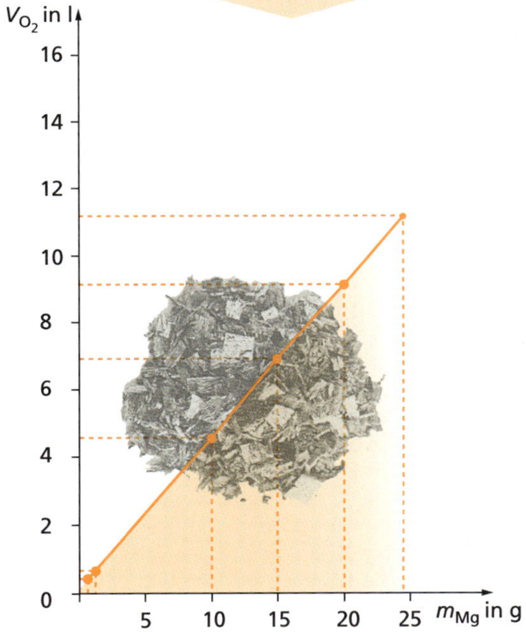

Bei der Reaktion von Magnesium mit Sauerstoff reagiert ein Feststoff mit einem Gas. Die Masse von Gasen lässt sich oft nur mit großem Aufwand bestimmen. Einfacher ist es, das Volumen zu ermitteln. Untersucht man, ob sich zwischen den Massen und den Volumina der Stoffportionen Zusammenhänge feststellen lassen, kommt man zu folgendem Ergebnis (s. Tab. und Grafik): auch hier liegt Proportionalität vor.

... Volumenberechnung bei chemischen Reaktionen

Die **Massen** und das **Volumen** bei einer chemischen Reaktion stehen ebenfalls im festen Verhältnis zueinander (s. Tab. und Grafik).

$$m_{Mg} \sim V_{O_2} \quad \text{und} \quad m_{MgO} \sim V_{O_2}$$

Auch das Volumen von Sauerstoff und die Masse von Magnesium sind proportional zueinander. Der Quotient aus beiden Werten ist konstant.

$$m_{Mg} \sim V_{O_2} \qquad \frac{m_{Mg}}{V_{O_2}} = \textbf{konstant}$$

Bei chemischen Reaktionen reagieren die Stoffe in festen Massen- und Volumenverhältnissen miteinander.

$$m_1 \sim V_2 \quad \text{bzw.} \quad \frac{m_1}{V_2} = \text{konstant}$$

Ebenso wie für die Berechnung von Massen kann man diese Gesetzmäßigkeit für Volumenberechnungen nutzen.

$$\frac{m_1}{V_2} = \frac{M_1 \cdot n_1}{V_m \cdot n_2} \quad \text{oder} \quad \frac{V_1}{m_2} = \frac{V_m \cdot n_1}{M_2 \cdot n_2}$$

Die erforderlichen Größen werden auch für diese Berechnung der Reaktionsgleichung bzw. aus Tabellen entnommen.

Bei anderen Reaktionen, an denen mehrere Gase beteiligt sind, kann man die Volumina der Gase zueinander ins Verhältnis setzen. Die erhaltene Größengleichung zeigt, dass bei Gasreaktionen das Volumenverhältnis dem Stoffmengenverhältnis entspricht.

$$\frac{V_1}{V_2} = \frac{V_m \cdot n_1}{V_m \cdot n_2} = \frac{n_1}{n_2}$$

Bei Reaktionen zwischen Gasen sind die Volumenverhältnisse gleich den Stoffmengenverhältnissen.

Chemie im Kontext

Lebensretter in Notfällen

Jedes Auto, das heute vom Band läuft, ist mit mindestens zwei Airbags ausgerüstet.
Diese sollen Fahrer und Beifahrer vor Verletzungen in Gefahrensituationen schützen, die durch einen Aufprall hervorgerufen werden.

Der **Airbag** ist mit einem Pulver gefüllt und zusammen mit dem umhüllenden Stoff auf sehr kleinem Raum zusammengepackt. Durch plötzliche Krafteinwirkung wird das Pulver (Natriumazid) elektrisch gezündet. Es entsteht in einem Bruchteil von Sekunden ein großes Gasvolumen (ca. 60 l für den Fahrerairbag; 140 l für den Beifahrerairbag), welches das Kissen aufbläst. Durch dieses Kissen werden die Köpfe von Fahrer und Beifahrer vor dem Aufprall geschützt.

$$2\,NaN_3 \longrightarrow 2\,Na + 3\,N_2$$

(Im Airbag befinden sich weitere Stoffe, die mit Natrium zu ungefährlichen Stoffen reagieren.)
Berechne, welche Masse Natriumazid nötig ist, damit ein Volumen von 60 l Stickstoff freigesetzt wird.

Die Reaktionsgleichung ist in der Aufgabenstellung gegeben. Aus der Gleichung können die Stoffmengen abgelesen werden. Die molare Masse von Natriumazid berechnet man aus den relativen Atommassen der Elemente (s. S. 183).

ges.: m_{NaN_3}

geg.: $n_{NaN_3} = 2\,mol$

$M_{NaN_3} = 65{,}01\,g \cdot mol^{-1}$

$V_m = 22{,}4\,l \cdot mol^{-1}$

$n_{N_2} = 3\,mol$

$V_{N_2} = 60\,l$

Lösung:
Die Masse von Natriumazid kann über eine Größengleichung berechnet werden.

$$2\,NaN_3 \longrightarrow 2\,Na + 3\,N_2$$

$$m_{NaN_3} = \frac{M_{NaN_3} \cdot n_{NaN_3}}{V_m \cdot n_{N_2}} \cdot V_{N_2}$$

$$m_{NaN_3} = \frac{65{,}01\,g \cdot mol^{-1} \cdot 2\,mol}{22{,}4\,l \cdot mol^{-1} \cdot 3\,mol} \cdot 60\,l$$

$$\underline{m_{NaN_3} = 116\,g}$$

Für die Bildung eines Volumens von 60 l Stickstoff werden 116,2 g Natriumazid benötigt.

Methode

Lösen stöchiometrischer Aufgaben

Beim Lösen stöchiometrischer Aufgaben solltest du Folgendes beachten:

1. Lies die Aufgabe durch.
   Notiere die Reaktionsgleichung.
2. a) Stelle die gesuchten und die gegebenen Größen zusammen.
   b) Ermittle fehlende Größen aus Tafelwerken und Tabellen bzw. lies die Stoffmengen aus der Reaktionsgleichung ab.
3. Suche einen Ansatz für die Berechnungen über
   a) eine Verhältnisgleichung oder
   b) eine Größengleichung.
4. Stelle die Gleichung nach der gesuchten Größe um. Setze die gegebenen Größen ein und berechne die gesuchte Größe.
5. Formuliere das Ergebnis der Aufgabe. Beantworte dabei die Fragen im Aufgabentext.

gewusst · gekonnt

1. Ergänze dein Glossar.

Glossar

absolute Atommasse
Gesetz der konstanten Proportionen
Gesetz der multiplen Proportionen
Gesetz von AVOGADRO
molare Masse
molares Volumen
relative Atommasse
Stoffmenge

2. Ermittle die relativen Atommassen von Schwefel, Phosphor, Stickstoff, Sauerstoff und Chlor.

3. Ermittle die molaren Massen von Stickstoff, Chlor, Kohlenstoffdioxid, Wasser und Schwefeldioxid.

4. Berechne die Teilchenanzahl und die Stoffmenge für eine Stoffportion Gold mit einer Masse von 1 000 g.

5. In einer Hausaufgabe sollen zwei Schüler die Masse Wasser berechnen, die sich bei der Verbrennung von 120 g Wasserstoff bildet. Der eine Schüler errechnet 1 080 g, der andere aber 1 800 g. Welche Rechnung stimmt?

6. Stoffproben von drei Metallen (Natrium, Blei und Zink) sollen miteinander verglichen werden. Die drei Stoffproben weisen dieselbe Masse auf. Es wurden genau 35 g ausgewogen. Von welchem Stoff ist die größte Stoffmenge vorhanden?

7. In Tabellen sind nicht alle Stoffe und Größen zu finden.
Berechne die molaren Massen mithilfe des Periodensystems für Eisen(II)-oxid (FeO), für Natron ($NaHCO_3$) und Pottasche (K_2CO_3).

8. In einem Experiment werden 1,5 g Zink oxidiert. Welche Masse Zinkoxid wird entstehen? Berechne diesen Wert.

9. S Plane danach gemeinsam mit dem Lehrer ein Experiment, mit dem die stöchiometrische Berechnung aus Aufgabe 8 praktisch überprüft werden kann.

10. Für eine 60 m^2-Wohnung werden zur Heizung 2 t Braunkohlenbriketts mit einem durchschnittlichen Kohlenstoffanteil von 70 % benötigt.
Berechne, mit welcher Masse und welchem Volumen Kohlenstoffdioxid diese Familie die Luft im Laufe einer Heizperiode belastet (Normbedingungen).

11. Aus sächsischen Revieren werden jährlich rund 50 Mio. t Braunkohle gefördert. Der mittlere Schwefelgehalt beträgt 0,5 %.
Berechne die Masse und das Volumen Schwefeldioxid, die bei der Verbrennung freigesetzt werden (Normbedingungen).

12. * Zur Versorgung einer Raumstation mit Sauerstoff wird u. a. Wasser durch elektrischen Strom in Wasserstoff und Sauerstoff zerlegt.
Berechne, welches Volumen an Sauerstoff aus einem Liter Wasser gewonnen werden kann (Normbedingungen).

13. Silberoxid kann durch Wärmezufuhr zerlegt werden.

$$2\,Ag_2O \longrightarrow 4\,Ag + O_2$$

Berechne, welche Masse an Silberoxid eingesetzt werden muss, wenn man 2 g Silber erhalten möchte.

14. Bei einem Schülerexperiment soll ein Gefäß mit einem Volumen von einem Liter mit Wasserstoff gefüllt werden.
Welche Masse an Zink ist nötig, um dieses Volumen Wasserstoff herzustellen? Welche Schlussfolgerung für den Einsatz von Chemikalien kannst du aus deinen Berechnungen ziehen?

$$Zn + 2\,HCl \longrightarrow ZnCl_2 + H_2$$

15. Die Fotosynthese schafft die Grundlage für die Ernährung der Tiere und der Menschen, denn dabei werden Kohlenstoffdioxid und Wasser in Traubenzucker umgewandelt.
   a) Welche Masse an Kohlenstoffdioxid und Wasser muss die Pflanze aufnehmen, damit sie daraus 20 g Traubenzucker bilden kann?
   b) Welchem Volumen entspricht die aufgenommene Masse an Kohlenstoffdioxid?

$$6\,CO_2 + 6\,H_2O \longrightarrow C_6H_{12}O_6 + 6\,O_2$$

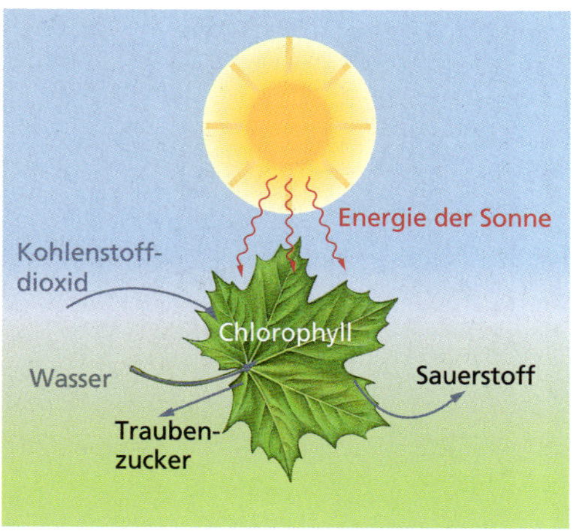

16. In den Kohle- und Erdöllagerstätten sollen 0,6 Bill. t Kohlenstoff enthalten sein.
   a) Errechne, welche Masse an Sauerstoff der Atmosphäre entzogen werden würde, wenn alle diese fossilen Brennstoffe verbrannt werden. (Es wird nur der enthaltene Kohlenstoff berücksichtigt.).
   b) Wie würde sich die Zusammensetzung der Atmosphäre ändern, wenn alle fossilen Brennstoffe verbraucht werden? (Masse O_2 in der Atmosphäre $23 \cdot 10^{15}$ t)

17. In einem geschlossenen Behältnis wird 1 g Aktivkohle verbrannt.
(Es wird ein Kohlenstoffanteil von 100 % und eine vollständige Umsetzung angenommen.)
   a) Wird in dem Behältnis nach Abschluss der Reaktion und nachdem der Behälter wieder auf normale Temperatur gekühlt ist, ein Überdruck bzw. ein Unterdruck herrschen oder gar keine Druckänderung eintreten? Begründe deine Antwort!
   b) Interpretiere mithilfe deiner Ergebnisse aus a) folgendes Experiment:

S Experiment

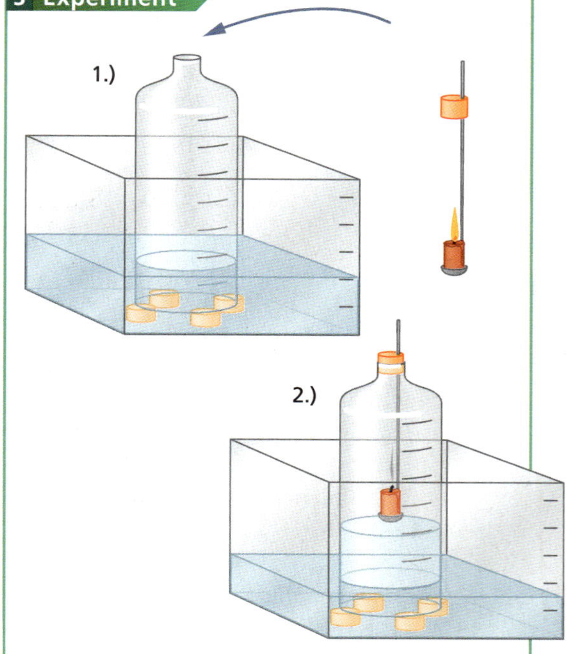

6.2 Reaktionsgeschwindigkeit und Reaktionsbedingungen

Ultraschnell bis megalangsam
Chemische Reaktionen verlaufen unterschiedlich schnell. Zu den schnellsten Reaktionen zählen Explosionen und Salzbildungsreaktionen. Extrem langsam laufen dagegen bei Raumtemperatur die meisten Reaktionen zwischen Feststoffen ab.
Worauf beruht die unterschiedliche Reaktionsgeschwindigkeit? Wie kann man sie beeinflussen?

Steuerung durch Hilfsstoffe
Autoabgase werden mithilfe von Katalysatoren gereinigt. Ähnliche Hilfsstoffe beeinflussen den Verlauf vieler Reaktionen. Der Stoffwechsel des Menschen und andere biologische Prozesse würden ohne Biokatalysatoren gar nicht funktionieren.
Auf welche Weise steuern Katalysatoren chemische Reaktionen?

Prinzip der Umkehrbarkeit
Bei der Fotosynthese gewinnen die Pflanzen aus Kohlenstoffdioxid und Wasser Zucker und Sauerstoff. Die umgekehrte Stoffumwandlung findet bei der Zellatmung statt. Prinzipiell sind fast alle chemischen Reaktionen umkehrbar.
Wodurch kann man chemische Reaktionen umkehren? Welche Rolle spielt dabei die Reaktionsenergie?

Schnelle und langsame Reaktionen

Wer die Kette seines Fahrrades nicht regelmäßig ölt und das Rad auch noch des Öfteren nass werden lässt, wird feststellen, dass die Kettenglieder von Woche zu Woche immer mehr **Rost** ansetzen. Bekanntlich läuft hier eine chemische Reaktion ab, die wesentlich von einer Oxidation des Eisens bestimmt wird. Doch reagieren Eisen, Sauerstoff und Wasserdampf sehr langsam miteinander.

Auch andere Prozesse, wie die Verbrennung von Kohle oder biochemische Reaktionen wie die Fotosynthese (s. S. 64), laufen relativ langsam ab.

Man kann Rostprozesse experimentell verfolgen, indem man den Sauerstoffverbrauch beobachtet (s. Experiment). In wenigen Minuten werden in Abhängigkeit von den Reaktionsbedingungen unterschiedliche Mengen Sauerstoff vom Eisen chemisch gebunden.

Wesentlich schneller erfolgt die Umsetzung von Natrium mit Chlor. Bringt man die beiden Stoffe zusammen, entsteht sofort unter Aufglühen Natriumchlorid.

Sehr schnell finden auch **Fällungsreaktionen** statt, wie beispielsweise beim Nachweis von Chloridionen mit Silbernitratlösung (s. S. 147). **Explosionen** wie die Knallgasreaktion sind von noch kürzerer Dauer.

Offensichtlich können chemische Reaktionen mit unterschiedlicher **Reaktionsgeschwindigkeit** ablaufen. Das heißt nichts anderes, als dass in einer Zeiteinheit unterschiedlich viele Teilchen eines Ausgangsstoffes A beispielsweise mit Teilchen eines zweiten Ausgangsstoffes B reagieren.

Chemiker sind häufig daran interessiert, die Geschwindigkeit der Reaktionen zu beeinflussen. So möchte man z. B. Korrosionsprozesse verlangsamen oder industriell genutzte Reaktionen beschleunigen.

Die Reaktionsgeschwindigkeit gibt an, wie viele Teilchen der Ausgangstoffe in einer bestimmten Zeiteinheit zu Reaktionsprodukten umgesetzt werden.

S Experiment

Aufgabe:
Untersucht den Einfluss der Temperatur auf die Geschwindigkeit des Rostens von Eisen.

Vorbereitung:
Geräte: laut Abbildung
Chemikalien: Eisenpulver, Wasser

Durchführung:
Verteilt feuchtes Eisenpulver im Glaskolben und baut die Versuchsapparatur auf. Eine Gruppe führt die Oxidation bei Raumtemperatur durch. Eine zweite Gruppe beobachtet den Prozess bei 40 °C.

Beobachtung und Auswertung:
Vergleicht eure Beobachtungen. Leitet daraus eine Schlussfolgerung zum Einfluss der Temperatur auf die Reaktionsgeschwindigkeit ab.

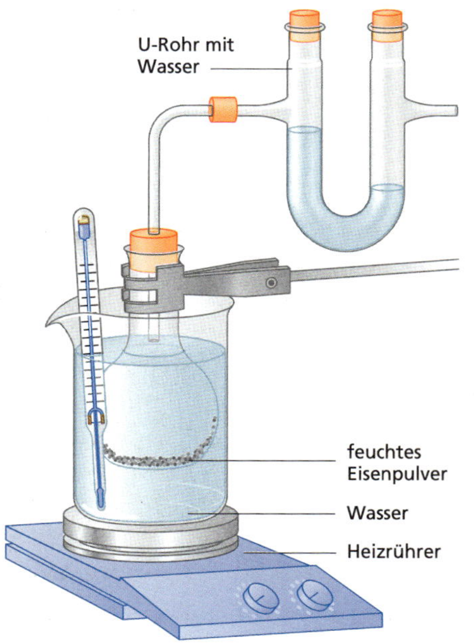

Mehr Tempo durch „Masse“

In einer bestimmten Zeit können umso mehr Teilchen miteinander reagieren, je öfter sie zusammenstoßen (Abb. 1). Eine Voraussetzung dafür ist, dass die Teilchen eine **Mindestenergie** besitzen, damit der Zusammenstoß „chemisch erfolgreich“ ist. Je mehr Teilchen eines Stoffes A und eines Stoffes B existieren, desto größer ist ihre Chance für einen **wirksamen Zusammenstoß** (s. S. 45).
Sollen zwei Gase miteinander reagieren, zum Beispiel Wasserstoff und Sauerstoff zu Wasser, dann lässt sich die Reaktionsgeschwindigkeit durch **Veränderung des Drucks** beeinflussen. Druckänderung ist gleichbedeutend mit der Änderung der Teilchenzahl im Gefäß eines bestimmten Volumens. Bei hohem Druck sind mehr Teilchen im Gefäß vorhanden als bei niedrigem Druck. Daraus ergibt sich: Druckerniedrigung verlangsamt die Reaktion, Druckerhöhung beschleunigt sie.

Die Reaktionsgeschwindigkeit wächst mit zunehmender Anzahl von Teilchen in einem bestimmten Volumen. Sie ist der Teilchenzahl direkt proportional.

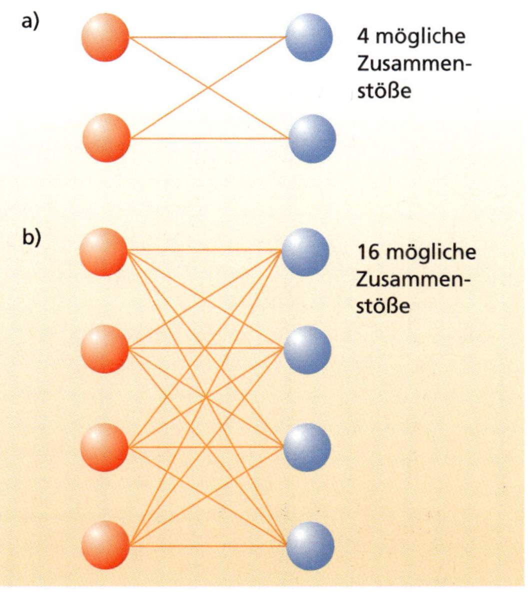

1 Bei einer Verdopplung der Teilchenzahl lässt sich die Reaktionsgeschwindigkeit theoretisch vervierfachen.

Mehr Tempo durch Wärme

Erhöht man die Temperatur in einem Reaktionsgefäß, dann nimmt auch die Geschwindigkeit der Teilchen zu. Damit erhöht sich ihre Bewegungsenergie, sodass mehr Teilchen die Mindestenergie für einen wirksamen Zusammenstoß besitzen.
Dementsprechend beobachtet man, dass Eisen bei 40 °C wesentlich schneller rostet als bei tieferen Temperaturen. Die Verbrennung von Magnesium kann sogar erst nach Zufuhr von Wärme stattfinden, weil dadurch die Teilchen aktiviert werden (s. S. 30 ff.). Beim Rosten und anderen Prozessen genügt dagegen schon die thermische Energie, die die Teilchen bei Raumtemperatur besitzen.
Bereits im 19. Jh. stellte man experimentell fest, dass die Reaktionsgeschwindigkeit bei vielen Reaktionen um das Zwei- bis Dreifache zunimmt, wenn die Temperatur um 10 °C erhöht wird.

Mit steigender Temperatur nimmt die Reaktionsgeschwindigkeit zu, da in gleicher Zeit mehr Teilchen aktiviert werden und wirksam zusammenstoßen können.

Aufgaben

1. Erkläre, warum für alle chemischen Reaktionen eine Aktivierungsenergie erforderlich ist. In welcher Form kann die Aktivierung der Ausgangsstoffe erfolgen?
2. Erläutere die Begriffe „Aktivierungsenergie“ und „für einen wirksamen Zusammenstoß erforderliche Mindestenergie“. Nutze dazu auch die Seite 45 im Lehrbuch.
3. Begründe, warum infolge der Erhöhung der Teilchenanzahl in einem konstanten Volumen die Geschwindigkeit chemischer Reaktionen zunimmt.
4. Warum muss bei Fällungsreaktionen scheinbar keine Aktivierungsenergie zugeführt werden, um die Reaktion auszulösen?

Mehr Tempo durch Katalysatoren

Katalysatoren sind aus dem Alltag als Stoffe bekannt, die Autoabgase von Schadstoffen befreien. Meist handelt es sich um fein verteilte Edelmetalle wie Platin. Es gibt aber auch viele andere Stoffe mit Katalysatorwirkung.
Eine wesentliche Eigenschaft der Katalysatoren besteht darin, dass sie die Geschwindigkeit chemischer Reaktionen erhöhen. So sorgen beispielsweise Biokatalysatoren (s. S. 195) dafür, dass die Stoffwechselvorgänge im Organismus hinreichend schnell bei der jeweiligen Körpertemperatur ablaufen.

Die reaktionsbeschleunigende Wirkung von Katalysatoren beruht darauf, dass sie die für erfolgreiche chemische Reaktionen erforderliche Aktivierungsenergie der Ausgangsstoffe herabsetzen. Dies geschieht dadurch, dass sie mit den Ausgangsstoffen **reaktive Zwischenprodukte** bilden, die leichter zu den gewünschten Endprodukten umgesetzt werden (Abb. 1).
Nach der Reaktion liegt der Katalysator wieder unverändert vor und kann den Zyklus viele Male durchlaufen.

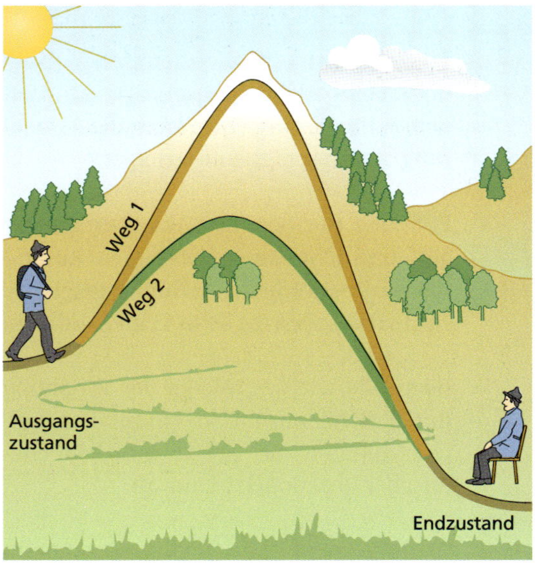

1 Die Wirkung des Katalysators lässt sich auch mit dem Einschlagen eines leichteren Weges bei einer Wanderung vergleichen.

In Apotheken ist ein Mittel gegen Zahnfleischentzündung mit dem Namen „Wasserstoffperoxid" und der Formel H_2O_2 erhältlich. Wasserstoffperoxid könnte zwar sehr leicht in Wasser und Sauerstoff zerfallen, doch sind nur vereinzelte Sauerstoffbläschen in der verdünnten Lösung zu erkennen. Den meisten Wasserstoffperoxid-Molekülen fehlt es bei Zimmertemperatur an der für den Zerfall erforderlichen Mindestenergie.

$$2\,H_2O_2 \longrightarrow 2\,H_2O + O_2$$

Gibt man jedoch einen Katalysator in die Flüssigkeit, zum Beispiel frisch gepressten Kartoffelsaft, dann steigen sofort zahlreiche Sauerstoffblasen auf (Abb. 2). Mit dem Katalysator erreichen jetzt viele Wasserstoffperoxidmoleküle die nunmehr herabgesetzte Mindestenergie für ihren Zerfall.

Katalysatoren erhöhen die Reaktionsgeschwindigkeit, indem sie die für eine Reaktion erforderliche Aktivierungsenergie herabsetzen. Sie bilden mit den Ausgangsstoffen reaktive Zwischenprodukte, aus denen die Katalysatoren nach der Reaktion wieder unverändert hervorgehen.

2 Der bei der katalytischen Zersetzung von Wasserstoffperoxid gebildete Sauerstoff kann mithilfe der Spanprobe nachgewiesen werden.

Mosaik

Chemie ist keine Einbahnstraße

Wasser lässt sich in einer Elektrolyseapparatur durch Zufuhr von Energie in Wasserstoff und Sauerstoff zerlegen (s. S. 94 f.).

$$2\,H_2O \longrightarrow 2\,H_2 + O_2$$

Setzt man dagegen Wasserstoff und Sauerstoff miteinander um, dann läuft die umgekehrte Reaktion ab. Unter Freisetzung von Energie entsteht bei der „Knallgasreaktion" Wasser aus den Elementen.

$$2\,H_2 + O_2 \longrightarrow 2\,H_2O$$

Ähnlich wie die Wasserzersetzung sind die meisten chemischen Reaktionen prinzipiell **umkehrbar.** Bei der **Rückreaktion** einer endothermen Reaktion wird dabei im Allgemeinen die Energiemenge frei, die für die Hinreaktion aufgewendet werden muss.

Die **Umkehrbarkeit chemischer Prozesse** nutzt man auf vielfältige Weise aus. Die Umkehrung der Wasserzersetzung bietet interessante Möglichkeiten, Wasserstoff als alternativen **Energieträger** einzusetzen.

Denkbar ist beispielsweise, Wasser mithilfe von Solarenergie elektrolytisch zu zerlegen. Die Produkte der Zersetzung könnte man in Tanks speichern. Bei Bedarf könnte der Wasserstoff verbrannt und die frei werdende Energie genutzt werden.

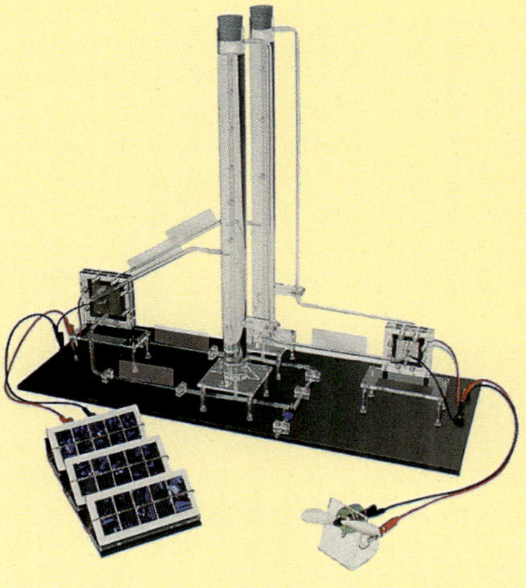

1 Modellexperiment zur Kombination von Wasserelektrolyse und Brennstoffzelle

Um die Energie der Knallgasreaktion effektiv zum Antrieb von Flugzeugen oder Autos nutzen zu können, muss die Verbrennung des Wasserstoffs allerdings kontrolliert erfolgen. Zu diesem Zweck testen Wissenschaftler und Ingenieure vor allem die **Brennstoffzelle.**

In einer Brennstoffzelle wird die chemische Energie des Wasserstoffs und des Sauerstoffs an speziellen Elektroden in elektrische Energie umgewandelt. An den Elektroden läuft eine **Redoxreaktion** ab, bei der Elektronen vom Wasserstoff zum Sauerstoff übertragen werden. Die Elektronenübertragung erfolgt über einen elektrischen Stromkreis außerhalb der Brennstoffzelle. In diesem kann ein Elektromotor angetrieben werden (Abb. 1).

In Kraftwerken arbeiten bereits Pilotanlagen von Brennstoffzellenbatterien mit Leistungen um 5 Megawatt. In der Raumfahrt nutzt man seit Jahren Brennstoffzellen als Energiequellen. Insbesondere für Kraftfahrzeuge ist der Brennstoffzellenantrieb eine zukunftsträchtige Alternative zu Benzin und Diesel. Wasserstoff als Energieträger zu verwenden hätte viele Vorteile (s. Tab.).

Problematisch ist jedoch die schlechte Handhabbarkeit von Wasserstoff. Deshalb wäre es optimal, Elektrolyse und Brennstoffzelle zu kombinieren (Abb. 1). Diese Technologie könnte eines Tages vielleicht zur Lösung des Energieproblems der Menschheit beitragen.

Pro und Kontra der Brennstoffzellentechnologie

Vorteile	Nachteile
– fast unbegrenzte Verfügbarkeit der Rohstoffe (Wasser, Biomasse)	– Sicherheitsprobleme beim Umgang mit Wasserstoff
– umweltfreundlich, da kaum umweltschädliche Stoffe (z.B. CO_2) entstehen	– hohe Kosten für High-Tech-Materialien und Kraftstoff
– hoher Wirkungsgrad und hohe Leistung	– geringe Reichweite und fehlendes Tankstellennetz
– relativ niedriges Gewicht	– hohe Verdampfungsrate von Wassertoff

Mosaik

Kein Anspruch auf Vollständigkeit

Chemiker sind meist daran interessiert, dass sich die Ausgangsstoffe vollständig in die gewünschten Reaktionsprodukte umwandeln. **Umkehrbare Reaktionen** machen ihnen da oft einen Strich durch die Rechnung, weil die Hin- und Rückreaktion gleichzeitig ablaufen können.

Man stelle sich vor, dass sich zunächst aus den Teilchen der Ausgangsstoffe Teilchen der Reaktionsprodukte bilden (Hinreaktion). Dabei verringert sich die Zahl der Ausgangsstoffteilchen. Dadurch können immer weniger wirksame Zusammenstöße erfolgen und die Anzahl der gebildeten Teilchen der Reaktionsprodukte pro Zeiteinheit nimmt im Verlauf der Reaktion ab.

Liegen Teilchen der Reaktionsprodukte vor, können diese wieder zu Teilchen der Ausgangsstoffe reagieren (Rückreaktion). Da die Anzahl der Teilchen der Reaktionsprodukte im Verlauf der Reaktion zuerst einmal ansteigt, setzen sich pro Zeiteinheit auch in gleichem Maße immer mehr Teilchen zu Teilchen der Ausgangsstoffe um.

Ab einem bestimmten Zeitpunkt bilden sich genauso viele Teilchen der Ausgangsstoffe wie Teilchen der Reaktionsprodukte. Die Zusammensetzung des Reaktionsgemisches bleibt konstant. Da die Ausgangsstoffe nur teilweise zu Reaktionsprodukten umgesetzt werden, spricht man von einem **unvollständigen Stoffumsatz.**

Im **Hochofen** zur Roheisengewinnung findet beispielsweise eine wichtige umkehrbare Reaktion, die BOUDOUARD-Reaktion, statt.

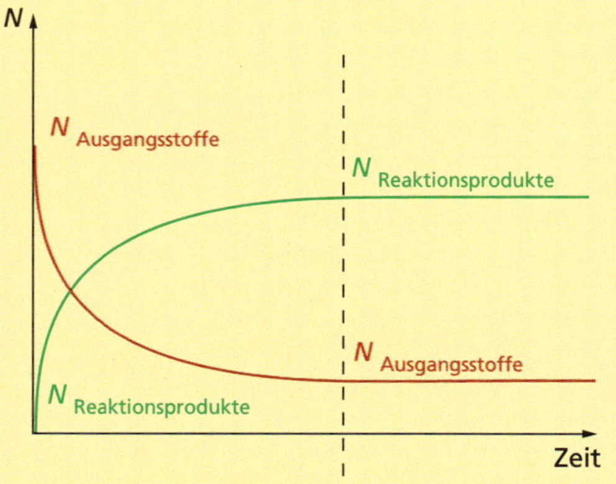

1 Bei Reaktionen mit unvollständigem Stoffumsatz stellt sich ein konstantes Mengenverhältnis von Ausgangsstoffen und Reaktionsprodukte ein.

Die Tatsache, dass die Hin- und Rückreaktion gleichzeitig ablaufen, symbolisiert man durch einen Doppelpfeil in der Reaktionsgleichung.

$$CO_2 + C \rightleftharpoons 2\,CO$$

Die BOUDOUARD-Reaktion ermöglicht die Wiedergewinnung des Reduktionsmittels Kohlenstoffmonooxid aus dem Kohlenstoffdioxid, das bei der Reduktion der Eisenerze im unteren Bereich des Hochofens entstanden ist.

Die Metallurgen würden es begrüßen, wenn die Reaktion tatsächlich vollständig zum Kohlenstoffmonooxid verlaufen würde. Dieses Gas wird nämlich auch in der nächst höheren Erzschicht als Reduktionsmittel benötigt (s. Abb. 2).

Doch leider erfolgt der Umsatz von Kohlenstoffdioxid mit Koks unter den Bedingungen im Hochofen unvollständig. Der Anteil des Kohlenstoffmonooxids hängt von der Temperatur ab. In der Kohlungszone bildet sich bei über 1100 °C zwar mehr als 95 % des theoretisch möglichen Kohlenstoffmonooxids. In der Reduktionszone beträgt die Temperatur aber nur noch 700–800 °C. Hier liegen noch etwas mehr als 60 % als Kohlenstoffmonooxid vor. Dieser Anteil genügt, um die Eisenoxide fast vollständig zum Roheisen zu reduzieren.

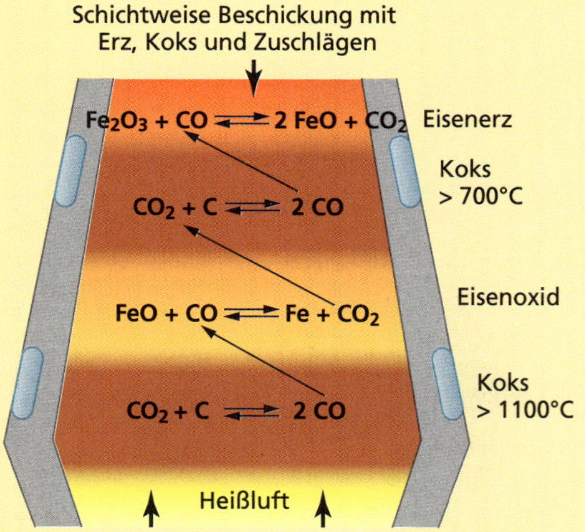

2 Im Hochofen liegen die Reaktionspartner Kohlenstoffmonooxid, Kohlenstoff und Kohlenstoffdioxid nebeneinander vor.

Chemie im Kontext

Chemiefabrik Organismus

Im menschlichen Organismus finden bei einer Temperatur von ca. 37 °C Hunderte chemischer Stoffwechselreaktionen statt. Dass die einzelnen Prozesse mit einer geeigneten Geschwindigkeit ablaufen, ist die Grundvoraussetzung für ein langes gesundes Leben. Dafür sorgen unter anderem spezielle **Biokatalysatoren.**

Beschreibe die Wirkung von Biokatalysatoren, sogenannten Enzymen, im menschlichen Organismus. Stelle dabei die Besonderheiten im Vergleich zu anderen Katalysatoren heraus.

Fast alle chemischen Reaktionen im Organismus werden von **Enzymen** katalysiert. Dabei handelt es sich um Eiweiße, die im Verdauungssystem vorhanden sind oder ständig neu gebildet werden. Eine ganze Reihe von Enzymen gelangt beispielsweise mit dem Sekret der Bauchspeicheldrüse über den Zwölffingerdarm ins Verdauungssystem. Hier katalysieren sie den Abbau der sehr großen Eiweiß-, Stärke- und Fettmoleküle bis hin zu den kleinsten Molekülbausteinen. Daraus werden oft in weiteren enzymatischen Reaktionen neue körpereigene Stoffe aufgebaut.

Wie andere Katalysatoren setzen Enzyme die Aktivierungsenergie der Ausgangsstoffe herab, indem sie reaktive Zwischenprodukte bilden, aus denen sie unverändert wieder hervorgehen.

Diese Zwischenprodukte nennt man **Enzym-Substrat-Komplexe.** Aufgrund seiner speziellen Eiweißstruktur passt ein bestimmtes Enzym auch nur zu einem spezifischen Substrat – ähnlich wie ein Sicherheitsschlüssel nur zu einem einzigen Schloss passt.

Die Wirkung nach dem **Schlüssel-Schloss-Prinzip** (Abb. 1) führt dazu, dass für jede Einzelreaktion im Stoffwechselgeschehen ein spezifisches Enzym zuständig ist. Selbst Hin- und

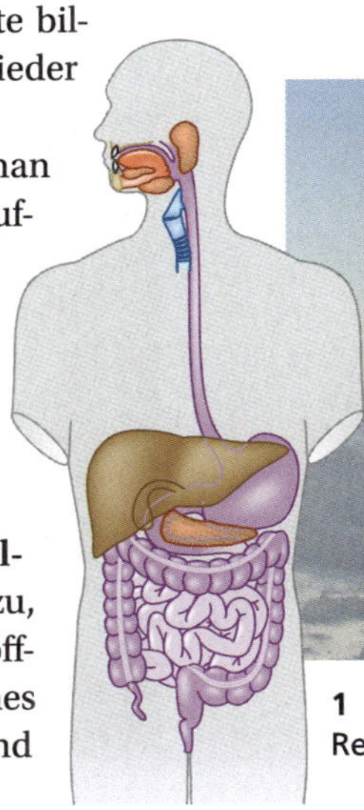

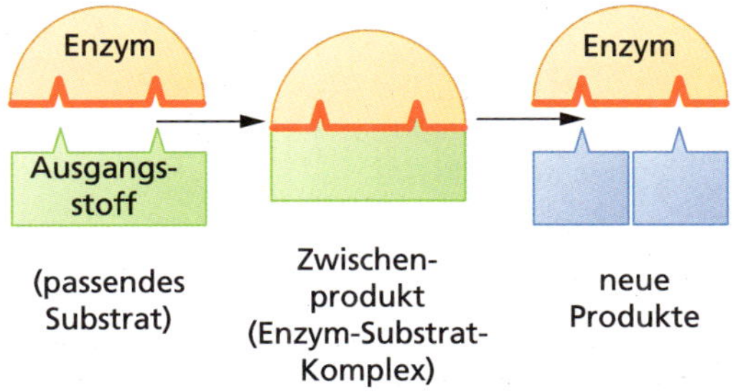

1 Enzymwirkung nach dem Schlüssel-Schloss-Prinzip

Rückreaktionen ein und desselben umkehrbaren Stoffwechselvorgangs werden wegen der Substratspezifität zwangsläufig von verschiedenen Enzymen katalysiert. Insgesamt sind etwa 3000 Enzyme bekannt.

Manche Ausgangsmoleküle werden in Ketten von Stoffwechselvorgängen von Enzym zu Enzym „weitergereicht“. Sie gehen so lange aufeinander folgende Reaktionen ein, bis ein neues, vom Organismus benötigtes Molekül aufgebaut oder ein überflüssiges abgebaut ist und aus dem Körper ausgeschieden wird.

Eine weitere Besonderheit der Enzyme besteht darin, dass sie nur in einem sehr kleinen **Temperaturbereich** aktiv sind, nämlich in unmittelbarer Nähe der Körpertemperatur. Haben wir zu hohes Fieber, dann wird die Eiweißstruktur der Enzyme zerstört. Die Biokatalysatoren können nicht mehr an die Substrate andocken und der Stoffwechsel kommt zum Erliegen, sodass der Mensch stirbt.

1 Enzyme steuern eine Vielzahl biochemischer Reaktionen.

gewusst · gekonnt

1. Ergänze dein Glossar.

Glossar

Enzym
Katalysator
Reaktionsbedingungen
Reaktionsgeschwindigkeit
umkehrbare Reaktion

2. Weise nach, dass chemische Reaktionen mit unterschiedlicher Geschwindigkeit ablaufen. Nenne je drei Beispiele langsamer und schneller Reaktionen aus Natur und Technik.

3. Begründe, warum Lebensmittel im Kühlschrank länger haltbar sind. Wodurch kann man die Haltbarkeit von Lebensmitteln noch verlängern?

4. Informiert euch über die Bedingungen, die die Geschwindigkeit chemischer Reaktionen beeinflussen. Erarbeitet das Thema unter Nutzung der Expertenmethode auf S. 40 des Lehrbuchs. Bildet Basisgruppen zu den Reaktionsbedingungen Temperatur, Teilchenanzahl, Zerteilungsgrad und Katalysatoren. Präsentiert eure Ergebnisse in Form eines Posters.

5. Das Abbinden von Kalkmörtel kann durch folgende Reaktionsgleichung beschrieben werden.

$$Ca(OH)_2 + CO_2 \longrightarrow CaCO_3 + H_2O$$

Erkläre, warum das Abbinden durch das Abbrennen eines offenen Kohlefeuers beschleunigt wird.

6. S Stelle eine begründete Vermutung auf, wie sich die Erhöhung des Zerteilungsgrades (s. S. 11) der Ausgangsstoffe auf die Reaktionsgeschwindigkeit auswirkt. Überprüfe deine Vermutung experimentell anhand des Rostens von Eisen.

7. Da ein Katalysator nach der chemischen Reaktion unverändert vorliegt, müsste er zeitlich unbegrenzt einsetzbar sein. Finde mögliche Ursachen, warum das in der Praxis nicht der Fall ist.

8. Das unten stehende Diagramm beschreibt den Verlauf einer chemischen Reaktion mit und ohne Katalysator.
   a) Beschrifte und interpretiere das Diagramm.
   b) Beschreibe den allgemeinen Verlauf einer katalytischen Reaktion und stelle die wesentlichen Merkmale eines Katalysators heraus.

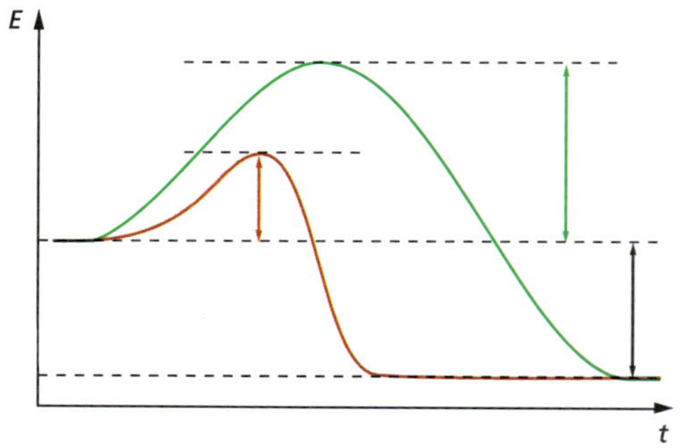

9. Informiert Euch im Internet über die Vor- und Nachteile von Brennstoffzellen als Energiequellen. Diskutiert in Gruppen das Pro und Kontra dieser Technologie.

Quantitative Betrachtungen

Teilchenanzahl N	Stoffmenge n	molare Masse M	molares Volumen V_m
gibt an, wie viele Teilchen in einer Stoffportion vorliegen.	gibt an, wie viel Mol Teilchen in einer Stoffportion vorliegen.	gibt an, welche Masse jedes Mol einer Stoffportion besitzt.	gibt an, welches Volumen jedes Mol einer Stoffportion einnimmt.
$N = n \cdot N_A$	$n = \frac{N}{N_A}$	$M = \frac{m}{n}$	$V_m = \frac{V}{n}$

Stöchiometrische Berechnungen

Bei chemischen Reaktionen reagieren die Stoffe in festen Massen- und Stoffmengenverhältnissen und festen Volumen- und Massenverhältnissen miteinander.

$m_1 \sim m_2$ bzw. $\frac{m_1}{m_2}$ = konstant $n_1 \sim n_2$ bzw. $\frac{n_1}{n_2}$ = konstant $m_1 \sim V_2$ bzw. $\frac{m_1}{V_2}$ = konstant

Stöchiometrische Berechnungen sind z. B. über Größengleichungen möglich.

$$\frac{m_1}{m_2} = \frac{M_1 \cdot n_1}{M_2 \cdot n_2} \qquad \frac{V_1}{V_2} = \frac{n_1}{n_2} \qquad \frac{m_1}{V_2} = \frac{M_1 \cdot n_1}{V_m \cdot n_2}$$

m_1 bzw. V_1: gesuchte Größen laut Aufgabenstellung
m_2 bzw. V_2: gegebene Größen laut Aufgabenstellung
M_1 und M_2: molare Massen aus Stofftabellen ablesbar
V_m bei Normbedingungen für alle Gase $22{,}4\ l \cdot mol^{-1}$
Normbedingungen: $\vartheta = 0\ °C$ ($T = 273{,}15\ K$)
$p = 101{,}3\ Pa$

Reaktionsgeschwindigkeit und Reaktionsbedingungen

Jede chemische Reaktion ist durch ihre Geschwindigkeit gekennzeichnet. Die Reaktionsgeschwindigkeit gibt an, wie viele Teilchen von Ausgangsstoffen in einer bestimmten Zeiteinheit zu Reaktionsprodukten umgesetzt werden. Sie hängt von verschiedenen Reaktionsbedingungen ab:

- Temperatur
- Druck
- Teilchenanzahl der Ausgangsstoffe
- Gegenwart eines Katalysators

Gefahrstoffhinweise für einige Chemikalien				
	Kennbuch-staben	R-Sätze	S-Sätze	E-Sätze
Aceton (nicht stabilisiert)	F+, Xn	R 12, R 36/37, R 40	S (2), S 16, S 33, S 36/37	E 9, E 10, E 12, E 16
Aluminiumpulver (nicht stabilisiert)	F	R 15, R 17	S (2), S 7/8, S 43	E 6, E 9
Aluminiumpulver (phlegmatisiert)	F	R 10, R 15	S (2), S 7/8, S 43	E 3
Ammoniak (wasserfrei)	T, N	R 10, R 23, R 34, R 50	S (1/2), S 9, S 16, S 26, S 36/37/39, S 45, S 61	E 2, E 7
Ammoniak-Lösung (10 % ≤ ω < 25 %)	C	R 34	S (1/2), S 26, S 36/37/39, S 45, S 61	E 2
Ammoniak-Lösung (5 % ≤ ω < 10 %)	Xi	R 36/37/38	S (1/2), S 26, S 36/37/39, S 45, S 61	E 2
Ammoniumchlorid (ω ≥ 25 %)	Xn	R 22, R 36	S (2), S 22	E 1
Ammoniumnitrat	O	R 8, R 9	S 15, S 16, S 41	E 1
Barium	F	R 15	S 8, S 24/25, S 43	E 2
Bariumcarbonat (ω ≥ 25 %)	Xn	R 22	S (2), S 24/25	E 1, E 3
Bariumchlorid (ω ≥ 25 %)	T	R 20, R 25	S (1/2), S 45	E 1, E 3
Bariumhydroxid (5 % ≤ ω < 10 %)	Xi	R 20/22, R 34	S 26, S 36/37/38, S 45	E 1, E 3
Bariumhydroxid (wasserfrei und Octahydrat)	C	R 20/22, R 34	S 26, S 36/37/38, S 45	E 1, E 3
Bariumoxid (ω ≥ 1 %)	Xn	R 20/22	S (2), S 28	E 1, E 3
Benzoesäure (ω ≥ 25 %)	Xn	R 22, R 36	S 24	E 10, E 12
Benzen	F, T	R 45, R 11, R 23/24/25/48	S 45, S 53	E 10, E 12
Brom	T+, C, N	R 26, R 35, R 50	S (1/2), S 7/9, S 26, S 45, S 61	E 16
Bromwasser (1 % ≤ ω < 5 %)	T, Xi	R 23, R 24	S 7/9, S 26	E 16
Butan	F+	R 12	S (2), S 9, S 16	E 7
Butansäure (Buttersäure)	C	R 34	S (1/2), S 26, S 36, S 45	E 10
Calcium	F	R 15	S (2), S 8, S 24/25, S 43	E 15
Calciumcarbid	F	R 15	S (2), S 8, S 24/25, S 43	E 15, E 16
Calciumchlorid (ω ≥ 20 %)	Xi	R 36	S (2), S 22, S 24	E 1
Calciumhydroxid	Xi	R 41	S 22, S 24, S 26, S 39	E 2
Calciumoxid	C	R 34	S 26, S 36	E 2
Chlor	T, N	R 23, R 36/37/38, R 50	S (1/2), S 9, S 45, S 61	E 16
Chlorwasserstoff (wasserfrei)	T, C	R 23, R 35	S (1/2), S 9, S 26, S 36/37/39, S 45	E 2
Eisen(II)-sulfat-Heptahydrat	Xn	R 22	S 24/25	E 1
Ethansäure (Essigsäure, ω ≥ 90 %)	C	R 10, R 35	S (1/2), S 23, S 26, S 45	E 2, E 10
Ethansäure (Essigsäure, 25 % ≤ ω < 90 %)	C	R 10, R 34	S (1/2), S 23, S 26, S 45	E 2, E 10
Ethansäure (Essigsäure, 10 % ≤ ω < 25 %)	Xi	R 10, R 34	S (1/2), S 23, S 26, S 45	E 2, E 10
Ethan	F+	R 12	S (2), S 9, S 16, S 33	E 7
Ethanal (Acetaldehyd)	F+, Xn	R 12, R 36/37, R 40	S (2), S 16, S 33, S 36/S 37	E 9, E 10, E 12, E 16
Ethanol	F	R 11	S (2), S 7, S 16	E 1, E 10
Ethen	F+	R 12	S (2), S 9, S 16, S 33	E 7
Ethin	F+	R 5, R 6, R 12	S (2), S 9, S 16, S 33	E 7
Fehlings Lösung II (Kaliumnatriumtartrat, alkalisch)	C	R 35	S (2), S 26, S 27, S 37/39	E 2
Iod (ω ≥ 25 %)	Xn, N	R 20/21 R 50	S (2), S 23, S 25, S 61	E 1, E 16
Kalium	F, C	R 14/15, R 34	S (1/2), S 5, S 8, S 43, S 45	E 6, E 12, S 16
Kaliumcarbonat	Xn	R 22, R 36/37/38	S 22, S 26	E 1
Kaliumhydroxid (wasserfrei, Ätzkali)	C	R 22, R 35	S (1/2), S 26, S 36/37/39, S 45	E 2
Kaliumhydroxidlösung (5 % ≤ ω < 25 %)	C	R 35	S (1/2), S 26, S 36/37/39, S 45	E 2

Gefahrstoffhinweise für einige Chemikalien				
	Kennbuch-staben	R-Sätze	S-Sätze	E-Sätze
Kaliumhydroxidlösung 5 % ≤ ω < 25 %	C	R35		
Kaliumhydroxidlösung (2 % ≤ ω < 5 %)	C	R34	S(1/2), S26, S36/37/39, S45	
Kaliumnitrat	O	R8	S16, S41	E1
Kaliumpermanganat	O, Xn, N	R8, R22, R50/53	S(2), S60, S61	E1, E6
Kupfer(II)-chlorid (wasserfrei) (Xn: ω ≥ 25 %)	Xn, N	R22, R36/38, R50/53	S22, S26, S61	E11
Kupfer(II)-sulfat	Xn, N	R22, R36/38, R50/53	S(2), S22, S60, S61	E11
Lithium	F, C	R14/15, R34	S(1/2), S8, S43, S45	E1, E15
Magnesium, Späne (phlegmatisiert)	F	R11, R15	S2, S7/8, S43	E3
Mangandioxid (Braunstein)	Xn	R20, R22	S(2), S25	E3
Methan	F+	R12	S(2), S9, S16, S33	E7
Methansäure (Ameisensäure, ω ≥ 90 %)	C	R35	S(1/2), S23, S26, S45	E1, E10
Methansäure (10 % ≤ ω ≤ 90 %)	C	R34	S(1/2), S23, S26, S45	E1, E10
Methansäure (2 % ≤ ω ≤ 10 %)	Xi	R34	S(1/2), S23, S26, S45	E1, E10
Natrium	F; C	R14, R15, R34	S(1/2), S5, S5, S8, S43, S45	E6, E12, E16
Natriumhydroxid, wasserfrei (Ätznatron)	C	R35	S(1/2), S26, S37/39, S45	E2
Natriumhydroxid-Lösung ω ≥ 5 % (Natronlauge)	C	R35	S(1/2), S26, S37/39, S45	E2
2 % ≤ ω ≤ 5 %	C	R34	S(1/2), S26, S37/39, S45	E1
Natriumtetraborat, wasserfrei (Borax)			S24/25	E1
Natronkalk	C	R35	S26, S36/37/39, S45	E2
ortho-Phosphorsäure (ω ≥ 25 %)	C	R34	S(1/2), S26, S45	E2
ortho-Phosphorsäure (10 % ≤ ω ≥ 25 %)	Xi	R36/38	S25	E1
Petroleumbenzin (Siedebereich 40–60 °C)	F, Xn	R11, R52, R53, R65	S9, S16	E10, E12
Petroleumbenzin (Siedebereich 60–80 °C)	F, Xn, N	R11, R38, R40/20, R51/53, R62, R65, R67	S16, S23.2, S24, S33, S61, S62	E10, E12
Petroleumbenzin (Siedebereich 100–140 °C)	F, Xn, N	R11, R38, R51/53, R65, R67	S9, S16, S23.2, S24, S33, S61, S62	E10, E12
Propan	F+	R12	S(2), S9, S16	E7
Salicylsäure	Xn	R22, R37/38, R41	S26, S39	E2, E10
Salpetersäure (rauchend, ω ≥ 70 %)	O, C	R8, R35	S(1/2), S23, S26, S36, S45	E2
Salpetersäure (20 % ≤ ω < 70 %)	C	R35	S(1/2), S23, S26, S27	E2
Salpetersäure (5 % ≤ ω < 20 %)	C	R34	S(1/2), S23, S26, S27	
Salzsäure (ω ≥ 25 %)	C	R34, R37	S(1/2), S26, S45	E2
Salzsäure (10 % ≤ ω < 25 %)	Xi	R36/37/38	S(2), S28	E2
Schwefeldioxid	T	R23, 34	S(1/2), S9, S26, S36/37/39, S45	E7
Schwefelsäure (ω ≥ 15 %)	C	R35	S(1/2), S26, S30, S45	E2
Schwefelsäure (5 % ≤ ω < 15 %)	Xi	R36/38	S(2), S26	E2
Silbernitrat	C, N	R34, R50/53	S(1/2), S26, S45, S60, S61	E12, E13, E14
(5 % ≤ ω < 10 %)	Xi	R34, R50/53	S(1/2), S26, S45,	E12, E13, E14
Wasserstoff	F+	R12	S(2), S9, S16, S33	E7
Zink-Pulver phlegmatisiert		R10, R15	S(2), S7/8, S43	E3
Zink-Pulver nicht stabilisiert	F	R15, R17	S(2), S7/8, S43	E3
Zinkchlorid (Xi: 5 % ≤ ω < 10 %)	C, N	R34, R50/53	S(1/2), S7/8, S28, S45, S60, S61	E1

Gefahrstoffhinweise

Gefahrstoffsymbole

T
giftig

giftige Stoffe (T, T+)
krebserzeugende Stoffe (T, Xn)

Erhebliche Gesundheitsschäden durch Einatmen, Verschlucken oder Aufnahme durch die Haut. Keine Schülerexperimente.

Xn
gesundheitsschädlich

gesundheitsschädliche Stoffe (Xn, Xi)

Gesundheitsschäden durch Einatmen, Verschlucken oder Aufnahme durch die Haut.

Xi
reizend

reizende Stoffe (Xn, Xi)

Reizwirkung auf die Haut, die Atmungsorgane und die Augen.

E
explosionsgefährlich

explosionsgefährliche Stoffe

Explosion unter bestimmten Bedingungen möglich. Keine Schülerexperimente.

C
ätzend

ätzende Stoffe

Hautgewebe und Geräte werden nach Kontakt zerstört.

F
entzündlich

leicht- u. hochentzündliche Stoffe (F bzw F+)

Entzünden sich selbst, an heißen Gegenständen mit Wasser entstehen leichtentzündliche Gase.

0
brandfördernd

brandfördernde Stoffe

Andere brennbare Stoffe werden entzündet, ausgebrochene Brände gefördert.

N
umweltgefährlich

umweltgefährliche Stoffe

Sind sehr giftig, giftig oder schädlich für Wasserorganismen, Pflanzen, Tiere und Bodenorganismen; schädliche Wirkung auf die Umwelt.

Gefahrenhinweise (R-Sätze)

R-Sätze weisen auf besondere Gefahren hin.

R 1 In trockenem Zustand explosionsgefährlich.
R 2 Durch Schlag, Reibung, Feuer oder andere Zündquellen explosionsgefährlich.
R 3 Durch Schlag, Reibung, Feuer oder andere Zündquellen besonders explosionsgefährlich.
R 4 Bildet hochempfindliche explosionsgefährliche Metallverbindungen.
R 5 Beim Erwärmen explosionsfähig.
R 6 Mit und ohne Luft explosionsfähig.
R 7 Kann Brand verursachen.
R 8 Feuergefahr bei Berührung mit brennbaren Stoffen.
R 9 Explosionsgefahr bei Mischung mit brennbaren Stoffen.
R 10 Entzündlich.
R 11 Leicht entzündlich.
R 12 Hoch entzündlich.
R 14 Reagiert heftig mit Wasser.
R 15 Reagiert mit Wasser unter Bildung leicht entzündlicher Gase.
R 16 Explosionsgefährlich in Mischung mit brandfördernden Stoffen.
R 17 Selbstentzündlich an der Luft
R 18 Bei Gebrauch Bildung explosionsfähiger/leicht entzündlicher Dampf-Luftgemische möglich.
R 19 Kann explosionsfähige Peroxide bilden.
R 20 Gesundheitsschädlich beim Einatmen.
R 21 Gesundheitsschädlich bei Berührung mit der Haut.
R 22 Gesundheitsschädlich beim Verschlucken.
R 23 Giftig beim Einatmen.
R 24 Giftig bei Berührung mit der Haut.
R 25 Giftig beim Verschlucken.
R 26 Sehr giftig beim Einatmen.
R 27 Sehr giftig bei Berührung mit der Haut.
R 28 Sehr giftig beim Verschlucken.
R 29 Entwickelt bei Berührung mit Wasser giftige Gase.
R 30 Kann bei Gebrauch leicht entzündlich werden.
R 31 Entwickelt bei Berührung mit Säure giftige Gase.
R 32 Entwickelt bei Berührung mit Säure sehr giftige Gase.
R 33 Gefahr kumulativer Wirkungen.
R 34 Verursacht Verätzungen.
R 35 Verursacht schwere Verätzungen.
R 36 Reizt die Augen.
R 37 Reizt die Atmungsorgane.
R 38 Reizt die Haut.
R 39 Ernste Gefahr irreversiblen Schadens.
R 40 Irreversibler Schaden möglich.
R 41 Gefahr ernster Augenschäden.
R 42 Sensibilisierung durch Einatmen möglich.
R 43 Sensibilisierung durch Hautkontakt möglich.
R 44 Explosionsgefahr bei Erhitzen unter Einschluss.
R 45 Kann Krebs erzeugen.
R 46 Kann vererbbare Schäden verursachen.
R 48 Gefahr ernster Gesundheitsschäden bei längerer Exposition.
R 49 Kann Krebs erzeugen beim Einatmen.
R 50 Sehr giftig für Wasserorganismen.
R 51 Giftig für Wasserorganismen.
R 52 Schädlich für Wasserorganismen.
R 53 Kann in Gewässern längerfristig schädliche Wirkungen haben.
R 54 Giftig für Pflanzen.
R 55 Giftig für Tiere.
R 56 Giftig für Bodenorganismen.
R 57 Giftig für Bienen.
R 58 Kann längerfristig schädliche Wirkungen auf die Umwelt haben.
R 59 Gefährlich für die Ozonschicht.
R 60 Kann die Fortpflanzungsfähigkeit beeinträchtigen.
R 61 Kann das Kind im Mutterleib schädigen.
R 62 Kann möglicherweise die Fortpflanzungsfähigkeit beeinträchtigen.
R 63 Kann das Kind im Mutterleib möglicherweise schädigen.
R 64 Kann Säuglinge über die Muttermilch schädigen.

Sicherheitsratschläge (S-Sätze)

S-Sätze geben Ratschläge für den sachgemäßen Umgang mit gefährlichen Stoffen.

S 1 Unter Verschluss aufbewahren.
S 2 Darf nicht in die Hände von Kindern gelangen.
S 3 Kühl aufbewahren.
S 4 Von Wohnplätzen fernhalten.
S 5 Unter ... aufbewahren (geeignete Flüssigkeit vom Hersteller anzugeben).
S 6 Unter ... aufbewahren (inertes Gas vom Hersteller anzugeben).
S 7 Behälter dicht geschlossen halten.
S 8 Behälter trocken halten.
S 9 Behälter an einem gut gelüfteten Ort aufbewahren.
S 12 Behälter nicht gasdicht verschließen.
S 13 Von Nahrungsmitteln, Getränken und Futtermitteln fernhalten.
S 14 Von ... fernhalten (inkompatible Substanzen vom Hersteller anzugeben).
S 15 Vor Hitze schützen.
S 16 Von Zündquellen fernhalten – Nicht rauchen.
S 17 Von brennbaren Stoffen fernhalten.
S 18 Behälter mit Vorsicht öffnen und handhaben.
S 20 Bei der Arbeit nicht essen und trinken.
S 21 Bei der Arbeit nicht rauchen.
S 22 Staub nicht einatmen.
S 23 Gas/Rauch/Dampf/Aerosol nicht einatmen (geeignete Bezeichnung vom Hersteller anzugeben).
S 24 Berührung mit der Haut vermeiden.
S 25 Berührung mit den Augen vermeiden.
S 26 Bei Berührung mit den Augen gründlich mit Wasser abspülen und Arzt konsultieren.
S 27 Beschmutzte, getränkte Kleidung sofort ausziehen.
S 28 Bei Berührung mit der Haut sofort abwaschen mit viel ... (vom Hersteller anzugeben).
S 29 Nicht in die Kanalisation gelangen lassen.
S 30 Niemals Wasser hinzugießen.
S 33 Maßnahmen gegen elektrostatische Aufladungen treffen.
S 34 Schlag und Reibung vermeiden.
S 35 Abfälle und Behälter müssen in gesicherter Weise beseitigt werden.
S 36 Bei der Arbeit geeignete Schutzkleidung tragen.
S 37 Geeignete Schutzhandschuhe tragen.
S 38 Bei unzureichender Belüftung Atemschutzgerät anlegen.
S 39 Schutzbrille/Gesichtsschutz tragen.
S 40 Fußboden und verunreinigte Gegenstände mit ... reinigen (vom Hersteller anzugeben).
S 41 Explosions- und Brandgase nicht einatmen.
S 42 Beim Räuchern/Versprühen geeignetes Atemschutzgerät anlegen (geeignete Bezeichnung vom Hersteller anzugeben).
S 43 Zum Löschen ... (vom Hersteller anzugeben) verwenden (wenn Wasser die Gefahr erhöht, anfügen: Kein Wasser verwenden).
S 44 Bei Unfall oder Unwohlsein sofort Arzt zuziehen (wenn möglich, dieses Etikett vorzeigen).
S 46 Bei Verschlucken sofort ärztlichen Rat einholen und Verpackung oder Etikett vorzeigen.
S 47 Nicht bei Temperaturen über ... °C aufbewahren (vom Hersteller anzugeben).
S 48 Feucht halten mit ... (geeignetes Mittel vom Hersteller anzugeben).
S 49 Nur im Originalbehälter aufbewahren.
S 50 Nicht mischen mit ... (vom Hersteller anzugeben).
S 51 Nur in gut gelüfteten Behältern verwenden.
S 52 Nicht großflächig für Wohn- und Aufenthaltsräume zu verwenden.
S 53 Expositionen vermeiden. Vor Gebrauch besondere Anweisung einholen.
S 56 Diesen Stoff und seinen Behälter der Problemabfallentsorgung zuführen.
S 57 Zur Vermeidung einer Kontamination der Umwelt geeigneten Behälter verwenden.
S 59 Information zur Wiederverwendung/ Wiederverwertung beim Hersteller/Lieferanten erfragen.
S 60 Dieser Stoff und sein Behälter sind als gefährlicher Abfall zu entsorgen.
S 61 Freisetzung in die Umwelt vermeiden. Besondere Anweisungen einholen/Sicherheitsdatenblatt zu Rate ziehen.
S 62 Bei Verschlucken kein Erbrechen herbeiführen. Sofort ärztlichen Rat einholen und Verpackung oder dieses Etikett vorzeigen.

Entsorgungsratschläge (E-Sätze)

E-Sätze geben Ratschläge für die sachgemäße Entsorgung von Chemikalien und gefährlichen Stoffen.

E 1 Verdünnen, in den Ausguss geben (WGK 0 bzw. 1).
E 2 Neutralisieren, in den Ausguss geben.
E 3 In den Hausmüll geben, gegebenenfalls in PE-Beutel (Stäube).
E 4 Als Sulfid fällen.
E 5 Mit Calcium-Ionen fällen, dann E 1 oder E 3.
E 6 Nicht in den Hausmüll geben.
E 7 Im Abzug entsorgen; wenn möglich verbrennen.
E 8 Der Sondermüllbeseitigung zuführen (Adresse zu erfragen bei der Kreis- oder Stadtverwaltung). Abfallschlüssel beachten.
E 9 Unter größter Vorsicht in kleinsten Portionen reagieren lassen (z. B. offen im Freien verbrennen).
E 10 In gekennzeichneten Glasbehältern sammeln:
1. „Organische Abfälle – halogenhaltig"
2. „Organische Abfälle – halogenfrei" dann E8.
E 11 Als Hydroxid fällen (pH 8), den Niederschlag zu E8.
E 12 Nicht in die Kanalisation gelangen lassen (S-Satz S 29).
E 13 Aus der Lösung mit unedlerem Metall (z. B. Eisen) als Metall abscheiden (E 14, E 3).
E 14 Recycling-geeignet (Redestillation oder einem Recyclingunternehmen zuführen).
E 15 Mit Wasser vorsichtig umsetzen, evtl. frei werdende Gase verbrennen oder absorbieren oder stark verdünnt ableiten.
E 16 Entsprechend den Ratschlägen in Anlage 5.1 der „Richtlinien zur Sicherheit im naturwissenschaftlichen Unterricht" beseitigen.

Periodensystem der Elemente

H [1)] : Gas
Br [1)] : Flüssigkeit
Mg [1)] : Feststoff
(rosa) : Nichtmetall
(grün) : Halbmetall
(blau) : Metall
* : Alle Isotope dieses Elements sind radioaktiv.

Protonenzahl (Ordnungszahl) – 5; Atommasse in u (u = 1,66·10^{-27} kg) – 10,81; Elektronegativität – 2,0; Elementsymbol – B; Elementname – Bor

Periode	Hauptgruppe		Nebengruppe										Hauptgruppe					
	I	II	III	IV	V	VI	VII	VIII	VIII	VIII	I	II	III	IV	V	VI	VII	VIII
1	1 1,008 2,1 H Wasserstoff																	2 4,00 He Helium
2	3 6,94 1,0 Li Lithium	4 9,01 1,5 Be Beryllium											5 10,81 2,0 B Bor	6 12,01 2,5 C Kohlenstoff	7 14,007 3,0 N Stickstoff	8 15,999 3,5 O Sauerstoff	9 18,998 4,0 F Fluor	10 20,18 Ne Neon
3	11 22,99 0,9 Na Natrium	12 24,31 1,2 Mg Magnesium											13 26,98 1,5 Al Aluminium	14 28,09 1,8 Si Silicium	15 30,97 2,1 P Phosphor	16 32,06 2,5 S Schwefel	17 35,45 3,0 Cl Chlor	18 39,95 Ar Argon
4	19 39,10 0,8 K Kalium	20 40,08 1,0 Ca Calcium	21 44,96 1,3 Sc Scandium	22 47,90 1,5 Ti Titanium	23 50,94 1,6 V Vanadium	24 51,996 1,6 Cr Chromium	25 54,94 1,5 Mn Mangan	26 55,85 1,8 Fe Eisen	27 58,93 1,8 Co Cobalt	28 58,70 1,8 Ni Nickel	29 63,55 1,9 Cu Kupfer	30 65,38 1,6 Zn Zink	31 69,72 1,6 Ga Gallium	32 72,59 1,8 Ge Germanium	33 74,92 2,0 As Arsen	34 78,96 2,4 Se Selen	35 79,90 2,8 Br Brom	36 83,80 Kr Krypton
5	37 85,47 0,8 Rb Rubidium	38 87,62 1,0 Sr Strontium	39 88,91 1,3 Y Yttrium	40 91,22 1,4 Zr Zirconium	41 92,91 1,6 Nb Niobium	42 95,94 1,8 Mo Molybdän	43 [97] 1,9 Tc* Technetium	44 101,07 2,2 Ru Ruthenium	45 102,91 2,2 Rh Rhodium	46 106,4 2,2 Pd Palladium	47 107,87 1,9 Ag Silber	48 112,41 1,7 Cd Cadmium	49 114,82 1,7 In Indium	50 118,69 1,8 Sn Zinn	51 121,75 1,9 Sb Antimon	52 127,60 2,1 Te Tellur	53 126,90 2,5 I Iod	54 131,30 Xe Xenon
6	55 132,91 0,7 Cs Caesium	56 137,33 0,9 Ba Barium	57–71 Lanthanoide	72 178,49 1,3 Hf Hafnium	73 180,95 1,5 Ta Tantal	74 183,85 1,7 W Wolfram	75 186,21 1,9 Re Rhenium	76 190,2 2,2 Os Osmium	77 192,22 2,2 Ir Iridium	78 195,09 2,2 Pt Platin	79 196,97 2,4 Au Gold	80 200,59 1,9 Hg Quecksilber	81 204,37 1,8 Tl Thallium	82 207,2 1,8 Pb Blei	83 208,98 1,9 Bi Bismut	84 [209] 2,0 Po* Polonium	85 [210] 2,2 At* Astat	86 [222] Rn* Radon
7	87 [223] 0,7 Fr* Francium	88 [226] 0,9 Ra* Radium	89–103 Actinoide	104 [261] Rf* Rutherfordium	105 [262] Db* Dubnium	106 [262] Sg* Seaborgium	107 [262] Bh* Bohrium	108 [262] Hs* Hassium	109 [266] Mt* Meitnerium	110 [281] Ds* Darmstadtium	111 [280] Rg* Roentgenium							

Lanthanoide	57 138,91 1,1 La Lanthan	58 140,12 1,1 Ce Cerium	59 140,91 1,1 Pr Praseodymium	60 144,24 1,1 Nd Neodymium	61 [145] 1,1 Pm* Promethium	62 150,35 1,2 Sm Samarium	63 151,96 1,2 Eu Europium	64 157,25 1,2 Gd Gadolinium	65 158,92 1,2 Tb Terbium	66 162,50 1,2 Dy Dysprosium	67 164,93 1,2 Ho Holmium	68 167,26 1,2 Er Erbium	69 168,93 1,2 Tm Thulium	70 173,04 1,2 Yb Ytterbium	71 174,97 1,2 Lu Lutetium
Actinoide	89 [227] 1,1 Ac* Actinium	90 232,04 1,3 Th* Thorium	91 231,04 1,5 Pa* Protactinium	92 238,03 1,4 U* Uranium	93 237,05 1,3 Np* Neptunium	94 [244] 1,3 Pu* Plutonium	95 [243] 1,3 Am* Americium	96 [247] 1,3 Cm* Curium	97 [247] 1,3 Bk* Berkelium	98 [251] 1,3 Cf* Californium	99 [254] 1,3 Es* Einsteinium	100 [257] 1,3 Fm* Fermium	101 [258] 1,3 Md* Mendelevium	102 [259] 1,3 No* Nobelium	103 [260] 1,3 Lr* Lawrencium

[ ] Die umklammerten Werte für die Atommasse geben die Massenzahl des Isotops mit der größten Halbwertszeit an.

1) Aggregatzustand bei 25 °C (298 K) und 101,3 kPa

Trennen von Stoffgemischen

Eindunsten und **Eindampfen:**
Trennen von Lösungen aufgrund unterschiedlicher Siedetemperaturen, wobei allgemein nur der gelöste Feststoff gewonnen wird.

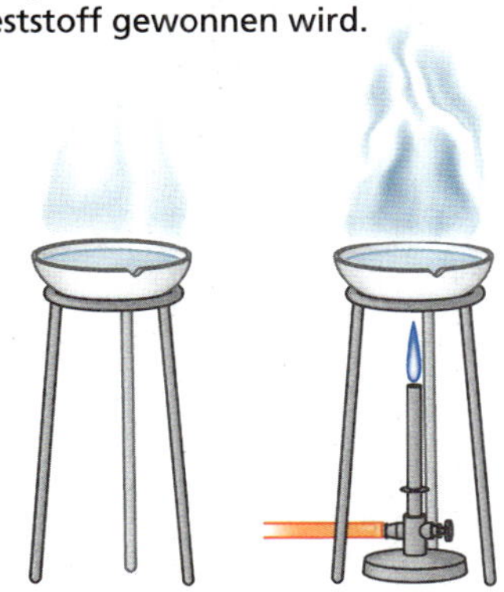

Destillieren:
Trennen von Stoffgemischen aus mehreren flüssigen Stoffen oder aus Lösemittel und gelöstem Feststoff aufgrund unterschiedlicher Siedetemperaturen, wobei alle enthaltenen Stoffe gewonnen werden.

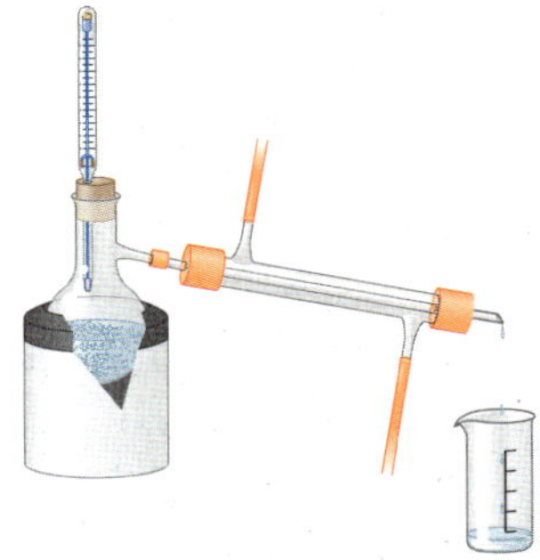

Sieben:
Trennen von Gemischen aus festen Stoffen aufgrund unterschiedlicher Korngrößen der enthaltenen Stoffe.

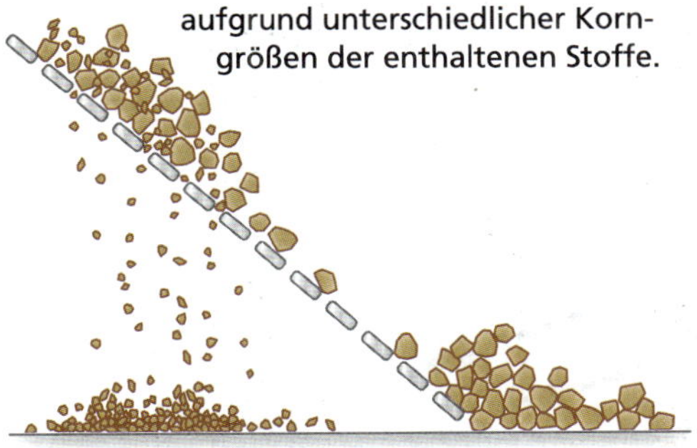

Filtrieren:
Trennung einer Suspension aufgrund unterschiedlicher Teilchengröße der enthaltenen Stoffe

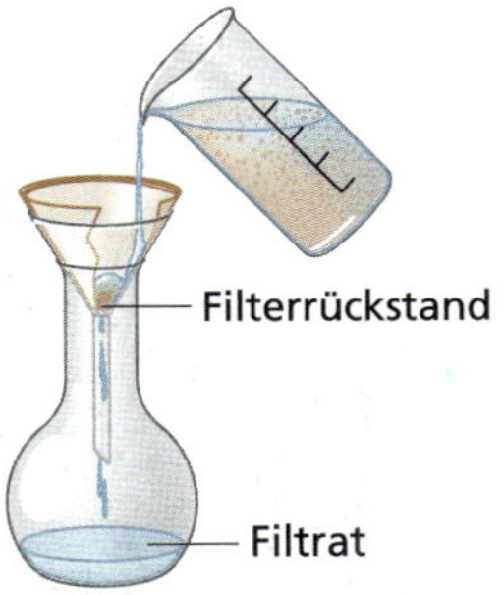

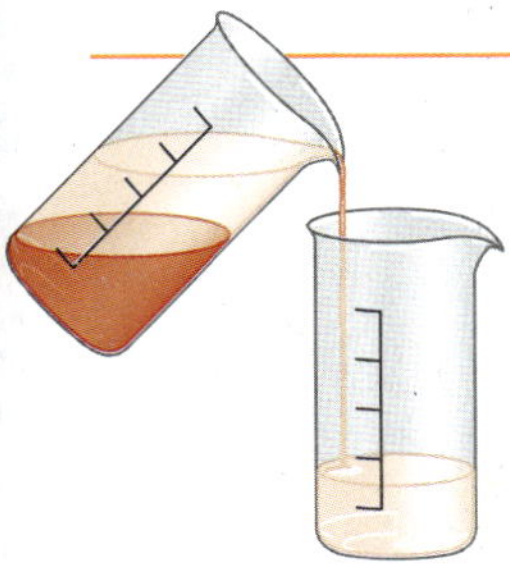

Dekantieren:
Trennen eines Stoffgemisches durch Abgießen des Überstandes aufgrund unterschiedlicher Dichte bzw. unterschiedlicher Aggregatzustände der enthaltenen Stoffe, die nicht ineinander löslich sind.

Magnetscheiden:
Trennen von Stoffgemischen aus festen Stoffen aufgrund der magnetischen Eigenschaften eines der enthaltenen Stoffe.

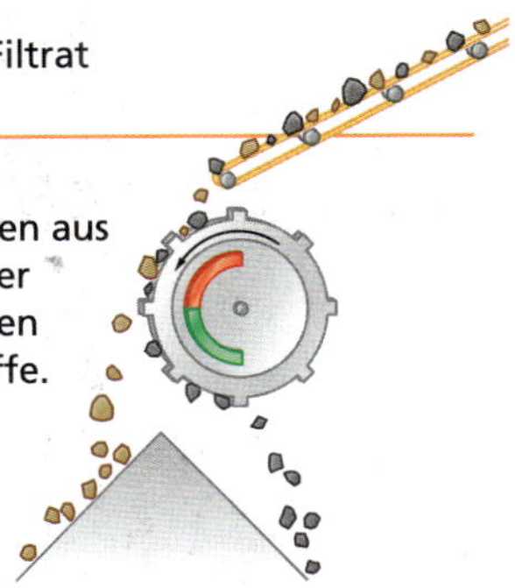

Extrahieren:
Trennen von Stoffgemischen unter Ausnutzung unterschiedlicher Löslichkeiten in einem bestimmten Lösemittel.

Chromatografieren:
Trennen von Stoffgemischen u. a. unter Nutzung der unterschiedlichen Haftfähigkeit verschiedener Teilchen (z. B. in Farbstoffen) auf Papier oder Kreide.

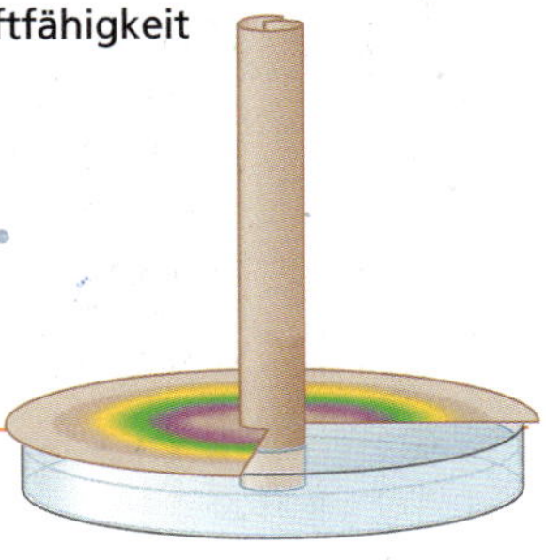

Ausgewählte Laborgeräte

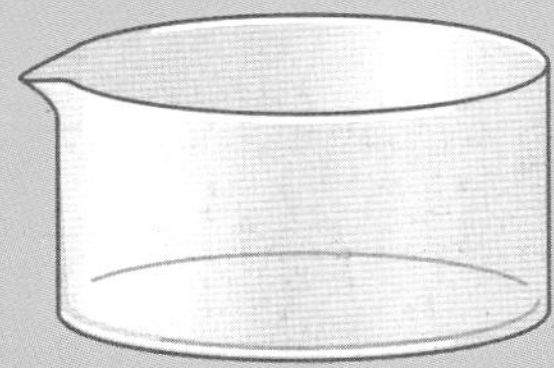

Kristallisierschale

Tropfpipette

Trichter

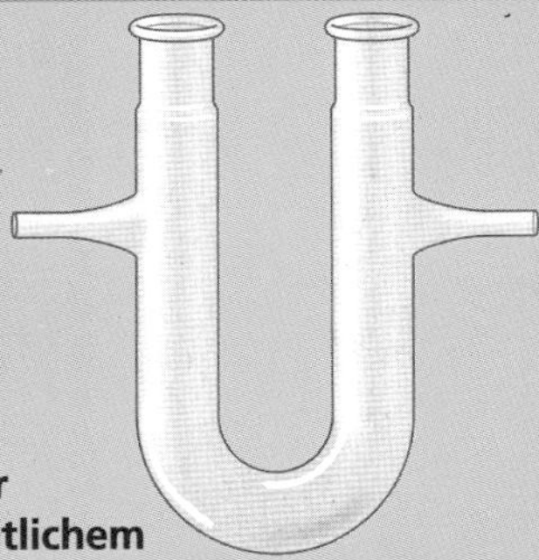

U-Rohr
mit seitlichem
Ansatz

Tüpfelplatte

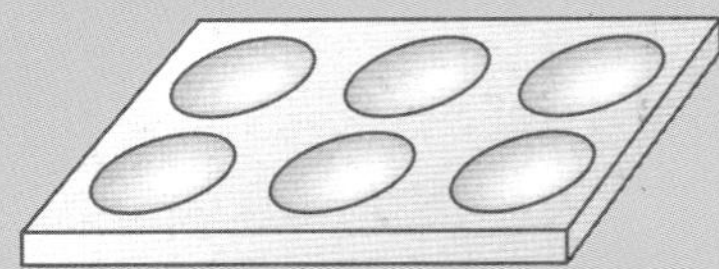

Tropftrichter

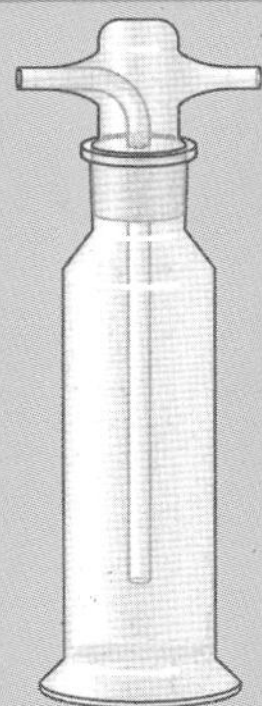

Gaswaschflasche

Becherglas

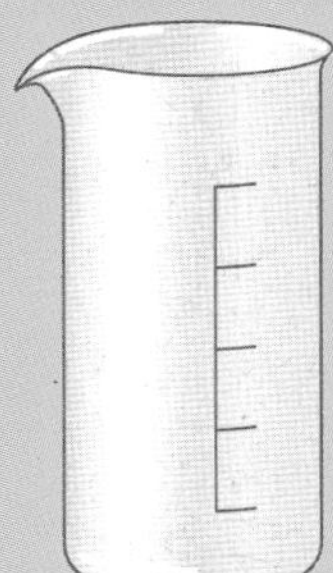

Standkolben

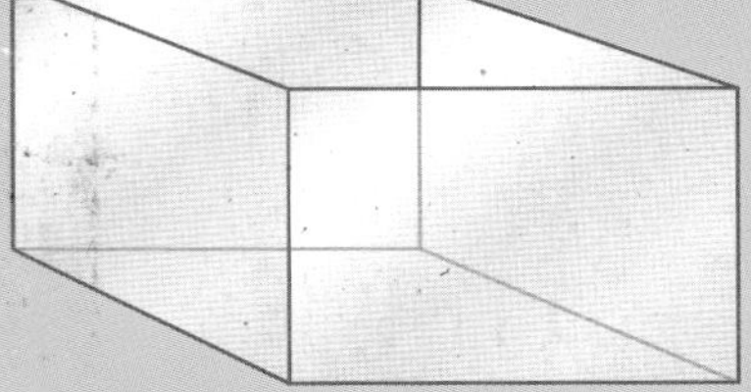

pneumatische Wanne

Rundkolben

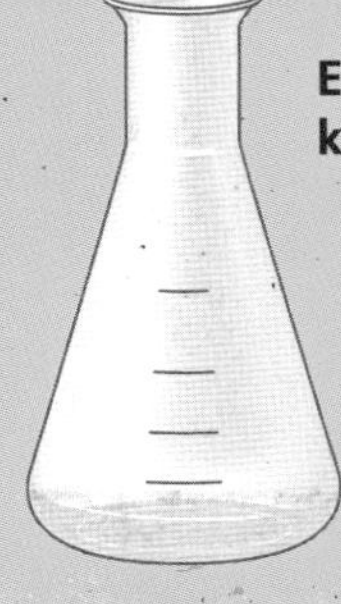

Erlenmeyer-
kolben